Naturwissenschaftliche
Abhandlungen
aus Dorpat.

Erster Band.

Mit illuminirten und schwarzen Kupfern.

Berlin 1823.
Gedruckt und verlegt
bei G. Reimer.

I.

Ueber
die Aberration der Magnetnadel auf Schiffen.

I. Eine Abhandlung des Commodore und Ritters von Krusenstern.

II. Eine Abhandlung des Professors, Staatsraths und Ritters Parrot, nebst einem Anhange über den Magnetismus der Erde.

Vorwort
zu diesen zwei Abhandlungen.

Herr Commodore v. Krusenstern schrieb für die russische Admiralität beifolgende treffliche Darstellung der Aberration der Magnetnadel auf Schiffen im Septbr. 1820 und hatte die Güte mir sie am 7ten Nov. desselben Jahrs zu schicken, mit dem Wunsche, daß ich ihm meine Ansicht über dieses für die Nautik und die Physik der Erde gleich wichtige Phänomen mittheilen möchte. Jedoch gab er mir nur 24 Stunden Zeit, da der nach der Stadt von dem sehr entfernten Gute geschickte Bote am folgenden Tage zurückkehren sollte. So kurz diese Frist war, so wollte ich doch den Wunsch meines verehrten Freundes nicht unerfüllt lassen und theilte ihm die Hauptideen meiner gegenwärtigen Abhandlung in flüchtigen Umrissen mit; zugleich ersuchte ich ihn seine so lehrreiche Abhandlung dem Drucke zu übergeben.

Die Freundschaft verschmähete die kleine Gabe nicht, und Herr v. Krusenstern brachte mir in der Mitte Januars dieses Jahrs seine Abhandlung und meine flüchtigen Bemerkungen, mit der Aufforderung diese mit jener zusammen drucken zu lassen. Zugleich theilte er mir aus seiner gelehrten Correspondenz einige neuere mir willkommene Notizen über denselben Gegenstand mit.

Natürlich konnten diese flüchtigen Bemerkungen nicht so im Drucke erscheinen. Was ich nur im Geiste gleichsam geahndet hatte, mußte streng mathematisch durchgeführt werden. Daraus ist beiliegende Abhandlung geworden.

Ich benutze diese Gelegenheit meinem verehrten Freunde für die Gefälligkeit öffentlich zu danken, womit er mich oft mit wichtigen wissenschaftlichen Nachrichten aus England zu beschenken die Güte hat, die durch die Hand welche sie mir sendet, einen doppelten Werth erhalten.

Dorpat, den 10ten März 1822.

Parrot.

Ueber die Aberration der Magnetnadel auf Schiffen.

Der Compaß war schon mehrere Jahrhunderte hindurch im Gebrauche gewesen, ehe die Entdeckung gemacht wurde, daß die Magnetnadel von der wahren Polar-Richtung abweicht, daß diese Abweichung in allen Theilen der Welt verschieden ist und sich bei Wenigem ändert. Seit dieser Entdeckung verflossen abermals einige Jahrhunderte, ehe man an der Richtigkeit der Methode, sie zu bestimmen, zweifelte. Erst als man anfing, Schiffe auf Entdeckungen auszuschicken, und diese Expeditionen durch Astronomen und Physiker begleiten zu lassen — eine Periode, welcher der große Cook eine so glänzende Stelle in den Annalen der Englischen Marine angewiesen hat — machte man die Bemerkung, daß die gewöhnlichen Beobachtungen nicht hinreichten, die Abweichung der Magnetnadel genau zu erfahren, indem die Resultate verschiedener Beobachtungen an einem und dem nämlichen Tage, oder mit verschiedenen Compassen, oder an verschiedenen Stellen des Schiffs angestellt, oft einen Unterschied von 5, 7. auch 10° anzeigten. Man schrieb indeß diese großen Anomalien der fehlerhaften Construktion der Compasse zu; begnügte sich, sie für unvermeidlich anzusehen, um die Fehler dadurch zu verringern, daß man das Mittel von vielen Beobachtungen für die wahre Abweichung annahm, oder diejenigen Beobachtungen, die zu sehr von den übrigen abwichen, als untauglich ausschloß. Erwägt man ferner, daß die täglichen astronomischen Beobachtungen auf einem Schiffe, eine richtige Bestimmung der Abweichung weniger nothwendig zu machen schienen: so wird man sich nicht wundern, daß die meisten Seefahrer diesem Gegenstande nicht die Aufmerksamkeit widmeten, die er doch gar sehr verdient. Wie unendlich wichtig ist nicht z. B. bei der Aufnahme von Küsten die genaue Bestimmung der Abweichung der Magnetnadel; denn wenn man sich auch jetzt bei Küsten-Aufnahmen vorzüglich des Sextanten bedient, so kann man den Compaß doch nicht ganz entbehren; wie wichtig ist sie nicht zu einer genauen Kenntniß der Strömungen, die sich nur aus einer richtig geführten Eshine, bei welcher die Abweichung ein Hauptelement ist, herleiten läßt.

Der erste Seefahrer, welcher die großen Anomalien in der Abweichung der Magnetnadel einer andern Ursache zuschrieb, als der Unvollkommenheit der Compasse, war der Astronom Wales, welcher Capt. Cook auf seiner zweiten Reise begleitete. Schon im Englischen Canal fand er, daß die Abweichung von $19\frac{1}{2}$ bis 25 differirte; auch auf der Fahrt nach dem Vorgebirge der guten Hoffnung bemerkte er große Unterschiede in den Beobachtungen für die Abweichung. Wales verfolgte diesen Gegenstand während der ganzen Reise mit aller Aufmerksamkeit, in der Hoffnung die Ursachen dieses früher nie bemerkten Phaenomens zu erforschen; am Ende glaubte er den sichern Schluß ziehen zu müssen, daß die Anomalien der Abweichung in genauer Verbindung mit der Richtung des Schiffs ständen, indem er in der Regel bei einem nord-östlichen Kurse die Abweichung größer und bei einem süd-westlichen Kurse kleiner als die wahre gefunden hatte *). Der verdienstvolle Admiral Loewenorn von der Dänischen Marine machte auf seiner Reise nach Island im Jahr 1786 die nämliche Bemerkung: daß bei verschiedenen Kursen die Abweichung verschieden sei; seine Beobachtungen und seine Bemerkungen über diesen Gegenstand theilte er der Copenhagener Akademie der Wissenschaften in einem Memoire mit, das im Jahre 1788 gedruckt ward und von welchem er so gütig gewesen ist, mir eine Französische Uebersetzung zu schicken. Bei seinen Beobachtungen ist jedesmal der Kurs des Schiffs angegeben, und es ergiebt sich an dieser Fahrt ohne Ausnahme, daß bei einem westlichen Kurse die Abweichung größer, bei einem östlichen Kurse kleiner, als das wahre gefunden ward. Der Astronom Wales, besonders aber der Admiral Loewenorn sind demnach die einzigen Personen, welche bemerkt hatten, daß die größere oder geringere Abweichung der Magnetnadel von der wahren Abweichung, hauptsächlich von der Richtung des Schiffs abhängt, so wie der Admiral Loewenorn der Einzige ist, welcher dieses Phaenomen erklärt hat. Es scheint beinahe, als ob diese wichtige Be-

*) The original astronomical observations made in the courses - Voyage to the south Pole.

merkung von den Seefahrern entweder nicht beachtet worden *), oder ihnen ganz unbekannt geblieben sey, was sich nur dadurch entschuldigen läßt, daß das Memoire des Admiral Loewenorn in einer sehr wenig gelesenen Sprache geschrieben ist, und die Bemerkungen des Astronomen Wales nicht in der Reisebeschreibung des Capitain Cook, sondern in einem eigenen jetzt höchst selten gewordenen Buche bekannt gemacht worden sind. Für den Capitain Flinders jedoch war der von Wales gegebene Wink nicht verloren, und es war diesem großen Seemann (unstreitig der größte nach Cook) vorbehalten, zuerst die Ursachen der großen Unterschiede, die bei der Bestimmung der Abweichung Statt haben und keinem Seefahrer mehr entgingen, zu erklären, so wie auch Regeln zur Correction dieses Fehlers zu geben, die bis jetzt noch die einzigen sind, und vielleicht es noch lange sein werden.

Gleich im Anfange der Reise machte Capitain Flinders die Erfahrung, daß die Abweichung, welche nach einem Compaß bestimmt wurde, den man auf den Binnacle gesetzt hatte, sehr von der verschieden war, die man auf einer andern Stelle des Schiffs beobachtete; und da das Schiff nach demjenigen Compasse gesteuert ward, welcher in dem Binnacle placirt ist, so bestimmte Flinders die Abweichung, so wie die Rumben bei der Aufnahme von Küsten, nur nach einem solchen, dessen Stelle nie verändert ward (auf dem Verdecke zwischen dem Mittel- und dem Bezan-Maste),

*) Selbst Cook erwähnt während seiner dritten Reise mit keinem Worte dieses Fehlers der Abweichung, ob ihn gleich Wales darauf aufmerksam gemacht hatte.

alle übrigen Bestimmungen der Abweichung, die an einer andern Stelle des Schiffs beobachtet waren, verwarf er. Aber im Verlauf der Reise fand er, daß auch die Bestimmungen, die auf einer und der nämlichen Stelle, d. i. auf dem Binnacle gemacht waren, von einander abwichen, und nach vielfältigen Beobachtungen und langem Nachdenken über dieses sonderbare Phänomen, kam er zu dem wichtigen Resultate, daß die größten Differenzen Statt fanden, wenn das Schiff eine östliche oder westliche Richtung hat; bei einer Nord- oder Süd-Richtung hingegen waren die Abweichung der Magnetnadel und die Rumben des Compasses das Mittel von dem, was bei einer genau östlichen und westlichen Richtung des Schiffs gefunden ward. Doch war der gefundene Fehler, den ich ins künftige Aberration der Magnetnadel nennen will, in beiden Hemisphären sehr verschieden; in der nördlichen war bei einem West-Kurse die westliche Abweichung größer als die wahre, und zwar gerade um so viel, als sie bei einem Ost-Kurse zu klein gefunden ward; in der südlichen hingegen war bei einem West-Kurse die westliche Abweichung kleiner und bei einem Ost-Kurse größer als die wahre. Aus diesen Thatsachen zog er nun den wichtigen Schluß, daß diese Abweichung der Magnetnadel ihren Grund in dem Eisen habe, das besonders in einem Kriegsschiffe in sehr großer Menge sich befindet, welches die Magnetnadel von ihrer Richtung abzieht. In der nördlichen Hemisphäre zieht das Eisen das Nord-Ende der Magnetnadel an sich; in der südlichen, das Süd-Ende. So wurde auf dem Investigator in dem Englischen Kanal bei einem West-Kurse das Nord-Ende der Nadel um 4° von Norden nach

Westen gezogen, und die westliche Abweichung die 25° beträgt, ward 29° beobachtet: bei einem Ost-Kurse hingegen wurde die Magnetnadel nach Osten um 4° gezogen, und die Abweichung nur 21° beobachtet. Man sieht leicht daß, wenn das Süd-Ende der Magnetnadel nach Westen oder Osten gezogen wird, die Erscheinungen der Aberration ganz dem entgegen gesetzt seyn müssen, was in der nördlichen Hemisphäre Statt hat; steuert aber das Schiff einen Nord- oder Süd-Kurs, so liegt solches in der Richtung der magnetischen Pole der Erde, die Magnetnadel wird weder nach der einen noch nach der andern Seite angezogen, und die beobachtete Abweichung stimmt mit der wahren überein. Daß die Aberration in genauer Verbindung mit der Inclination steht, schloß Flinders daraus daß die Aberration zu- oder abnahm. Im magnetischen Aequator fand gar keine Statt; so wie sich aber das Schiff vom Aequator nach Süden zu entfernte, so nahm mit der Inclination auch die Aberration zu. Er fand z. B. in der Straße Beß, wo die südliche Inclination eben so groß ist, wie die nördliche Inclination in dem Canal von England, die Aberration gleich groß, nur auf der entgegengesetzten Seite.

So blieb dem Capitain Flinders nur noch übrig, eine Regel aufzustellen, um für jede Richtung des Schiffs die Aberration zu bestimmen, und auch dieses Problem hat er auf eine sehr genügende Weise gelöst, wenigstens hat man bis jetzt keine aufstellen können, die größeres Zutrauen verdiente. Ich bin dieser Meinung, selbst nachdem in der Abhandlung des Capitain Roß behauptet wird, daß die von dem Capitain Flinders gegebene Regel nicht überall anwendbar sey. Sie beruht auf der von ihm gemachten Erfahrung, daß die Aberration zunimmt im Verhältnisse, als der Winkel den das Schiff mit dem magnetischen Meridian macht größer wird; hieraus schloß er, daß der Magnetismus der Erde, vereinigt mit der Anziehung des im Schiffe befindlichen Eisens, auf die Magnetnadel wirke, und daß die Aberration im Verhältnisse zu dem Sinus des Kurses steht, die nach folgender Formel gefunden werden müsse. Wie sich verhält der Sinus von 8 Rumben oder Radius zum Sinus des Winkels den das Schiff mit dem magnetischen Meridian macht (richtiger mit dem Rumb macht, wo keine Aberration Statt hat): so verhält sich die größte Aberration (auf dem Investigator hatte sie Statt bei einem Ost- und West-Kurse) zum Sinus der Aberration des Kurses.

Beispiel.

Kurs des Schiffs WSW = 67° 30′
Größte Aberration — — 3° 49′
Beobachtete Abweichung — 29° 12′ W.
Nördliche Inclination — 72°

$$R : \text{Sin } 67^\circ 30' = \text{Sin } 3^\circ 49' : \text{Sin } 3^\circ 32'$$

Da die Inclination nördlich ist, so werden die 3°. 32′ von der beobachtenden Abweichung abgezogen 29° 12′ — 3° 32′ = 25° 40′ wahre Abweichung.

Bei der Ankunft des Capitain Flinders in England, nachdem er 6 Jahr im Doenens-Kerker auf der Insel Mauritius gesessen, wo der Keim zur Krankheit gelegt ward, die ihn leider bald wegraffte, stattete er der Admiralität einen Bericht ab von seinen auf dem Investigator gemachten Erfahrungen, und bat in verschiedenen Häfen Englands Versuche über die Aberration anstellen zu lassen um zu prüfen, ob die von ihm aufgestellte Regel richtig sey. Diese Versuche, die auf 5 verschiedenen Schiffen in Sheerneß, Portsmouth und Plymouth gemacht wurden *), bestätigten nicht nur die Erfahrungen des Capitain Flinders, sondern auch seine Theorie, und hierauf sich stützend berechnete er nach der von ihm erfundenen Formel von neuem alle seine magnetischen Beobachtungen, so wie alle bei seiner Aufnahme der Küsten von Neu-Holland beobachteten Peilungen, so daß seine Charten, ohnehin mit einer musterhaften Genauigkeit gezeichnet, bis jetzt die einzigen sind, bei welchen auf die Aberration der Magnetnadel Rücksicht genommen worden ist. Beispiele der Aberration nach der oben angeführten Formel zu finden, liefert er in dem Memoire, das er zuerst im Jahre 1812 in den philosophical transactions abdrucken ließ, und später im zweiten Bande seiner Reise, die im Jahre 1814 einige Tage vor seinem Tode erschien; aus dieser ergiebt es sich, daß auf dem Schiffe Investigator die größte Aberration östlich und westlich von dem magnetischen Meridian beinahe $\frac{1}{19}$ der Inclination oder in Decimalzahlen 0, 053 in der nördlichen und $\frac{1}{20}$ oder 0, 05 in der südlichen Hemisphäre betrug. Die Größe der Aberration würde wahrscheinlich, sagt Flinders, südlich und nördlich vom Aequator gleich groß gewesen seyn, wenn es ihm nicht an Beobachtungen gefehlt hätte, da man nicht vergessen muß, daß im Anfange der Reise die Theorie der Aberration erst im Entstehen war, und daß folglich bei den Azimuth-

*) Durch die Güte des berühmten Geographen Rennell besitze ich den Original-Bericht über diese Versuche.

Beobachtungen der Kurs des Schiffs, welches die Hauptsache dabei ist, nicht angedeutet ward; die Rückfahrt nach England machte Flinders nicht auf dem Investigator.

Flinders beschließt seine lehrreiche Abhandlung mit mehrern Regeln die auf jedem Schiffe zu beobachten sind, ehe es in See geht, auf welchem man gesonnen ist die Aberration der Magnetnadel bei allen magnetischen Beobachtungen und bei Küsten-Aufnahmen mit in Rechnung zu bringen.

1. Sobald ein Schiff zum Absegeln ganz bereit ist und kein Eisen mehr an Bord zu nehmen hat, so müssen die Rumbe des Compasses bestimmt werden, wo die beobachtete mit der wahren Abweichung genau übereinstimmt: Rumben die nicht immer Nord oder Süd sind, wie es spätere Beobachtungen erwiesen haben.

2. Durch sorgfältige Beobachtungen zu erfahren, wie groß der Fehler der Abweichung bei der Richtung des Schiffs ist, die von den Punkten wo die Magnetnadel keine Aberration hat, um 90° auf beiden Seiten absteht. Der halbe Unterschied ist die größte Aberration, oder wie Flinders ihn nennt: Error for 8 points, der Fehler für 8 Rumben.

3. Durchaus keine Veränderung in dem Eisen am Bord zu machen. Sollte aber dies unumgänglich nothwendig sein, so ist der Wendepunkt (point of no difference) sogleich von Neuem zu bestimmen.

4. Bei allen Beobachtungen zur Bestimmung der Abweichung und Peilungen muß die Richtung des Schiffs wenigstens bis auf ¼ Strich des Compasses angezeigt werden.

5. Die Stelle auf dem Schiffe zu bezeichnen, wo die Compasse während des Gebrauchs placirt werden, und diese Stelle nie zu ändern.

6. Wenn eine Küste aufzunehmen ist, keine Gelegenheit zu versäumen die Abweichung zu bestimmen, und vorzugsweise durch ein Azimuth; so wie beim Dubliren eines Vorgebürges durch Beobachtungen zu bestimmen: ob die Abweichung auf der einen Seite des Vorgebirges von der auf der andern Seite verschieden ist.

7. Durch vielfältige Beobachtungen zu erfahren, ob die von ihm angegebene Formel richtig und ob sie in beiden Hemisphären gleich anwendbar sey.

Die Beschreibung der Reise des Capitain Flinders erschien im Jahre 1814. Die Resultate seiner in diesem Werke mitgetheilten Erfahrungen über die Eigenschaft der Magnetnadel, durch das Eisen im Schiffe von ihrer Richtung abgezogen zu werden, sind zu merkwürdig, als daß nicht auf jedem Schiffe das in See geht, besonders aber auf Schiffen die einen wissenschaftlichen Zweck haben, Beobachtungen über die Aberration angestellt werden sollten, damit Flinders eigenem Wunsche zufolge, die von ihm aufgestellte Theorie, so wie die von ihm gegebene Formel die Aberration überall zu finden, geprüft werden möchte. Besonders sind Beobachtungen in hohen südlichen Breiten wichtig, um mit Gewißheit zu bestimmen, ob es einen magnetischen Südpol giebt, dessen Nähe sich durch eine ungewöhnlich starke Aberration kenntlich machen muß, und wo er situirt ist; die magnetischen Beobachtungen des Capitain Cook lassen beinahe an der Existenz eines solchen Pols zweifeln, die größte von ihm beobachtete Abweichung in 60° 49′ Süd 96° 00′ Ost von Greenwich betrug 43° 45, West. Zwei wissenschaftliche Unternehmungen sind seit der Erscheinung der Reise des Capitain Flinders gemacht und vollendet worden. Die erste ist die des Capitain Kotzebue auf dem Schiffe Rurick in den Jahren 1815 — 1818. Man wird aus der ihm gegebenen und von dem Verfasser dieses Aufsatzes entworfenen Instruktion ersehen, daß es ihm vorgeschrieben war, Beobachtungen über die Aberration der Magnetnadel anzustellen. Daß dieser Theil seiner Instruktion nicht in der Ausdehnung befolgt worden ist, wie man es hätte wünschen können, wird man dem Capitain Kotzebue nicht zur Last legen, wenn man bedenkt, daß er nur einen Offizier am Bord hatte, daß folglich die mannigfaltigen Beschäftigungen auf einem Schiffe während einer solchen Reise, wie z. B. die Führung des Schiffs und zwar mehrentheils in gefährlichen Meeren, die Aufnahme von Küsten, die astronomischen Beobachtungen u. s. w. es ihm in der That unmöglich machten, mehr als einige unzusammenhängende zu keinem bestimmten Resultate führende Beobachtungen zu machen. Die einzig vollendet wissenschaftliche Reise, während welcher man diesem Gegenstande die Aufmerksamkeit geschenkt hat, die er so sehr verdient, ist die des Capitain Roß nach der Baffins-Bay. Sowohl der Capitain Roß, als der Gelehrte der Expedition, Sabine, haben jeder eine Abhandlung über die Aberration geschrieben. Ersterer in der Beschreibung seiner Reise, letzterer in den Memoiren der Königlichen Societät. Wenn sie gleich nichts Neues, zu dem, was Flinders bereits über diesen Gegenstand sagt, hinzugefügt haben, so zeigen doch Beide, daß die auf den Schiffen Isabella und Alexander gemachten Beobachtungen vollkommen die Erfahrungen des Capitain Flinders bestätigen. Roß sowohl als Sabine glauben jedoch, daß die von Flinders gegebene Regel nicht überall anwendbar sey die Aberration zu finden; und in der That scheint diese Behauptung gegründet zu seyn, indem in der Baffins-Bay die Aberration oft 50 bis 60° gefunden ward, da sie nach den Formeln von Flinders nicht viel über 15° betragen konnte. Allein der Admiral Loewenorn hat in einem in der Copenhagener Akademie der Wissenschaften im Anfange dieses Jahrs vorgelesenen Memoire bewiesen, daß die unverhältnißmäßig große auf den Englischen Schiffen gefundene Aberration nicht ihren Grund in der Attraction des Eisens im Schiffe allein habe, sondern dem Umstande mit zuzuschreiben sey, daß das Land in der Nähe der Küsten der Baffins-Bay viel Eisen enthalte, welches nicht nur die Magnetnadel, sondern auch alles am Bord befindliche Eisen afficire, daß aber denn der magnetische Nordpol sich aller Wahrscheinlichkeit nach an der Westküste der Baffins-Bay befinden müsse, beweiset die große Abweichung der Magnetnadel von 110° und mehr, so wie der Umstand, daß an der West-Küste in der Nähe der Lancaster-Bay die Compasse auf beiden Schiffen ohne Ausnahme unwirksam wurden; letzteres Phaenomen schreibt zwar Roß der feuchten Luft und dem starken Nebel zu, was sich jedoch nicht gut annehmen läßt, da kein Seefahrer früher eine solche Erfahrung gemacht hat, und da man wohl voraussetzen darf, daß das Stocken der Compasse nicht etwa ihrer schlechten Construction

zu-

zugeschrieben werden können, so muß man annehmen, daß es bloß durch die Nähe des magnetischen Pols bewirkt worden sei. Sehr richtig trennt Admiral Loewenorn den Fehler des Compasses, der von dem Eisen im Schiffe entsteht, von dem, welcher von der Nähe eines Eisen enthaltenden Landes herrührt. Für erstern behält er mit Flinders und Roß den Namen Deviation; letztern nennt er Derangement. Beides haben Roß und Sabine verwechselt oder nicht getrennt, und daher geschlossen: die von Flinders gegebene Formel die Aberration zu bestimmen sei unrichtig und in hohen Breiten durchaus nicht anwendbar. Dieß ist vielleicht in der That der Fall, aber aus den Beobachtungen in der Baffins-Bay läßt es sich wenigstens nicht folgern, und es möchte noch bis jetzt die von Flinders gegebene Regel, die Abweichung der Magnetnadel für die Aberration zu corrigiren, sehr gut zu gebrauchen seyn, und nach den vielen von Flinders gemachten Beobachtungen kann man wohl annehmen, daß sie in beiden Hemisphären richtig befunden werden wird. Um zu erfahren, ob auch in hohen Breiten diese Regel anwendbar sey, muß das Maximum der Aberration in solchen Meeren erforscht werden, wo kein Land in der Nähe ist, wenigstens kein solches, von welchem zu glauben ist, daß es Eisen enthalte, oder wo sich nicht die Existenz des magnetischen Pols nahe vermuthen läßt. Das Meer zwischen Spitzbergen und Grönland scheint dazu ganz geeignet zu seyn, weil man beinahe bis zum 81° vordringen kann, und das Land an der Ostküste von Grönland kein Eisen vermuthen läßt. Wir sind indeß im Besitze von Beobachtungen aus diesen Gegenden, wie wohl sie nicht bis zum nördlichsten

Ende von Spitzbergen reichen, welche die Vermuthung bestätigen, daß selbst in sehr hohen Breiten die Aberration nicht sehr bedeutend ist, wenigstens viel geringer als die in der Baffins-Bay gefundene, die sich nur durch das Local des Landes, in dessen Nähe die Beobachtungen gemacht wurden, erklären läßt. Es sind dieß die auf der Englischen Fregatte Sybille im Jahre 1814 in dem Meere östlich von Grönland gemachten Beobachtungen, welche der Steuermann des Schiffs, Bain im Jahre 1817 durch den Druck bekannt gemacht hat; es geht aus ihnen hervor, daß östlich von dem Meridiane von Greenwich die Aberration viel geringer ist, als westlich von demselben *); auch die Abweichung ward östlich geringer gefunden, woraus der Schluß gezogen werden kann 1. Daß das östliche Grönland kein Eisenmineral, wenigstens kein magnetisches Mineral, das Einfluß auf die Magnetnadel haben könne, enthalte; daß folglich die hier gefundene Aberration nur ihren Grund in dem Eisen des Schiffs hat; hieraus scheint ferner zu folgen, daß wenn die Formel des Kapitain Flinders in dem Meere östlich von Grönland angewandt werden kann, dies aber nicht der Fall westlich von Grönland ist, man nicht behaupten könne, daß sie unrichtig sey. Freilich bedarf die Regel des Capitain Flinders noch einer strengen Prüfung durch vielfältige in allen Meeren der Welt anzustellende Beobachtungen; es ist daher die Pflicht eines jeden Seemannes, wenn sich ihm die Gelegenheit dazu darbietet, die sorgfältigsten Beobachtungen über dieses

---

*) Der Meridian von Greenwich geht nahe an der Ost-Küste von Grönland vorbei.

Phänomen anzustellen; besonders sind für die Theorie der Aberration Beobachtungen in solchen Meeren wichtig, wo die Breite sehr groß ist aber die Abweichung null, wenigstens sehr geringe ist. Keine Gegend ist dazu mehr geeignet, als das Sachalinsche und Ochotzksche Meer, wo bei einer Breite von 50 bis 60° die Abweichung als null angenommen werden kann, da sie nach den von mir auf der Nadeschda im Jahre 1805 angestellten Beobachtungen bald 1° östlich, bald 1° westlich beträgt. Stimmen in diesen Meeren die Beobachtungen für die Abweichung bei jeder Richtung des Schiffs genau überein, d. h. findet gar keine Aberration Statt, so findet freilich die Regel von Flinders nicht überall ihre Anwendung. Es ist zu erwarten, daß auf andern Kriegs-Schiffen die fast jährlich Fahrten um das Nord-Cap herum von Archangel nach der Ostsee machen, genaue Beobachtungen über die Aberration angestellt werden, so wie es auch sehr zu wünschen ist, daß die im vorigen Jahre nach der Behrings-Straße abgesegelte Expedition uns Beobachtungen aus den nördlichen Meeren, welche sie zu beschiffen hat, liefern werde. Ueberhaupt wird jede Beobachtung mit Dank angenommen werden, die mehr Licht über diesen für die Navigation so höchst wichtigen Gegenstand verbreiten sollte, denn bis wir ganz darüber ins Reine gekommen sind, können aus den magnetischen Beobachtungen keine Resultate gezogen werden, so wie alle Theorien und Abweichungs-Charten von Halley, Churchman und Heates durch die Entdeckung der Aberration ihren Werth, wenigstens ihre nützliche Anwendung verloren haben; dies ist auch der Fall mit den Strömungen, da in den meisten Fällen die Estime des Schiffs durch eine fehlerhafte Abweichung, welche ein Hauptelement bei der Schiffsrechnung ist, unrichtig seyn muß.

Wiewohl die Beobachtungen auf den Schiffen Isabella und Alexander nicht viel dazu beigetragen haben, ein neues Licht über den Stand der Aberration zu verbreiten, so sind sie dennoch wichtig, nicht nur weil sie die ersten sind (die auf der Fregatte Sybille ausgenommen), die man seit der Entdeckung der Aberration und zwar mit vorzüglichem Fleiße, großer Vorsicht und mit den besten Compassen gemacht hat, sondern weil sie auch Veranlassung gegeben haben, diesen Gegenstand näher zu beleuchten; vorzüglich verdanken wir diesen Beobachtungen die früher von mir erwähnte Abhandlung des Admiral Löwenorn.

Daß es auf jedem Schiffe einen Rumb giebt, wo keine Aberration Statt findet, wenn das Schiff die Richtung dieses Rumbs hat; daß dieser Rumb unwandelbar ist, vorausgesetzt daß keine Veränderung mit dem Eisen im Schiffe vorgeht, und bei dem Gebrauche des Compasses, derselbe unverändert die nämliche Stellung beibehält, auf welches die Aberration bestimmt worden ist, so wie auch daß dieser Rumb den ich den Wendepunkt nenne, früher, ehe das Schiff in See geht, bestimmt werden muß, hat auch Capitain Flinders bemerkt. Er nennt diesen Punkt: point of no difference, Roß nent ihn point of change. Jedes Schiff hat seinen Wendepunkt. Auf dem Investigator fiel derselbe mit dem Nord und Südpunkt überein; auf den Schiffen Isabella und Alexander aber nicht; auf ersterm war er N 17° O; auf letzterm N 14° W, was wahrscheinlich der ungleichen Vertheilung des Eisens auf dem Schiffe zuzuschreiben ist.

Es scheint, daß man weder auf dem Schiffe Isabella noch auf dem Alexander in Lerwiek- oder Brassa-Sound vor dem Absegeln der Schiffe den Wendepunkt jedes Schiffs oder auch die Aberration bestimmt habe. Dies geschah zuerst den 19. Juni auf der Insel Waygatz; der Wendepunkt ward hier N 17° O auf der Isabella gefunden, und die Aberration bei einem Kurse 90° östlich von dem Wendepunkt + 20° 30′ und — 22° westlich von demselben, welches die Größe der Aberration 21° 15′ macht; auf dem Schiffe Harmonie einem Wallfisch-Fahrer, fand Capitain Roß die Aberration 22° 30′. Bei der Rückkehr der Schiffe nach Brassa-Sound wurde die Aberration bei einer OSO Richtung der Schiffe 5° 34′ bei einer WNW Richtung 5° 46′ in allem 5° 40′ gefunden, die Inclination beträgt hier 74° 21′.

Ich beschließe diesen Artikel mit der Anzeige der Methode, die Roß angewandt hat, um die Aberration für jeden Strich des Compasses zu bestimmen. Man wählt am Lande einen entfernten Gegenstand, und peilt diesen von dem vor Anker liegenden Schiffe in allen Richtungen des Compasses, welches man dadurch bewerkstelligt, daß das Schiff durch ein am Ankerthau befestigtes Schlepptau herumgedreht wird. Zu gleicher Zeit wird auch das Schiff von dem gewählten Gegenstande gepeilt; da wo die gegenseitigen Peilungen übereinstimmen, ist der Wendepunkt oder der Strich des Compasses, wo keine Aberration Statt hat; der Unterschied bei den übrigen Rumben aber ist die zu jedem gehörige Aberration. Unter Segel bestimmte Roß die Aberration dadurch, daß er ein Boot mit einem Compasse in einiger Entfernung hinter dem Schiffe folgen ließ; das Schiff segelte nun in verschiedenen Richtungen, und das Boot folgte genau der Richtung des Schiffs. Stimmten die Kurse nach den Compassen auf dem Schiff und dem Bote überein, so war keine Aberration und dieser Strich wurde für den Wendepunkt angenommen; bei den übrigen Kursen war der jedesmalige Unterschied die Aberration für den Kurs. Diese Methode ist die sehr genaue, aber nicht allemal anwendbare, und daher möchte er doch gerathen sein, zu der Formel des Capitain Flinders seine Zuflucht zu nehmen.

Krusenstern.

Ueber die Aberration der Magnetnadel auf den Schiffen.

Die Theorie, welche Capitain Flinders von dieser wichtigen Erscheinung giebt, schien mir gleich nicht genügend. Ich versuche es hier eine Critik derselben zu liefern und ein Mittel anzugeben diese Aberration, von welcher Ursache sie herrühren möge, zu eliminiren. Ich hoffe, daß man es einem Nicht-Seemanne verzeihen wird, sich in dieses Feld zu wagen. Denn sobald, als die Beobachtungen auf den Schiffen das Phänomen dargethan haben, gehört dieses dem Gebiete der Physik an.

Dieser Beleuchtung der Flinderschen Hypothese füge ich einen Blick über die jetzt mit Recht so viel Theilnahme erzeugende Oerstedsche Entdeckung des Verhältnisses der Elektricität zum Magnetismus, bei.

Prüfung der Theorie des Capitain Flinders.

§. 1.

Es sei A (Fig. 1.) ein Punkt, der durch die Kräfte P und Q zur Bewegung sollicitirt werde, Aa und Bb das Verhältniß von P zu Q, so liefert die Construction des Parallelograms der Kräfte Aacb die Diagonal Ac als Ausdruck der aus P und Q resultirenden Kraft und ihrer Richtung; und macht man Ad= AP und zieht man B, so ist der Durchschnittspunkt C (dieser Linie B und der Diagonal Ac) der Schwerpunkt der Kräfte P und Q, vorausgesetzt, daß diese Kräfte einfache mechanische seyen.

§. 2.

Allein, wir haben in unserm Probleme nicht mit einfachen Kräften zu thun, sondern mit Anziehungen, wobei die Entfernungen in Anschlag genommen werden müssen. Es sei nun für die magnetische Anziehung und Repulsion das allgemein angenommene Gesetz (des umgekehrten Quadrats der Entfernung) das Wahre, so läßt es sich auf folgende leichte Art mit den einfachen Kräften vereinigen.

§. 3.

Es sey der Punkt C von den unbeweglichen Massen A und B nach dem obigen Gesetze zugleich angezogen. Es seyen fürs Erste z. B. die Massen A und B einander gleich, ihre Entfernungen vom Punkte C im Verhältnisse von 1 : 2; so werden ihre anziehenden Kräfte auf C im Verhältnisse von 4: 1 sein. Sind die Massen ungleich, so multiplicirt man dieses Verhältniß mit dem der Massen, und es wird das Produkt das Verhältniß der Kräfte sein, womit A und B auf C einwirken. Es sei dieses Verhältniß durch die geraden Linien AC und CE ausgedrückt, so liefert das Parallelogram der Kräfte ACED die Diagonale in deren

Richtung der Punkt C durch die gemeinschaftliche Einwirkung der Massen A und B angezogen wird. Die Grösse der mittleren Anziehung wird zwar auch durch diese Diagonale ausgedruckt; sie liefert uns aber den Schwerpunkt dieser Kräfte nicht, d. h. den Punkt in welchem die Massen A und B vereinigt, dieselbe Wirkung als A und B, einzeln und an ihren ursprünglichen Stellen, auf C leisten würden, sondern nur die gerade Linie CF, in welcher dieser Punkt liegen soll.

Diesen Punkt, für welchen wir O annehmen wollen, liefert folgende einfache Rechnung. Es seyen A und B die Grössen der Massen (die wir uns nun in der Diagonale denken können), a die Entfernung der Masse A vom Punkte C, b der Masse B, x die des Punkts O von C; so fordert das Anziehungsgesetz folgende Gleichung:

$$\frac{A}{a^2} + \frac{B}{b^2} = \frac{A+B}{x^2}$$, woraus man leicht bekommt

$$x = ab\sqrt{\frac{A+B}{Ab^2+Ba^2}}$$

So ist denn erwiesen, daß die Abziehung zweier fester Massen auf einen gegebenen Punkt sich auf eine Anziehung einer einzigen Masse, der Summe der beiden gegebenen gleich, reduciren läßt, welche in dem Punkte O, dessen Lage auf obige Art bestimmt wird, angebracht ist. Und zwar gilt diese Analyse für alle mögliche Attractions-Gesetze, da, wenn man den Exponenten der Potenz der Entfernung n nennt, und zwar positiv oder negativ, die Gleichung für den Punkt O seyn wird

$$x = ab \sqrt[n]{\frac{A+B}{Ab^n + Ba'^n}} \text{ *)}$$

§. 4.

Hat man drei solche unbewegliche Massen, die den Punkt C anziehen, so findet man auf die eben angezeigte Art den Schwerpunkt der Anziehung O für zwei derselben, den man als eine Masse $= A + B$ ansehen kann, und man wird den Anziehungspunkt für diese und die dritte Masse, so wie auch für jede beliebige Zahl, auf dieselbe Art finden; und somit ist folgender Satz ganz allgemein bewiesen:

Es sei ein System von gleich viel unbeweglichen, gleichen oder ungleichen Eisenmassen, in beliebigen Lagen und Entfernungen zu einer Magnetnadel gelegt, so giebt es einen Punkt, den ich den Schwerpunkt der Anziehung gegen die Magnetnadel nenne, in welchem alle diese Massen als vereinigt gedacht werden können, und von dort aus dieselbe Wirkung auf die Magnetnadel äußern als einzeln und zerstreut. Die obige Construction und Rechnung giebt die Lage dieses Punkts und die Größe der Wirkung.

---

*) Ich erfahre eben aus einem Schreiben des Herrn Astronom Knorre aus Nicolajew, das mir am 30. Janr. 1822 mitgetheilt worden, daß Barlow $n = 3$ macht. Es wird mit diesem Gesetze wahrscheinlich dieselbe Beschaffenheit haben als mit dem Coulombschen für die Elektricität, welches dem Theoretiker eine nicht unbedeutende Schwierigkeit darbietet. Der Astronom Mayer nahm denselben Exponenten für den Erdmagnetismus in seiner Hypothese des kleinen excentrischen Erdmagnets an.

Dieser Satz ist die Grundlage der ganzen nachfolgenden Untersuchung; daher ich es für nöthig hielt ihn streng zu beweisen; und hiemit ist das Problem: Wie wirken verschiedene Anziehungskräfte auf einen gegebenen Punkt? allgemein aufgelöset. Nun zur Anwendung auf die Wirkung des Eisens auf die Magnetnadel.

§. 5.

Die Wirkung einer oder mehrerer Eisenmassen auf die Magnetnadel ist doppelt, nämlich einfach auf jedem Pole. Der Effect zur Drehung der Nadel ist dem Unterschiede beider Wirkungen gleich. Aber dieser Unterschied ist durch zwei Umstände bestimmt. Es sei AB (Fig. III.) eine Magnetnadel, deren Mitte und Ruhepunkt in C. CO sei senkrecht auf AB, und O der erwähnte Schwerpunkt. Dieser Punkt wird auf die Enden der Nadel, in den Richtungen OA und OB, gleich stark wirken, und also die auf OC senkrechte Nadel nicht drehen können. Geben wir aber der Nadel eine Neigung gegen OC, wie A′CB′, so ändern sich zwei Umstände. Fürs Erste kommt die Spitze A′ näher an O, die Spitze B′ aber weiter von O, zu stehen. Die Wirkung auf A′ und auf B′ ist also in Verhältniß $\overline{OB'}^2 : \overline{OA'}^2$. Fürs zweite sind die Winkel, unter welchen die beiden Endpunkte der Nadel angezogen werden, nicht mehr einander gleich, wie sie es im ersten Falle waren. Es sei nun der Winkel OA′C oder AA′C $= \alpha$, der Winkel OB′C $= \beta$; so ist die Wirkung zur Drehung der Magnetnadel auf den Punkten A und B in Verhältniß $\sin\alpha : \sin\beta$. Es sei ferner die magnetische Accelerationskraft des Punktes O überhaupt

$=M$, die Entfernung $OA' = a$, die Entfernung $OB' = b$, so verhalten sich die Drehkräfte an den Endpunkten A' und $B' = \frac{M \sin\alpha}{a^2} : \frac{M \sin\beta}{b^2}$ und die resultirende Kraft ist:

$$M\left(\frac{\sin\alpha}{a^2} - \frac{\sin\beta}{b^2}\right).$$

Es ist aber die Größe von a und b von der Lage der Magnetnadel abhängig. Es sei γ der Neigungswinkel ACA' der Magnetnadel in irgend einer Lage derselben, so sind die Ab- und Zunahmen der Entfernungen a und b nahe zu dem Sinus dieses Winkels proportional. Demnach sei die mittlere Entfernung $OC = p$, $AC = r$, so ist nahe zu $a = p - r \sin\gamma$ und $b = p + r \sin\gamma$, und es ist die resultirende Drehkraft

$$X = M\left(\frac{\sin\alpha}{(p - r\sin\gamma)^2} - \frac{\sin\beta}{(p + r\sin\gamma)^2}\right)$$

Es ist aber leicht zu beweisen daß, wenn γ zunimmt, die Winkel α und β abnehmen. Im Falle dieser Zunahme von γ wird der Zähler des ersten Gliedes, und auch der Nenner, kleiner, dagegen der Zähler des zweiten Gliedes kleiner und dessen Nenner größer. Folglich muß, bei der Zunahme von γ der Werth von $\frac{\sin a}{(p - r\sin\gamma)^2}$ weniger abnehmen als der Werth von $\frac{\sin\beta}{(p + r\sin\gamma)^2}$.

Also gewinnt der dem O Punkte zugekehrte Pol A der Nadel immer gegen den abgekehrten Pol B an Kraft, je näher die Magnetnadel der Lage $A''B''$ oder der Richtung CO kommt, und X ist in maximo, wenn die Nadel diese Richtung angenommen hat, da alsdann diese Anziehung aufhört eine Drehkraft zu sein, weil sie die ganze mögliche Drehung der Magnetnadel erreicht hat und nun nur noch nach der umgekehrten Potenz der Entfernung, nicht mehr nach Verhältniß von $\sin\alpha$ und $\sin\beta$, wirkt.

Diese Betrachtung kann dazu dienen, die relative Größe der Anziehung und der Drehkraft des Eisens auf die Magnetnadel für verschiedene Fälle zu bestimmen.

Jetzt sind wir im Stande das Schiff zu besteigen und dürfen uns an die Untersuchung der durch die Eisenmassen am und im Schiffe erzeugten oder erzeugt sein sollenden Aberration der Magnetnadel, wie sie Capitain Flinders beobachtet hat, wagen.

§. 6.

Wäre das Schiff ein sphäroidischer Körper und von allen Seiten gleichförmig *) mit Eisen belegt, so würde die Magnetnadel in irgend einem Punkte im Schiffe (vorausgesetzt daß sie unter diesen Umständen ihre Polarität noch äußerte) von diesem Eisen gar keine Aberration erfahren. Diesen Satz hat der unsterbliche Newton schon von der Schwere innerhalb der Erde bewiesen **). Dasselbe würde Statt haben, wenn nur

---

*) Aus den Correspondenz-Nachrichten meines verehrten Freundes Krusenstern erfahre ich, daß Barlow den Satz aufstellt, daß das Eisen nicht im Verhältniß seiner Masse, sondern seiner Oberfläche anzieht. Darnach kann der Sinn des Worts gleichförmig bestimmt werden.

**) Dieser Satz kann nach Barlows Gesetze der dritten Potenz der Entfernung nicht wahr seyn, da er auf dem Gesetze der

einzelne Massen da wären, symmetrisch um die Magnetnadel gestellt. Das Schiff ist aber ein solcher Körper an welchem die zu seinem Bau und die Manövre erforderlichen Eisenmassen (die eisernen Kanonen der Kriegsschiffe mit inbegriffen) größtentheils symmetrisch vertheilt sind. Nur der untere Theil nahe am Kiele, und die Masten, machen hierin eine Ausnahme. Aber auch die daselbst angebrachten Eisenmassen conpensiren ihre Wirkung auf die Magnetnadel wechelseitig, wo nicht ganz, doch zum Theile, und wirken mehr auf die Inclination als auf die Declination. Die Aberration der Magnetnadel durch das Eisen am Schiffe muß also nur von einzelnen Massen herrühren, die nicht zu dem System der symetrisch vertheilten Massen (welche letztere keine Aberration erzeugen können) gehören. Allein diese nicht symmetrisch vertheilten Massen müssen einen Schwerpunkt der Anziehung gegen die Magnetnadel haben. Da aber die Größe und Lage der dazu gehörigen Eisenmassen nicht gegeben sind, so kann dieser Schwerpunkt um so weniger theoretisch bestimmt werden, da er auf verschiedenen Schiffen eine verschiedene Lage haben kann. Indeß ist die Kenntniß dieser Lage des Schwerpunkts gegen die Magnetnadel nothwendig, um, vom Standpunkte der Theorie aus, die Beobachtungen über die Aberration zu beurtheilen. Wir wollen daher verschiedene Stellungen dieses Schwerpunktes statuiren: sol-

---

zweiten Potenz beruht. Der Versuch mit einem sehr großen ellipsoidischen Ringe von Eisen, horizontal um eine sehr kleine Magnetnadel gelegt, würde für oder wider Barlows Meinung entscheiden. Uebrigens hat dies keinen wesentlichen Einfluß auf das Folgende.

che die geeignet sind die Resultate als allgemein gültig darzustellen.

Es sey (Fig. IV.) der horizontale Durchschnitt eines Schiffs, AB eine Parallele mit dem Kiele, C der Schwerpunkt des Schiffs selbst, D der Ort der Magnetnadel. Durch den Punkt C ziehe man den Erdmeridian NS und den magnetischen Meridian $N_m S_m$. Diese Punkte und Linien sind constant, indeß der Kurs des Schiffs und der Schwerpunkt der Anziehung variabel sind. Für diese verschiedenen Kurse und Schwerpunkte wollen wir die Richtung der Aberration, insofern das Eisen am Schiffe sie erzeugt, theoretisch bestimmen, und um die Zeichnung zu vereinfachen, nehmen wir an, daß der Kurs des Schiffs in der Richtung des Kiels sey.

Die Punkte, die ich als Schwerpunkte der Anziehung statuire, sind O, O′, O″, O‴, O^{IV}. Der Punkt O ist auf AB, O′ und O″ seitwärts von AB, jeder um den Winkel O′CO = O″CO von AB abstehend. Die Punkte O‴ und O^{IV} auf der andern Seite der Magnetnadel (Fälle die übrigens selten vorkommen mögten) sind beliebig gewählt, doch so daß sie gleich weit von AB abstehen.

I. Nördliche Halbkugel.

§. 7.

1ster Kurs. Es segelt das Schiff nach Osten im magnetischen Parallelkreise. (Fig. IV.).

1. Es sey der Schwerpunkt der anziehenden Kräfte O. Da seine Anziehung auf beiden Endpunkten

der Nadel gleich wirkt, so entsteht keine Aberration und die Magnetnadel behält ihre natürliche Declination.

2. Der Schwerpunkt sey in O′, so wird der Nordpol der Nadel stärker angezogen; die Aberration ist östlich und die Declination vermindert.

3. Der Schwerpunkt sey in O″, so wird der Südpol der Nadel stärker angezogen; die Aberration ist westlich und die Declination vergrößert.

4. Der Schwerpunkt sey in O‴, so wird der Nordpol der Nadel stärker angezogen; die Aberration ist westlich und die Declination vergrößert.

5. Der Schwerpunkt sey in O^IV, so wird der Südpol der Nadel stärker angezogen; die Aberration ist östlich und die Declination verkleinert.

Die Richtung der Aberration in den Fällen 2, 3, 4, 5 ändert sich nicht, in welcher Entfernung die Punkte O′, O″, O‴, O^IV von der Magnetnadel stehen mögen.

2ter Curs. Das Schiff segelt nach N. O. (Fig. V.).

6. Der Schwerpunkt sey in O; die Aberration ist östlich und die Declination vermindert.

7. Der Schwerpunkt sey in O′; die Aberration ist östlich und die Declination vermindert.

8. Der Schwerpunkt sey in O″; die Aberration ist östlich und die Declination vermindert.

9. Der Schwerpunkt sey in O‴; die Aberration ist östlich und die Declination vermindert.

10. Der Schwerpunkt sey in O^IV; die Aberration ist östlich und die Declination vermindert.

In den Fällen 7, 8 und 9 ists möglich, daß die Aberration westlich werde, wenn die Punkte O', O'' und O''' viel näher an der Magnetnadel lägen. Stehen sie im magnetischen Parallelkreise durch den Mittelpunkt der Nadel, so ist die Aberration = o.

3ter Curs. Das Schiff segelt nach Norden im Erdmeridian (Fig. VI.).

11. Der Schwerpunkt sey in O; die Aberration ist östlich und die Declination ist vermindert.

12. Der Schwerpunkt sey in O'; die Aberration ist östlich und die Declination ist vermindert.

13. Der Schwerpunkt sey in O''; die Aberration ist östlich und die Declination ist vermindert.

14. Dr Schwerpunkt sey in O'''; die Aberration ist östlich und die Declination ist vermindert.

15. Der Schwerpunkt sey in O^IV; die Aberration ist zweifelhaft, da der Punkt O^IV nahe zu im magnetischen Meridian der Nadel liegt.

Die Ausnahmen wie im zweiten Curs. Nur für 11 findet keine Ausnahme Statt.

4ter Curs. Das Schiff segelt nach Norden, im magnetischen Meridian (Fig. VII.).

16. Der Schwerpunkt sey in O; die Aberration ist = o und die Declination die natürliche.

17. Der Schwerpunkt sey in O'; die Aberration ist westlich und die Declination vergrößert.

18. Der Schwerpunkt ist in O''; die Aberration ist östlich und die Declination vermindert.

19. Der Schwerpunkt ist in O'''; die Aberration ist östlich und die Declination vermindert.

20. Der Schwerpunkt ist in O^{XV}; die Aberration ist westlich und die Declination ist vergrößert.

Vergleicht man 12 mit 17, so ergiebt es sich, daß, für den Schwerpunkt in O′, es einen Curs zwischen den beiden Meridianen giebt, wo die Aberration = 0 ist, da sie in dem Einen Meridian östlich, in dem Andern aber westlich ist. Dasselbe gilt für den Schwerpunkt O^{IV}.

Rückt der Curs des Schiffs um den Declinationswinkel westlich vom magnetischen Meridiane, so ist für den Schwerpunkt O″ und nahe zu auch für den Punkt O‴, die Declination = 0.

5ter Curs. Das Schiff segelt nach N. W. (Fig. VIII.).

21, 22, 23, 24, 25, Der Schwerpunkt mag in O, O′, O″, O‴, O^{IV} seyn, so ist immer die Aberration westlich. Nur wann die vier letzten Punkte sehr nahe an den magnetischen Parallelkreis durch den Mittelpunkt der Magnetnadel angenommen würden, könnte eine Veränderung aus der westlichen Richtung in die östliche Statt finden.

6ter Curs. Das Schiff segelt nach Westen in einem terrestrischen Parallelkreise O. W. (Fig. IX.).

26. Der Schwerpunkt sey in O; so ist die Aberration westlich und die Declination vergrößert.

27. Der Schwerpunkt sey in O′; so ist die Aberration westlich und die Declination vergrößert.

28. Der Schwerpunkt sey in O″; so ist die Aberration westlich und die Declination vergrößert.

29. Der Schwerpunkt sey in O'''; so ist die Aberration westlich und die Declination vergrößert.

30. Der Schwerpunkt sey in O^{IV}; so ist die Aberration zweifelhaft, nahe zu $=0$, da O^{IV} sich ohngefähr im magnetischen Parallelkreise durch den Mittelpunkt der Nadel befindet.

7ter Curs. Das Schiff segelt nach Westen in einem magnetischen Parallelkreise (Fig. X.).

31. Der Schwerpunkt sey in O; so ist die Aberration $=0$, und die Declination ist die natürliche.

32. Der Schwerpunkt sey in O'; so ist die Aberration östlich und die Declination vermindert.

33. Der Schwerpunkt sey in O''; so ist die Aberration westlich und die Declination vergrößert.

34. Der Schwerpunkt sey in O'''; so ist die Aberration westlich und die Declination vergrößert.

35. Der Schwerpunkt sey in O^{IV}; so ist die Aberration östlich und die Declination vermindert.

Vergleicht man 27 mit 32, so ergiebt es sich, daß es für den Schwerpunkt O', einen Curs zwischen den beiden Meridianen giebt, wo die Aberration $=0$, da sie im terrestrischen Meridian westlich, im magnetischen aber östlich ist.

8ter Curs. Das Schiff segelt nach S. W. (Fig. XI.).

36. 37. 38. 39. 40. Der Schwerpunkt mag in O, O', O'', O''', O^{IV} seyn, so ist die Aberration immer östlich, und also die Declination vermindert.

9ter Curs. Das Schiff segelt nach Süden im terrestrischen Meridian (Fig. XII.).

41. Der Schwerpunkt sey in O; so ist die Aberration östlich und die Declination vermindert.

42. Der Schwerpunkt sey in O′; so ist die Aberration östlich und die Declination vermindert.

43. Der Schwerpunkt sey in O″; so ist die Aberration östlich und die Declination vermindert.

44. Der Schwerpunkt sey in O‴; so ist die Aberration östlich und die Declination vermindert.

45. Der Schwerpunkt sey in O^{IV}; so ist die Aberration zweifelhaft; sie ist = o wann O^{IV} sich genau im magnetischen Meridian der Nadel befindet.

Es läßt sich eine Lage von O′ denken, näher an der Magnetnadel und östlicher, da, für diese Lage des Schwerpunktes die Aberration = o würde, oder gar westlich.

Das ist aber nicht der Fall für O″; in allen Lagen dieses letztern Punkts, westlich vom Kiele A B und südlich vom magnetischen Parallelkreise durch den Mittelpunkt der Magnetnadel ist die Aberration für diesen Curs immer östlich. Dasselbe gilt aber umgekehrt, von den Punkten O′ und O, wenn der Curs (Fig. VI.) im Erdmeridian Statt findet.

10ter Curs. Das Schiff segelt nach Süden im magnetischen Meridian (Fig. XIII.).

46. Der Schwerpunkt ist in O; so ist die Aberration = o.

47. Der Schwerpunkt ist in O′; die Aberration ist westlich, und die Declination ist vergrößert.

48. Der Schwerpunkt ist in O''; die Aberration ist östlich, und die Declination vermindert.

49. Der Schwerpunkt ist in O'''; die Aberration ist östlich, und die Declination vermindert.

50. Der Schwerpunkt ist in O^IV; die Aberration ist westlich und die Declination ist vergrößert.

11ter Curs. Das Schiff segelt nach S. O. (Fig. XIV.).

51. Der Schwerpunkt ist in O; die Aberration ist westlich und die Declination ist vergrößert.

52. Der Schwerpunkt ist in O'; die Aberration ist westlich und die Declination ist vergrößert.

53. Der Schwerpunkt ist in O''; die Aberration ist westlich, und die Declination ist vergrößert.

54. Der Schwerpunkt ist in O'''; die Aberration ist westlich, und die Declination ist vergrößert.

55. Der Schwerpunkt ist in O^IV; die Aberration ist westlich, und die Declination ist vergrößert.

12ter Curs. Das Schiff segelt nach Osten im terrestrischen Parallelkreise. (Fig. XV.).

56. Der Schwerpunkt ist in O; die Aberration ist westlich, und die Declination ist vergrößert.

57. Der Schwerpunkt ist in O'; die Aberration ist westlich, und die Declination ist vergrößert.

58. Der Schwerpunkt ist in O''; die Aberration ist westlich, und die Declination ist vergrößert.

59. Der Schwerpunkt ist in O'''; die Aberration ist westlich, und die Declination ist vergrößert.

60. Der Schwerpunkt ist in O^IV; die Aberration ist zweifelhaft, weil O^IV sich nahe zu im magnetischen Parallelkreise der Nadel befindet.

II°. Südliche Halbkugel.

§. 8.

In dieser Halbkugel müssen, für gleiche Curse, gleiche Stellung der Magnetnadel und gleiche Lagen der Schwerpunkte der Anziehung des Eisens, gleiche Resultate sich ergeben als in der nördlichen. Denn durch den Uebergang aus einer Halbkugel in die andere ändert sich an diesen Dingen nichts. Nur in Rücksicht der natürlichen Richtung der Magnetnadel oder ihrer natürlichen Declination gehen in dieser Halbkugel Veränderungen vor, die aber auch in der nördlichen Statt finden. Obige Sätze für die 60 vorausgesetzten Fälle gelten also überall, wenn man unter $N_m S_m$ den magnetischen Meridian des Orts, wo das Schiff sich befindet, versteht. Einige Abänderungen werden sie leiden, wenn das Schiff in geographische Längen kommt, wo die Declination bedeutend größer oder kleiner ist, als in den Zeichnungen angenommen worden; welches nicht hindert, daß die obigen 60 Beispiele ein genügendes Bild von den Aberrationen, die das Eisen im Schiffe verursachen kann, liefern. Wir können sie als theoretische Experimente ansehen, worauf wir die Prüfung der Hypothese des Capitain Flinders, nach seinen eigenen wirklichen Beobachtungen, gründen können.

Die Anomalien von den obigen 60 theoretischen Versuchen, deren ich einige angezeigt habe, und die nur dann Statt finden, wenn der Schwerpunkt der Anziehung der Eisenmassen sich sehr nahe am magnetischen Parallelkreise oder Meridiane der Magnetnadel befindet, können keine Einwendung gegen das obige Bild der durch das Eisen im Schiffe bewirkten Aberration begründen. Denn diese Fälle finden wahrscheinlich nie Statt, oder sind höchst selten, da sie so große Aberrationen verursachen würden, die man gewiß nicht bisher hätte übersehen können.

§. 9.

Dieses eben entworfene Bild, der durch das am Schiffe oder im Schiffe befindliche Eisen bewirkten Aberration der Magnetnadel zeigt, in Rücksicht auf die Richtung der Aberration, nach dem Curse des Schiffs und nach der Lage des Schwerpunkts der Anziehung auf die Nadel, so große Verschiedenheiten, daß es einleuchten muß, daß man kein einfaches Gesetz, wie das des Capitain Flinders, nach dem bloßen Curse des Schiffs, auch nur in einer Hemisphäre, statuiren kann. Eine Zusammenstellung der obigen 60 Fälle für alle Curse, nach dem Orte des Schwerpunkts der Anziehung geordnet, würde diese Verschiedenheiten alle darthun. Allein es wird dem Leser, wie mir, lieb seyn, dieser Zusammenstellung überhoben zu seyn, und überhaupt genügen nur einzelne Fälle zu betrachten.

Nach den Beobachtungen des Capitain Flinders ist die Aberration in der nördlichen Halbkugel westlich wenn das Schiff westlich segelt, östlich wenn das Schiff östlich segelt, und beide in maximo, wann das Schiff rein nach W. oder O. segelt. Segelt aber das Schiff nach Norden oder nach Süden, so ist die Aberration = 0 und sie wächst von diesen beiden Punkten ab, je näher man nach W. oder O. segelt, beiderseits gleichmäßig und im Verhältnisse des Sinus des Curses. Die Rhumbe sind hier nach dem magnetischen Meridian genommen.

Es ergiebt sich aber aus dem aufgestellten Schema der Aberrationen durch das Eisen folgendes:

ad 1 und 31, daß, wenn das Schiff nach Osten oder nach Westen im magnetischen Parallelkreise segelt, die Aberration = 0 ist wenn der Schwerpunkt der Anziehung in der Richtung des Kiels des Schiffs liegt.

ad 2, 3, 4 und 5, daß, für die Regel des Capit. Flinders, der Schwerpunkt der Anziehung weder in O″ noch in O‴ seyn könne, und unter O″ und O‴ versteht man alle Lagen dieses Schwerpunktes bisseits und jenseits des Kiels, rechts und links der Magnetnadel, bis sehr nahe an den magnetischen Meridian das Magnetnadel.

ad 32, 33, 34, 35, daß, für die Regel des Capitain Flinders, der Schwerpunkt der Anziehung nicht in O′ und in O^{IV} seyn könne, die Bedeutung von O′ und O^{IV} genommen wie eben es geschehen ist für O″ und O‴.

Aus diesen drei Vergleichungen folgt, daß das Princip der Wirkung des Eisens des Schiffs auf die eben erwähnten vielen Fälle nicht paßt. Es wäre leicht darzuthun daß, wenn der Schwerpunkt sehr nahe an dem Parallelkreise durch den Mittelpunkt der Magnetnadel, oder in demselben liegt, wodurch alle möglichen Fälle erschöpft wären, auch dann die Uebereinstimmung mit dem Princip des Capitain Flinders nicht Statt findet.

ad 16, 17, 18, 19, 20 verglichen mit 46, 47, 48, 49, 50 ergiebt es sich, daß bei dem Nord- und Süd-Curse die Aberration (der Regel des Capit. Flinders gemäß) =o ist, wenn der Schwerpunkt der Anziehung sich in einem Punkte der Richtung des Kiels (d. h. des Curses) befindet. In den übrigen 8 Fällen ist sie östlich oder westlich, und zwar gleichmäßig, sey der Curs Nord oder Süd; und es ist bemerkenswerth, daß diese östlichen und westlichen Aberrationen desto größer ausfallen, je näher die Punkte O′, O″ und O‴, O^{IV} der Magnetnadel liegen.

ad 6, 7, 8, 9, 10, ist die Aberration bei NO Curs, der Regel des Capit. Flinders gemäß, immer östlich. Aber in 36, 37, 38, 39, 40 ist die Aberration bei SW Curs, gegen die Regel des Capit. Flinders auch immer östlich.

ad 21, 22, 23, 24, 25, ist die Aberration, bei N W Curse (der Regel des Capit. Flinders gemäß), immer westlich, dagegen aber in 51, 52, 53, 54, 55 die Aberration, bei SO Curse (der Regel des Capit. Flinders zuwider) immer westlich.

Aus diesen Widersprüchen zwischen dem theoretischen Schema der Aberration durch das Eisen des Schiffs mit der Regel des Capit. Flinders und den Beobachtungen, auf welche er diese Regel gründet (Widersprüche die man noch zahlreicher aufstellen könnte), ergiebt es sich, daß diese Regel und die ihr zur Grundlage dienenden Beobachtungen mit der Theorie der Einwirkung des Eisens des Schiffs auf die Magnetnadel, für die nördliche magnetische Halbkugel der Erde, nicht übereinstimmen.

Die Regel des Capit. Flinders fordert ferner daß die Aberrationen im magnetischen Aequator =o, und in der südlichen Halbkugel entgegengesetzt seyen. Die Theorie der Aberration durch das Eisen im Schiffe sagt aber, daß auch im magnetischen Aequator Aberrationen Statt finden müssen und daß die Aberrationen bei dem Uebergange in die andere Halbkugel sich nicht umkehren können.

Folglich stimmt die Regel des Capit. Flinders für beide Hemisphären mit der Theorie nicht überein; da aber diese Regel auf seine Beobachtungen sich gründet, so kann kein anderer Schluß gezogen werden als daß die Einwirkung des Eisens des Schiffs nicht die Ursache der von Flinders und Anderen vor und nach ihm gemachten Aberrations-Beobachtungen sey.

§. 10.

Die in §. 3. gefundene Formel giebt die resultirende Kraft der Anziehung, welche eine Eisenmasse (oder mehrere deren Schwerpunkt der Anziehung in O (Fig. III.) befindlich, auf eine Magnetnadel ausübt, d. h. die Kraft mit welcher die Nadel sich in ihrer Lage erhält, nicht aber die Grade um welche der Punkt O sie aus ihrer natürlichen Lage (dem magnetischen Meridiane), abzieht. Letzteres vermag keine Formel, für die Aberration der Nadel im Schiffe, insofern sie durch das Eisen des Schiffs erzeugt wird, allgemein zu liefern, indem diese Anzahl von Graden, in der Hypothese daß die Aberration von den Eisenmassen des Schiffs herrühre, aus zwei Ursachen entspringen, nämlich aus der unbekannten Lage des Schwerpunkts der Anziehung des Eisens im Schiffe für einen bestimmten Ort der Magnetnadel, und aus dem variirenden Curse des Schiffs. Solches zeigen die 60 durchgelaufenen Fälle deutlich. Also auch von dieser Seite her ist keine allgemeine Regel für die Größe der Aberration (auch wenn man zufällige Anomalien zugeben wollte) zu erwarten. Woraus wieder folgt, daß das Princip des Capitain Flinders, als Ursache der beobachteten Aberration, das wahre nicht sey.

§. 11.

Dieser, mir evidente Schluß, der aus der ganzen eben gemachten Prüfung hervorgeht, muß sehr auffallend vorkommen. Daher ahndete ich, daß eine allgemeine Ursache dem Phänomen dieser Aberration zum Grunde liege, da sich aus Flinders Beobachtungen die Regel ziehen läßt, daß die Richtung und Größe dieser Aberration von dem Curse des Schiffs abhängt und durch den Sinus des Curses, vom örtlichen magnetischen Meridiane abgerechnet, gemessen wird.

§. 12.

Ich rieth daher auf folgende allgemeine Ursache. Bekanntlich wird auf der einen Seite der Magnetnadel der Compasse, welche durch die Inclination der andern Seite durch den Magnetismus sich erhebt, ein bewegliches Compensationsgewicht angebracht, welches, indem man sich dem magnetischen Aequator nahet, der Mitte der Nadel genähert und bei dem Uebergange in die südliche magnetische Halbkugel an der entgegengesetzten Seite der Nadel angebracht wird, um dann mit der Zunahme der magnetischen Breiten nach der Spitze allmählig zugeschoben zu werden. Dieses bewegliche Compensations-Gewicht, als träge Masse betrachtet, schien mir die generelle Ursache der Aberration der Magnetnadel zu seyn, und zwar nach folgender Ansicht.

§. 13.

Man habe eine Magnetnadel auf einem vor Anker liegenden Schiffe. Ist das Schiff ruhig und die Magnetnadel durch keine äußere Einwirkung afficirt, so nimmt die Nadel ihre natürliche Lage im magnetischen Meridian und das Compensations-Gewicht hat auf ihre Lage keinen Einfluß.

Das Schiff segle nun z. B. östlich, so ändert das Compensations-Gewicht sogleich die Lage der Magnetnadel. Denn die Bewegung des Schiffs theilt sich der Nadel nur durch ihren Ruhepunkt mit. Bei dieser Bewegung dieses Punkt in der Richtung des Curses bleibt das Compensations-Gewicht als träge Masse zurück und trachtet darnach die Magnetnadel zu drehen und sie in die Lage des Curses zu setzen. Dieses würde auch vollständig geschehen, wenn die Polarität der Nadel sich dieser Wirkung nicht entgegensetzte. Diese zwei entgegengesetzte Wirkungen aber werden der Magnetnadel irgend eine Lage zwischen dem magnetischen Meridian und dem Curse, nach einigen geschehenen Oscillationen, geben und einen Winkel erzeugen der diese generelle Aberration mißt.

§. 14.

Nun ist es leicht, durch Fingirung von beliebigen Cursen zu zeigen, daß diese Aberration der Flinders-schen Regel des Sinus des Curses entspricht, und daher eine genügende Erklärung liefern würde, wenn nur das Princip dieser Erklärung nicht bloß momentan wäre. Denn es ist eben so leicht zu zeigen, (was mir anfangs entging und mich zu einer ausführlichen Arbeit verführt hatte), daß sobald das Compensations-

Gewicht mit dem Ruhepunkte der Nadel durch den Lauf des Schiffs einerlei Geschwindigkeit in derselben Richtung angenommen hat, welches innerhalb einer Secunde schon geschehen ist, die Trägheit dieser kleinen Masse in Bezug auf die Declination der Nadel $= 0$ ist und daß die Nadel nun ihre Oscillationen fortsetzen wird um ihre vorige Lage, die ihres magnetischen Meridians, anzunehmen.

§. 15.

Hier stehen wir bei dem Phänomen der Aberration in einer sonderbaren Lage. Die Beobachtungen des Capitain Flinders haben eine solche-Aberration des Compasses gezeigt und deuten, durch die Regel die dieser so schätzbare Seemann daraus hergeleitet hat, auf etwas Constantes und Regelmäßiges in diesem Phänomen. Flinders glaubte die Ursache desselben in der Wirkung des Eisens am Schiffe gefunden zu haben, wogegen ich bewiesen zu haben glaube, daß die von ihm beobachteten Wirkungen diese Ursache nicht haben können, ohne jedoch zu behaupten, daß das Eisen am oder im Schiffe keinen Antheil daran habe. Die andere Ursache dieses Phänomens, die ich aufgefunden zu haben glaubte und welche sich der Flinderschen Regel vollkommen anpaßt, ist nicht dauernd genug, um das Phänomen zu erklären. Ein anderes Allgemeines und Constantes als Ursache desselben sehe ich an dem Schiffe und an dessen Curs nicht; es scheint also nichts übrig zu bleiben als anzunehmen, daß Flinders, der nicht leugnet manche Abweichungen von seiner Regel beobachtet zu haben, und hierin manche Nachfolger hat (da der Ausnahmen mehrere und bedeutende durch spätere Beobachter wahrgenommen worden), nur die einzelnen Fälle berücksichtigt hat, welche die Regel liefern und sich in der von mir gegebenen Analyse seiner Hypothese finden.

§. 16.

Noch eine Hypothese ist möglich, die ich aber kaum auszusprechen wage, nämlich die, daß das Aberrations-Phänomen ganz oder zum Theil von dem Eisen herrühre, welches der Beobachter bei sich haben mag, als z. B. einem Schlüssel, einem Messer ꝛc. da es mir nicht bekannt ist, ob der Schiffscapitain bei jeder Beobachtung der Magnetnadel sich dessen vorher entledigt. Ein sehr kleines Stück Eisen in so großer Nähe würde dieselbe Wirkung haben, als größere Massen in bedeutender Entfernung, deren ein Theil außerdem dem Andern entgegen wirkt; und die Gewohnheit sich auf einen bestimmten Punkt gegen die Magnetnadel für die Beobachtung zu stellen, mag Etwas Constantes im Phänomen erzeugen. Ich sage, daß ich es kaum wage diese Idee auszusprechen, da es mir selbst unwahrscheinlich vorkommt, daß ein solcher Fehler begangen werde. Allein in solchen Fällen, wo die Theorie mit den Erscheinungen in so bedeutendem Widerspruche steht, muß es erlaubt seyn, auf alles Mögliche, auch auf das Unwahrscheinliche, aufmerksam zu machen.

§. 17.

Indeß bin ich, wie gesagt, weit entfernt dem Eisen des Schiffs alle Wirkung auf die Aberration des Compasses abzusprechen; und ich glaube vielmehr, daß man sich bemühen muß diese Wirkung gänzlich aufzuheben; welches auf folgende Art möglich ist. Man stelle das Schiff in den magnetischen Meridian, wie Fig. VII., welches dadurch geschieht, daß man am Lande zwei Visirstäbe aufstellt, die sich genau in diesem Meridiane befinden und das Schiff darnach richtet. Dadurch ergiebt sich die Aberration durch das Eisen. Gesetzt sie sey östlich; so folgt daraus, daß der Schwerpunkt der Anziehung des Eisens östlich vom Kiele liegt; dieser unbekannte Punkt sey O″. Denken wir uns nun durch O″ und den Mittelpunkt D der Nadel eine gerade Linie jenseits D verlängert, so wird eine Eisenmasse p, die sich zu der imaginären Masse O″ umgekehrt wie das Quadrat der Entfernungen von D verhält, diese Aberration zerstören.

§. 18.

Man lege also eine Eisen-Masse p in einer gewissen Entfernung von D und westlich vom Kiele, und rücke sie hin und her in derselben Entfernung, bis sie die Aberration zerstört. Damit ist aber die Aufgabe noch nicht aufgelöset; denn es könnte p für diese Entfernung zu klein seyn und etwas westlich von pD liegen. Ist sie aber für diese Entfernung zu groß, so wird die gänzliche Zerstörung der Aberration nicht Statt finden können. Findet letzterer Fall Statt, so nehme man für p nach und nach kleinere Massen, bis man die Aberration ganz zerstören könne. Auf diese Art wird man der wahren Masse p für diese Entfernung und der wahren Richtung pD sehr nahe kommen; und man wird wissen, daß, wenn man noch fehlt, die Masse p zu klein und etwas westlich von pD liegt.

Nun wende man das Schiff um 90° wie in Fig. IV., ohne die Masse p zu rücken, und sehe ob auch jetzt die Masse die Aberration zerstört. Ists nicht der Fall, so rücke man die Masse p etwas von der Richtung des Kiels ab, zugleich aber auch etwas weiter von D weg, bis man für diese Lage des Schiffs die Aberration ganz zerstört habe. Alsdann bringe man das Schiff in seine vorige Lage, ohne die Masse p zu rücken und sehe ob die Aberration noch ganz zerstört ist. Zeigt sich noch ein Fehler, so wiederhole man die vorigen Operationen bis man in diesen zwei Haupt-Lagen des Schiffs keine Aberration mehr beobachten kann; welches bei der dritten Peilung wohl der Fall seyn wird. Alsdann ist man sicher, daß die Masse p in der zuletzt bestimmten Stellung für alle Lagen des Schiffs die durch das Eisen bewirkte Aberration aufhebt.

Anhang.

Das gelehrte Europa hat jetzt seine Aufmerksamkeit auf den Magnetismus ganz vorzüglich gerichtet. Einerseits haben die Engländer das von dem Astronomen Wales zuerst beobachtete und von dem Capitain Flinders vorzüglich bearbeitete Phänomen der Aberration der Magnetnadel auf den Schiffen aufgefaßt und den magnetischen Nordpol gefunden. Andererseits ist die glänzende Entdeckung Oersteds von dem Einflusse der Electricität auf die Magnetnadel ein großer Schritt in der magnetischen Lehre, der sogleich neue veranlaßt hat.

Oersted hatte gezeigt, daß der Verbindungsdrath der Pole einer kräftigen Voltaschen Säule, von welchem Metalle er auch sey, die Magnetnadel in Bewegung bringe, gleichviel, welche Körper (das Eisen ausgegenommen) dazwischen liegen mögen, und die Umstände beschrieben, welche diese Bewegungen mit ihren Variationen erzeugen.

Arago und Ampère haben gezeigt wie derselbe Verbindungs-Drath, in Spiralen gewunden, einen Eisen- oder Stahl-Drath in einen ausdauernden Magnet verwandelt, daß die Stellung der Pole dieses Magnets von der Richtung der Gänge der Spirale, ob sie rechts oder links gewunden ist, abhänge und daß diese Wirkung der Voltaschen Säule sich auch durch Papier, Glas, Metalle ꝛc. ungeschwächt äußere.

Endlich hat Erman das Problem umgekehrt, gezeigt daß jeder Metall-Streifen oder-Drath, der die Enden einer galvanischen Kette schließt, durch die Nähe des Pols eines Magnets eine Bewegung erhält, analog der Bewegung der freien Magnetnadel durch den unbeweglichen Verbindungs-Drath der Säule, und daß mithin die Einwirkungen der Elektricität auf den Magnet und des Magnets auf die Electricität in vollem Sinne wechselseitig sind. Seine Versuche beweisen überdieß, daß es keinesweges nöthig sey, zur Erzeugung dieser von ihm dargestellten Reciprocität, mächtige Voltasche Säulen anzuwenden, sondern daß die einfache Oxidation des Zinks, ohne Berührung mit dem Kupfer, zu diesen Wirkungen hinlänglich sey.

Dadurch ist den Physikern ein neues Feld von Untersuchungen über den Magnetismus eröffnet; dadurch werden sie auf den Standpunkt der Chemie zu diesen Untersuchungen geführt. Schon im Jahre 1811 habe ich in meinem Grundrisse der theoretischen Physik behauptet, „daß die magnetischen Phänomene „sich nicht mit den Beobachtungen über die Declina-

„tion und Inclination der Magnetnadel mathematisch
„construiren lassen; daß diese Phänomene sich nicht
„aus der Annahme eines oder zweier Magnete inner-
„halb der Erde erklären lassen; daß die Erde nicht
„ein fertiger, sondern ein werdender Magnet sey; und
„daß die magnetischen Phänomene Resultate von Af-
„finitäts-Wirkungen seyen, wie die electrischen.

Im Jahre 1815 führte ich diese Idee in meinem Grundrisse der Physik der Erde und Geologie weiter durch, und stellte den Satz auf: „daß die Ursache
„des Magnetismus in einem oder mehreren innerhalb
„der Erde Statt habenden chemischen Prozessen, viel-
„leicht dem nemlichen der uns die Vulcane und Erd-
„beben liefert, bestehe, welcher die Imponderabilien
„entwickelt die der Erde und unsern Magneten die
„Polarität ertheilen; daß dieser chemische Prozeß fort-
„während daure und nach Maaßgabe der vorhandenen
„Materialien sich hierhin und dorthin ausdehne, wo-
„durch die Anomalien in der Intensität der magneti-
„schen Kraft, so auch die Irregularität in der Decli-
„nation der Magnetnadel an verschiedenen Orten und
„in verschiedenen Zeiten entstehen, die also sich keinem
„mathematischen Gesetze unterwerfen lassen.

Man hat sich gegen diese Idee gesträubt und sie als eine solche angesehen, welche der weitern Forschung allen Weg abschneidet. Letzteres ist allerdings wahr wenn wir alle Forschung über den Erdmagnetismus darin bestehen lassen, daß man die Erscheinungen an der Declinations- und Inclinations-Nadel systematisch zu ordnen und einem mathematischen Gesetze zu unterwerfen sich bestrebt, um irgend eine Hypothese über ein oder mehrere Magnete innerhalb der Erde darauf zu gründen. Dagegen foderte diese meine Ansicht die Naturforscher auf, das auf mathematischem Wege nicht zu erforschende magnetische Phänomen aus dem Standpunkt der Chemie zu betrachten.

Dieser Widersprüche ungeachtet hat Biot im 3ten Bande seines Traité de Physique experimentale et mathématique (im J. 1816 gedruckt) p. 141, dieselbe Idee zum Theil (subsidiarisch) aufgenommen, indem er annimmt, daß die feux souterrains den chemischen Zustand und die natürliche Anordnung der Eisentheile in den Orten wo sie Statt gefunden hat, abgeändert haben und so die Richtung der Magnetnadel stören und die allgemeine Thätigkeit der Erdkugel modificiren mußten.

Was ich gewünscht habe, nämlich die Zurückführung der magnetischen Erscheinungen auf den chemischen Prozeß, dieß ist durch die große Entdeckung Oersteds geschehen. Da aber meine frühern Ansichten dadurch eine neue Wichtigkeit erhalten haben, so sey es mir erlaubt sie hier etwas ausführlicher und bestimmter vorzutragen, als ich es in den Jahren 1811 und 1816 that, wo ihnen diese große neue Stütze noch fehlte.

1. Es giebt zwei Imponderabilien, die ich nach Art der frühern Physiker mit +M und —M, analog den +E und —E, bezeichne, für welche wir nur drei isolirende Substanzen kennen, das Eisen, den Kobalt und den Nickel, welche +M und —M in den Vertheilungs-Zustand versetzen.

2. Diese zwei Imponderabilien entwickeln sich innerhalb der Erde durch einen chemischen Prozeß, höchst wahrscheinlich den nemlichen, welcher die Vulkane und Erdbeben erzeugt, deren vielfältige Phänomene ich in meiner Physik der Erde erklärt habe.

3. Da derselbe chemische Prozeß von jeher Statt gefunden hat, ja seinen großen Antheil an der Gestaltung unserer Erdoberfläche gehabt hat, und noch immerfort mit abwechselnder Intensität und Localität dauert, so daß dieser Prozeß an einigen Orten die Materien zu seiner Unterhaltung verbraucht hat und an andern neue ergreift, so kann keine Regularität in diesem Prozesse Statt finden, weder dem Orte noch der Zeit nach. Vielmehr ist es sehr wahrscheinlich, daß mehrere Paare von magnetischen Polen durch diesen Prozeß innerhalb der Erde erzeugt werden, welche durch Coincidenz ihrer Wirkung an der Erdoberfläche ein einziges magnetisches Polen-Paar, oder durch ihre Entfernung mehrere erzeugen können. So sehen wir in jedem natürlichen Magnete viele Polen-Paare, deren stärkste in zwei Stellen der Oberfläche zusammenlaufen, welche Stellen die Pole des Magnets heißen. Die Armatur führt diesen Hauptstellen einen großen Theil der übrigen Polen-Paare zu und verstärkt sie. Da aber der Erdkörper eine solche Armatur nicht hat, so muß er viele einzelne Polen-Paare haben, die, nach Maaßgabe ihrer geringern oder größern Entfernung von den Hauptpolen, mehr oder weniger von ihm abhängig sind. Daher die sonderbaren Abweichungslinien und der irreguläre magnetische Aequator, deren ganze Abnormität nur aus Yeater's Magnetical-Carte recht zu übersehen sind *).

4. Da die Imponderabilien +M und −M nur drei Isolatoren haben, so strömen sie aus den Polen

*) Uebrigens macht Yeaters den magnetischen Aequator weniger irregulär als Biot nach den Beobachtungen von Humboldt, welcher ihm vier Durchschnitts-Punkte mit dem Erdäquator giebt, da hingegen Yeaters ihrer nur zwei.

durch die Erdrinde als durch einen Leiter und durchlaufen die Erdathmosphäre jeder ganze seine Hemisphäre strahlend, durch, um sich im magnetischen Aequator zu neutralisiren. Unsre kleinen Magnete thun dasselbe und werden dadurch, wann sie beweglich sind, der Richtung dieser zwei großen Ströme entsprechend, gestellt.

5. Da diese magnetischen Imponderabilien durch einen chemischen Prozeß entwickelt werden, so müssen andere chemische Prozesse auf ihre Richtung und Kraft Einfluß haben.

Dahin gehören heftige Gewitter als chemische Prozesse in einem bedeutenden Theile der Athmosphäre; dahin auch das Nordlicht, welches, meiner auf mehrere Data gestützten Ueberzeugung nach, ein Entzündungs-Prozeß in den höchsten Regionen unsrer Athmosphäre ist; woraus die Variationen der Magnetnadel durch das Gewitter und das Nordlicht sich erklären lassen. Sie wirken auf den allgemein magnetischen Strom wie die Voltasche Säule auf den unsrer Magnetnadel.

6. Die vorzüglichste Variation der Magnetnadel ist immer die tägliche mit ihrer Ebbe und Fluth. Das Maximum und Minimum derselben findet an jedem Orte nahe zu derjenigen Zeit Statt, da die Einwirkung der Sonne an diesem Orte am größten und kleinsten ist. Da der Sonnenschein bekanntlich, theils durch das Licht unmittelbar, theils mittelbar durch die erzeugte Wärme, unzählige chemische Prozesse (zwar von geringer Intensität aber von der Ausdehnung der halben Oberfläche der Erdkugel und die immer nach Westen vorrücken) erzeugt, so scheint es mir nicht zweifelhaft, daß das tägliche Vorrücken der Magnetnadel nach Westen so wie ihr tägliches Zurücktreten, der chemischen Einwirkung der Sonnenstrahlen zuzuschreiben sey.

So schlängelt sich ein chemisches Band auch durch diesen

ganzen Zweig der Naturphänomene hindurch, dessen Faden ich in den Phänomenen der Wärme, des Lichts und der Electricität aufgefunden und verfolgt habe. Für die magnetischen Phänomene konnte ich es nur im Geiste, auf einzelne Data und die Analogie gestützt, sehen und darauf hindeuten. Oersteds glänzende Entdeckung giebt dieser Ansicht Haltbarkeit.

Ich habe in diesem kurz dargestellten Systeme zwei Imponderabilien +M und —M, verschieden von +E und —E angenommen, obgleich Ampère, in Folge seiner schönen Versuche und scharfsinnigen Zusammenstellung derselben die Electricität als materielles Princip des Magnetismus statuirt; mancher wird in der Voraussagung desselben nach seinen Principien, daß man durch Electricität einen Eisendrath in ein Magnet verwandeln könne, und in dem Erfolge dieser Voraussagung einen großen Beweis für diesen Satz finden.

Man lasse sich aber dadurch nicht verleiten; es sprechen so viele Phänomene gegen diesen Satz der Identität des Magnetismus und der Electricität, daß ich ihm unmöglich beipflichten kann, und in allen mir bisjetzt bekannt gewordenen Versuchen nur eine Einwirkung der +E und —E auf +M und —M und umgekehrt sehe. Hier die vorzüglichsten dieser Thatsachen.

1°. Die Electricität auch der stärksten Voltaschen Säule wirkt auf unsre empfindlichsten Electrometer und Condensatoren nicht in einer Distanz von $\frac{1}{5}$ Linie, es sey denn in einer sehr verdünnten Luft. Es wirkt aber die E der Säule in den Versuchen von Oersted bis zu einer Weite von 15‴ und zwar so stark, daß die Magnetnadel um 45° sich dreht. Es sind demnach die E der Säule nicht, die bis zur Magnetnadel reichen, sondern das M der Nadel, welches bis zum Leiter der Säule reicht.

2°. Die E der Säule wirken anziehend auf alle Körper, Leiter und Nichtleiter, in ihrem natürlichen Zustande und setzen diese Körper in den electrischen Vertheilungs-Zustand. Nicht so die M des Magnets; sie äußern diese Wirkung nur auf Eisen, Kobalt und Nickel.

3°. Alle Körper, mit Ausnahme dieser drei Metalle, die sich als Isolatoren der M zeigen, sind Leiter des Magnetismus. Dagegen sind diese drei Metalle, wie alle übrigen, Leiter der Electricität, und die meisten der andern Körper mehr oder minder gute Isolatoren der Electricität, besonders für kleine Grade von E, wie an der Voltaschen Säule.

4° Die Electricität läßt sich nicht auf einem isolirten Leiter oder Nichtleiter in einen permanenten Vertheilungszustand versetzen, so daß dieser Zustand fortdauerte, nachdem man den electrisirten Körper, der in dem Leiter oder Nichtleiter die Vertheilung bewirkt, ganz entfernt hat. Auf dem Leiter binden sich die E augenblicklich, auf dem Nichtleiter bleiben sie zwar getrennt, aber die Luft entzieht sie ihnen bald. Es ist aber der Vertheilungszustand der M im Magnete permanent; die Luft hat auf die M keinen Einfluß; sie schwächt sie nicht. Zwar kann man sagen, daß der Magnet durch die magnetischen Pole der Erde in dem Vertheilungszustand fortdauernd erhalten wird, wie eine Metall- oder Glas-Stange durch einen electrischen Körper, und diesen Satz dadurch belegen, daß eine Magnetnadel ihre Kraft allmählig verliert, wenn man sie zwingt in einer entgegengesetzten Lage als in ihrer natürlichen zu beharren. Wenn aber die magnetischen Polar-Strömungen der Erde dieses thun und nichts anders als electrische Strömungen wären, so müßten wir von dieser Electricität schon längst Kunde haben; man müßte alle isolirte Körper, am meisten die Luftballons im elektrischen Zustande sehen, der nach den magnetischen Polen zunähme, im magnetischen Aequator aber = o wäre. Dieses ist aber nicht der Fall; die Phänomene der Luft-Electricität sind davon gänzlich verschieden.

5°. Wenn die zwei getrennten E durch einen mehr oder minder guten Leiter verbunden werden, so vereinigen sie sich auf diesem Wege und nicht durch die Luft. Es müßten also die M, welche in der Erde entwickelt werden, sich durch die Felsenmassen der Erdrinde mit einander vereinigen, und nicht erst in unsrer Athmosphäre, da diese Felsenmassen sich als Leiter der M zeigen, indem sie sie bis zur Atmosphäre dringen lassen, wo Biot in einer Höhe von 3500 Fuß sie ungeschwächt gefunden hat. Wären +M und —M mit +E und —E identisch, so hätten wir außerhalb der Erdoberfläche keine magnetischen Phänomene.

6°. Es giebt bekanntlich verschiedene mechanische Methoden einen Eisenstab ohne Beihülfe eines Magnets magnetisch zu machen. Aber nach dieser Operation sind solche Stäbe nicht electrisirt, was sie aber seyn müßten, wenn die M und die E identisch wären.

Laßt uns also in die Schlüsse nicht mehr legen als in den Prämissen liegt, und, wenigstens für jetzt die obige Identität der Ursachen des Magnetismus und der Electricität nicht statuiren. Daß wir noch nicht sagen können was +M und —M seyen, kann keine Einwendung gegen diese Forderung der Logik abgeben. Auch jetzt wissen wir noch nicht mit apodictischer Gewißheit was +E und —E sind, obgleich ich es höchst wahrscheinlich gemacht habe, daß +E Wärmestoff, —E Lichtstoff sey.

Parrot.

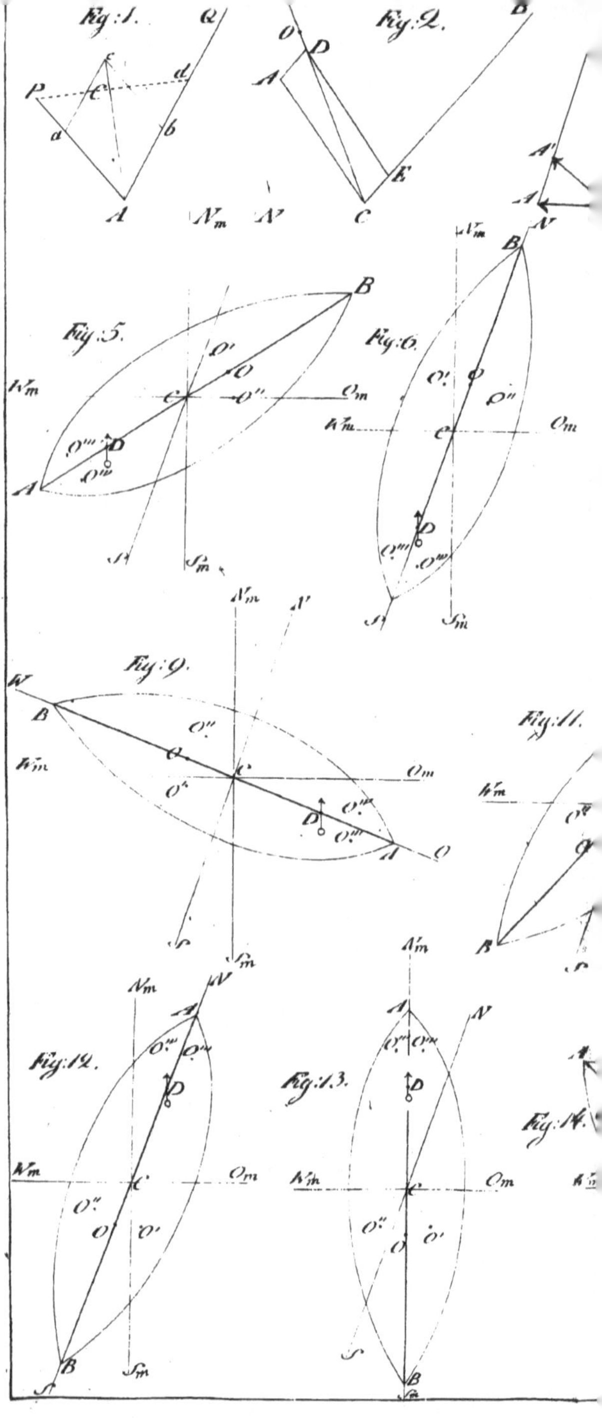
Fig:1.
Fig:2.
Fig:5.
Fig:6.
Fig:9.
Fig:11.
Fig:12.
Fig:13.
Fig:14.

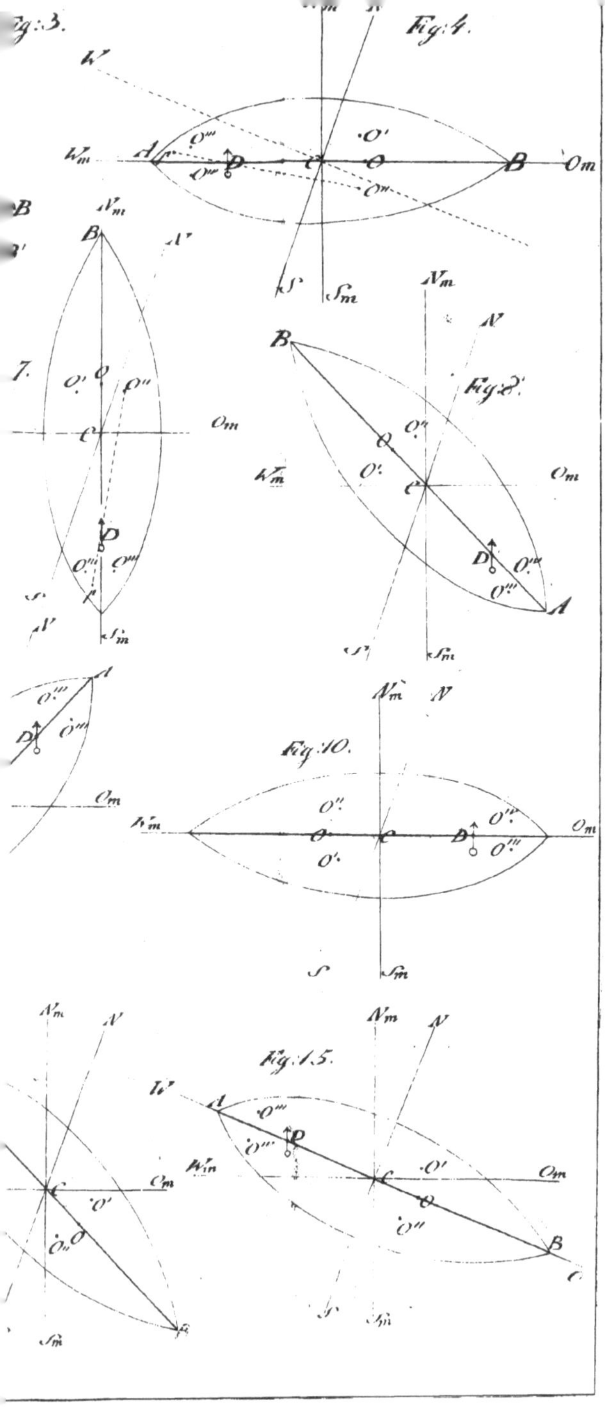

g:3.

Fig:4.

7.

Fig:8.

Fig:10.

Fig:15.

II.

Entomographien

von

J. Friedrich Eschscholtz,
Doctor der Medizin, außerordentlichem Professor der Medizin und Prosector an der K. Universität zu Dorpat, Mitgliede der naturforschenden Gesellschaft zu Moscau und der Leopoldinisch-Carolinischen Akademie der Naturforscher zu Bonn.

Erste Lieferung.

Mit zwei illuminirten Kupfertafeln.

Hier übergebe ich dem entomologischen Publikum die erste Lieferung der Beschreibungen meiner neuen Insecten, welche ich während der Erdumseglung des Schiffes Rurick unter Führung des Capitain Otto von Kotzebue zu sammeln Gelegenheit hatte. Ich habe mich bemüht, die Insecten so kenntlich zu beschreiben, daß es bei nachheriger Entdeckung auch sehr ähnlicher Arten dennoch möglich werde, die specifischen Unterschiede (ohne Vergleichung der Exemplare) anzugeben. Daß mir mehrere wichtige entomologische Werke dabei mangelten, muß ich sehr bedauern, konnte aber deshalb doch nicht die Beschreibungen der mir nach meinen Mitteln neu scheinenden Insecten unterdrücken; da ein großer Theil derselben aus Gegenden ist, welche früher von Entomologen nicht besucht worden waren, so hoffe ich die Synonymie der Insecten nicht sehr vermehrt zu haben.

Angehängt habe ich allgemeine Bemerkungen über einige Käfer, wie sie sich mir bei Untersuchung der zu beschreibenden Arten darboten, daher sie sich auch nur über die Familien und Gattungen erstrecken, aus welchen hier Arten beschrieben sind.

Erst bei völlig beendigtem Manuscript, indem es gerade durch eine sich darbietende Gelegenheit abgeschickt werden sollte, erhielt ich durch den Buchhandel Catalogue de la collection de Coléoptères de M. le Baron Dejean und Wiedemanns zoologisches Magazin; aus ersterem habe ich zu den allgemeinen Bemerkungen einige Nachträge gemacht, letzteres zu durchblättern erlaubte mir die sehr beschränkte Zeit nicht einmal. Eine eben erhaltene Insectensendung brachte mir Lucanus hircus Herbst, worüber ich auch in den allgemeinen Bemerkungen einen Nachtrag machen konnte.

Dorpat, den $\frac{12}{24}$ten May 1822.

Fr. Eschscholtz.

Beschreibungen neuer Insecten.

1. Lucanus tibialis.

L. castaneus; elytris tibiisque aurantiacis;
mas. mandibulis porrectis, basi et ante apicem valide dentatis (Taf. I Fig. 1.),
foem. mandibulis brevissimis, simplicibus.

In Brasilien, St. Catharina.

Männchen mit den Kinnbacken 1 Zoll, Weibchen etwas über 7 Linien lang.

Männchen: Kopf dunkelkastanienbraun, sehr groß, im Ganzen viereckig, vorn in der Mitte sehr stark halbkreisförmig ausgeschnitten, wodurch eine vordere halbmondförmige Fläche entsteht, deren unterer Rand in der Mitte wiederum mit einer starken Einbucht versehen ist; die Vorderecken ragen weit vor, sind breit und schief abgestutzt; von den Seitenrändern hat der vor den Augen liegende Theil die Breite des Halsschildes, ist scharfkantig und setzt sich bis auf den dritten Theil des Auges fort; der hintere Theil des Seitenrandes ist etwas schmäler, als das Halsschild, verläuft gerade und ist abgerundet; die hinten an den

Seiten stark gewölbte fein runzliche Oberfläche des Kopfs plattet sich nach vorn in der Mitte merklich ab, erhebt sich aber in den breiten Vorderecken als eine kurze länglichte und stumpfe Kante. Augen klein, kuglig.

Kinnbacken (an der untern Fläche gemessen) $4\frac{1}{2}$ Lin. lang, gerade vorgestreckt, an ihrer Wurzel einander so sehr genähert, daß kein Fortsatz des Kopfschildes zwischen ihnen treten kann (wie es bei Luc. cervus u. a. der Fall ist), sehr wenig nach oben gebogen, haarlos, glänzend schwarzbraun, noch feiner runzlig, als der Kopf, außen dick, nach innen plötzlich dünner und mit großen Zähnen versehen; die linke Kinnbacke hat ganz nahe an der Wurzel einen breiten stumpfen Zahn, am ersten Drittheil der Länge einen zweiten sehr große spitzen, dann etwas über der Mitte einen dritten sehr kleinen und kurz vor dem Ende einen vierten breiten ausgerandeten Zahn; das Ende ist hakenförmig nach innen gekrümmt; die rechte Kinnbacke ist etwas mehr nach außen gekrümmt, hat an der Wurzel einen breiten kurzen Zahn, gleich neben diesem einen zweiten sehr großen spitzen und kurz vor dem hakenförmig gekrümmten Ende einen dritten langen abgestumpften Zahn. Die Fühler erreichen fast den Hinterrand des Halsschildes; erstes Glied von der Länge des übrigen Theils derselben, walzenförmig und etwas gekrümmt, die drei letzten Glieder bilden die Kolbe.

Halsschild breiter, als lang, oben röthlichkastanienbraun, etwas gewölbt, sehr fein runzlich mit zerstreuten feinen Punkten, in der Mitte schwach gefurcht, zu beiden Seiten der Furche mit einem Grübchen versehen; rundherum (die Mitte des Vorderrandes ausgenommen) schmal gerandet; Vorderrand in der Mitte etwas vortretend, fein goldgelb gefranzt, Vorderecken stark vorgezogen, zugespitzt; Seitenrand verläuft von vorn bis über ⅔ seiner Länge ziemlich gerade nach hinten, bildet hier einen kleinen Zahn, darauf biegt sich der Rand stark nach innen; Hinterwinkel scharf und Hinterrand mit zwei schwachen Ausschnitten. Schildchen herzförmig, stark punktirt, schwarz, mit gelblichen Haaren besetzt.

Flügeldecken, an der Wurzel etwas breiter, als der hintere Theil des Halsschildes, erweitern sich bis zur Mitte; Enden spitz; Schulterecke spitz; der äußere Rand sehr wenig aufgebogen; wenig gewölbt mit platten Enden; auf der Oberfläche bemerkt man viele regelmäßige ziemlich dichte Reihen undeutlicher von einander entfernter Punkte; Farbe hell nußbraun, mit schmal kastanienbraun gefärbter Nath und äußerm Rande. Flügel vollkommen.

Unten ist der ganze Körper, so wie der umgeschlagene breite Rand der Flügeldecken dunkelkastanienbraun, gänzlich haarlos; Kopf glatt mit einzelnen großen Punkten, der umgeschlagene Theil des Halsschildes sehr fein gerunzelt, der mittlere Theil (der Unterhals) tritt stark nach vorn und ist spitz, sein Vorderrand der Länge nach gestreift, der mittlere Theil in ein stark hervorragendes glattes Halsbein erhoben, welches bis an den Hinterrand reicht und daselbst senkrecht abgeschnitten ist; Seitentheile mit dichten Grübchen besetzt. Brust in der Mitte glatt, an den Seiten fein gerunzelt; Seitenstücke punktirt, Bruststück vorn ausgehöhlt; Bauch ganz glatt.

Beine ziemlich schlank, Schenkel wenig verdickt, dunkelkastanienbraun; die vordersten vorn an der Wurzel mit einem eiförmigen Fleck goldgelber Haare; Schienen fast walzenförmig hell nußbraun die vordersten am Ende etwas erweitert und mit einem innern braunen Stachel und zwei äußern braunen Zähnen versehen, der äußere Rand fein sägeförmig; hintere Schienen mit zerstreuten kurzen goldfarbenen Haaren. Füße langgestreckt, schwarzbraun.

Weibchen. Kopf, so wie das Halsschild, dunkel kastanienbraun mit einem violetten Schimmer, viereckig, viel breiter wie lang, um ein Bedeutendes schmäler, als das Halsschild, Vorderrand gerade. Die Erhabenheiten der stumpfen Vorderecken verlaufen hier schief, nach hinten viel schwächer werdend und gränzen einen vordern dreieckigen platten Raum ab; ganze Oberfläche mit dichten Grübchen besetzt, Kinnbacken nur $\frac{3}{4}$ Linien lang, ragen oben kaum um $\frac{1}{2}$ Lin. vor, sind schief vierkantig, unten gegen die Wurzel hin mit einem starken Zahn bewaffnet, stark nach innen gebogen, oben mit Grübchen, schwarz. Da die Kinnbacken hier an der Wurzel nicht so dicht zusammenstehen, so findet sich eine kleine hornige quere Oberlippe zur Deckung des Maules vor. Fühler reichen nur bis auf die Hälfte des Halsschildes; erstes Glied fast gerade und keulenförmig.

Die Form des Halsschildes weicht auch sehr von dem des Männchens ab; vorderer Rand gerade, nur die Ecken treten nach vorn vor. Seiten erweitern sich bis über die Mitte hinaus, bilden hier eine stumpfe Ecke und verschmälern sich dann plötzlich durch eine schwache Einbiegung; Oberfläche gleichmäßig etwas weitläuftig punktirt, ohne Eindrücke. Flügeldecken in der Mitte röthlichbraun. Ganze Unterseite schwarz

und

und bis auf den glatten mittlern Theil der Brust und des Bauchs mit tiefen Grübchen dicht genarbt. Halsbein noch etwas höher, als beim Männchen. Schenkel und Füße schwarz, Vorderschienen äußerlich noch mit drei schwarzen Zähnen, hintere Schienen in der Mitte nach außen mit einem schwarzen Stachel bewaffnet.

Eine zu gleicher Zeit gefangene Varietät des Männchens nähert sich in seinem Baue dem Weibchen sehr, die Bildung des Kopfs und Halsschildes steht in der Mitte zwischen denen beider Geschlechter; die Kinnbacken aber sind eigenthümlich, über 2 Linien lang, gerade, mit wenig einwärts gebogenen Spitzen, der innere Rand breit, dünn, ungezähnt.

2. Lucanus vittatus.

L. ater, thorace bicarinato, elytris vitta holosericea fulva; foem. mandibulis brevissimis, clypeo tuberculato.

In Chili, Conception.

Das einzige Exemplar, das ich erhielt, ein Weibchen, hat die Länge von $6\frac{1}{2}$ Linien.

Der ganze Körper hat eine schwarze Farbe. Kopf breiter, wie lang, fast nur halb so breit, als das Halsschild, vorn gerad abgeschnitten, Vorderecken abgerundet, Seiten in der Mitte erweitert, vor den Augen scharfkantig, Oberfläche grob punctirt, hinten und an den Seiten gewölbt; ein großer dreieckiger Raum, welcher von zwei in den Vorderwinkeln hoch anfangenden und schief nach hinten und innen verlaufenden glättern Kanten eingeschlossen wird, ist ganz flach und in der

Mitte des Vorderrandes mit einem zusammengedrückten kleinen Höcker versehen, die kleinen kugligen Augen werden vorn von dem Seitenrande des Kopfes sehr wenig bedeckt. Kinnbacken sehr kurz, dick, breit, nach innen gebogen, schief vierkantig, oben und außen gefurcht, punktirt, unten mit einem breiten aber schwachen Zahn bewaffnet. Eine kleine hornartige Oberlippe tritt zwischen den Kinnbacken unter dem Kopfschilde sehr wenig hervor. Fühler reichen bis auf die Hälfte des Halsschildes; das erste fast gerade Glied ist etwas länger, als alle übrigen zusammengenommen, die drei letzten bilden die Kolbe.

Halsschild breiter wie lang, fast breiter als die Flügeldecken, vorn gerade abgestutzt, ungerandet, mit etwas vorstehenden breiten spitzen Vorderecken, Seiten in der Mitte ziemlich stark erweitert, etwas aufgeworfen, Hinterwinkel stumpf, Hinterrand ungerandet, in der Mitte gerade, an den Seiten etwas schief, nach vorn gerichtet; die Oberfläche wird durch zwei hohe glänzende wenig punktirte Längskanten in drei Räume getheilt, welche sehr matt und mit dichten aber flachen Grübchen besetzt sind, in den Grübchen liegen kleine gelbliche matte Schuppen; der mittlere Raum ist schwach vertieft, die seitlichen sind schiefe Abhänge. Schildchen breit, glatt, nackt.

Flügeldecken von den etwas eingezogenen stumpfen Schulterecken bis zur Mitte fast in gerader Linie verlaufend, darauf bis zur stumpfen Spitze sich ziemlich stark verengernd, sehr schmal gerandet, stark gewölbt, vorn in der Mitte mit einer Längserhabenheit, die sich an die Kanten des Halsschildes anschließt, aber etwas über der Mitte der Flügeldecken sich schon verliert sie sind mit kleinen flachen Grübchen, die eine gelbliche Schuppe im Grunde zeigen, sehr dicht besetzt und matt; von der Schulter bis zur Spitze verläuft ein schmaler röthlich brauner Streifen, der aus ziemlich langen senkrecht stehenden Schuppen besteht; sie sind mit der etwas aufgeworfenen glatten Naht so ineinander gefügt, daß sie sich nicht trennen lassen. Die Flügel unvollkommen, sehr kurz.

Die ganze Unterseite ist, bis auf den in der Mitte glatten, an den Seiten punktirten Bauch durch tiefe Grübchen narbig, was auch von dem starken Halsbeine gilt; Vorderrand des Unterhalses rothbraun gefranzt, der übrige Körper nackt. Beine kurz, schwarz; Schenkel etwas verdickt, punktirt; Vorderschienen gegen das Ende breiter, platt, oben mit zwei Punktreihen, außen in der Mitte mit drei kleinen und am Ende mit zwei großen Zähnen bewaffnet, zwischen denen gelbe Borsten stehen; hintere Schienen kegelförmig, mit gelben Borstenreihen und einem Stachel in der Mitte der Außenseite; Fußglieder schwarzbraun.

3. Psammodius cylindricus.

Ps. ater, thorace rude punctato, basi sulcato; elytris profunde punctato striatis, interstitiis planis; serie punctorum absoleta.

Auf der Insel Unalaschka, auf Anhöhen unter Steinen selten.

Fast 2 Linien lang, schwarz und dem Ps. sabuleti sehr ähnlich. Kopf groß, breit, gewölbt, sehr dicht und grob punktirt, im Nacken glatt mit einer punktirten Grube in der Mitte, vorderer Rand schmal aufgeworfen und etwas ausgeschnitten. Taster und Fühler gelb; letztere mit etwas dunklerer Kolbe. Halsschild kurz, vorn ungerandet mit einem durchschneidenden braunen glatten Rande, Vorderecken kurz, spitz; Seitenrand gerandet, verläuft von vorn nach hinten gerade, vorn nur ein wenig schmäler, Hinterecken stumpf, schmal gerandete Hinterrand nach hinten gebogen; Oberfläche stark querüber gewölbt, dicht grob punktirt, eine breite mittlere Rinne reicht vom hintern Rande bis zur Mitte; an jedem Vorderwinkel steht eine große flache Grube, wodurch der Seitenrand hier flach erscheint.

Schildchen länglicht, glatt. Flügeldecken zweimal so lang, als der vordere Körpertheil, an der Wurzel mit dem Halsschilde von gleicher Breite, erweitern sich ein wenig bis hinter der Mitte, am Ende gerundet; an den Seiten und hinten stark abschüssig, auf dem Rücken nur schwach gewölbt; die Streifen derselben bestehen aus großen aber flachen Punkten, die sehr dicht an einander gereiht sind, aber in keiner Furche stehen (wie bei sabuleti); die Zwischenräume der Punktreihen sind flach und in ihrer Mitte bemerkt man eine Reihe von weit von einander stehenden undeutlichen Punkten. Unterseite des Körpers schwarz, glatt, glänzend und nackt. Beine pechbraun mit etwas helleren und mit drei breiten stumpfen Zähnen bewaffneten Vorderschien-Enden; ihr Bau übrigens wie bei sabuleti.

4. Trox brevicollis.

Tr. ater, capite bituberculato, thoracis elytrorumque marginibus integerrimis, brevissime ciliatis; elytris tuberculis seriatis deplanatis laevibus glabris.

In Chili, Conception.

Länge $6\frac{1}{2}$ Linien. Farbe oben überall schwarz, unten schwarzbraun. Kopf vorn durch eine dem Rande parallele tiefe Rinne stark aufgeworfen, in der Mitte ausgeschnitten, die ganze Oberfläche stark punktirt, der mittlere Theil gewölbt mit zwei länglichen Hügeln in der Mitte. Fühler kurz, schwarz; die ersten Glieder lang behaart, Kolbe eiförmig, grau; Augen weiß. Halsschild am Hinterrande $2\frac{3}{4}$ Lin. breit, in der Mitte über $1\frac{1}{2}$, an den Seiten aber an der schmälsten Stelle keine volle Linie lang; Vorderrand fast gerade abgeschnitten, ragt mit einem sehr schwachen Bogen über den Kopf vor; Vorderecken vorstehend, stumpf; Seitenrand erweitert sich vorn plötzlich, verläuft dann in gerader Linie nach hinten und außen, ist kurz und weitläuftig gewimpert und ungerandet; Hinterwinkel stumpf; Hinterrand bildet eine stumpfe Ecke, indem jede Seite von der Mitte aus schräg nach außen und etwas nach vorn in gerader Linie verläuft; Oberfläche querüber gewölbt, stark und dicht punktirt, matt, mit mehreren glänzenden und wenigen punktirten Erhabenheiten; auf jeder Seite der Mittellinie fängt vom vordern Rande ein schmaler flacher Wulst an und geht gerad nach hinten, erweitert sich in der Mitte etwas, hat hier eine mittlere Grube und läuft hinter der Mitte des Halsschildes in eine Spitze aus; am Hinterrande, dem vorigen fast entgegengestellt, doch etwas mehr seitlicher, befindet sich ein zweiter länglicht viereckiger Wulst; ein dritter ähnlicher steht zwischen dem vorigen und dem

Seitenrande in der Mitte und hat seine Lage ebenfalls am Hinterrande; gleich vor diesem steht eine kleine runde Erhabenheit; die hintere Hälfte der Mittellinie ist durch eine schwache Längskante bezeichnet; vom Vorderwinkel aus erstreckt sich schräg nach der Mitte zu auf jeder Seite ein tiefer Eindruck.

Schildchen klein, lang, schmal, ziemlich eben, an den Seiten mit einem braunen Filz besetzt. Flügeldecken 5 Linien lang, erweitern sich hinter der Schulter stark, bleiben bis ans Ende gleich breit, hinten gerundet, im mittlern Theile breitflach gerandet, quer über stark gewölbt, mit neun Reihen flacher, nackter, glatter Erhabenheiten besetzt; drei Reihen (nämlich die 3, 5, 7te von der Naht) bestehen aus großen Erhabenheiten, mit denen vier Reihen halb so großer Hügel abwechseln; außer diesen trifft man noch an der Naht und am Rande eine Reihe kleiner Hügel an; zwischen zwei Hügelreihen befindet sich immer eine aus groben von einander entfernten Punkten bestehende Reihe: die zwei der Naht nächsten und zwei andern am äußern Rande zusammenstehende Punktreihen verlaufen gerade, die mittlern sind aber geschlängelt. Auf dem breit abgesetzten Rande der Flügeldecken bemerkt man noch eine undeutliche Reihe von sehr kleinen Körnern, der äußere Rand selbst ist ungezähnt und sehr kurz gewimpert. Der Kopf ist unten schwarz behaart, so wie die breiten Vorderschenkel und alle Schienen schwarz gewimpert sind; Vorderschienen am Ende erweitert und ausgerandet; außerdem erblickt man noch einen kleinen stumpfen Zahn außen in der Mitte.

5. Melolontha pellita.

(Fam. I. Sect. 1. Subdiv 2. Schönh. S. I.)

M. rufo castanea, flavopilosa; pilis supra reclinatis, clypeo reflexo, subintegro, capite carina transversa, palpis maxillaribus filiformibus; malleolo nullo.

In Brasilien, St. Catharina.

Länge 6 — 7 Linien, Gestalt der M. aequinoctialis. Farbe des ganzen Körpers rothbraun, die ziemlich langen Haare bräunlich gelb. Kopf vorn schmäler, wenig gewölbt, durch zusammengeflossene Grübchen stark genarbt, ziemlich dicht behaart, Haare etwas rückwärts liegend; Kopfschild durch eine gerade glatte Querkante abgegrenzt, sein vorderer Rand aufgeworfen, beim Weibchen etwas, beim Männchen fast gar nicht ausgeschnitten, Seitenecken ganz abgerundet. Vordere Taster fadenförmig, letztes Glied noch einmal so lang, als das vorhergehende, lanzettförmig. Die dreiblättrige Fühlerkolbe gerade, lang und schmal, vorzüglich beim Männchen.

Halsschild um die Hälfte breiter als lang, vorn gerade abgeschnitten, Vorderecken niedergebogen, aber nicht vorstehend, Seiten in der Mitte stark erweitert, aufgeworfen gerandet, sehr undeutlich gekerbt, Hinterecken abgerundet, Hinterrand bildet einen nach hinten gewandten Bogen; Oberfläche stark gewölbt, dicht und grob punktirt, mit einem flachen schwärzlichen Grübchen in der Nähe jedes Seitenrandes; die Haare des Halsschildes sind dichter und ein Theil von ihnen liegt mehr rückwärts, als die auf dem Kopfe, ein anderer Theil, besonders vorn, steht mehr aufwärts. Schildchen breit, punktirt, und mit rückwärts liegenden Haaren bedeckt.

Flügeldecken etwas breiter, wie das Halsschild, ungefähr viermal so lang, erweitern sich gleich hinter der Schulter, gehen nach hinten schmäler zu, am Ende gerundet; Schulter stark vorstehend, Seiten schmal gerandet, vor dem Hinterrande ein tiefer paralleler Eindruck; Oberfläche mit flachen Grübchen, die in der Mitte ein Schüppchen haben, bedeckt, zwischen denselben Querrunzeln; ferner drei erhabene Längslinien, die wohl punktirt, aber nicht gerunzelt sind; Naht etwas erhaben; der größte Theil der Haare auf den Flügeldecken kurz und fast aufliegend, andere auf den Längslinien und am Rande länger und fast aufrechtstehend. Unten ist der Körper fein punktirt und mit rückwärts liegenden Haaren besetzt, After sehr lang behaart. Afterdecke breit, am Ende stumpf, gewölbt, mit kleinen eingedrückten Ringelchen dicht bezeichnet, in der Mitte mit einer glatten Längslinie (die beim Männchen etwas erhaben ist) und theils aufliegende kürzere, theils abstehende längere Haare. Beine stark behaart, punktirt, Hinterschenkel des Weibchens stark verdickt, Vorderschienen kurz, am Ende mit einem nach außen gekrümmten Haken und nach außen mit einem Zahn bewaffnet, vor welchem letztern man (vorzüglich beim Weibchen) einen langen Ausschnitt bemerkt; der innere Stachel fehlt gänzlich; hintere Schienen am Ende mit zwei gleich langen Stacheln. Das letzte Fußglied hat an der Wurzel unten zwei lange Stachel an allen Füßen; der innere Zahn jeder Klaue, der kurz vor der Spitze sich befindet, ist eben so lang, aber noch einmal so breit, als die Klauenspitze.

6. Melolontha palpalis.

(Fam. I. Sect. 1. Subdiv. 2.)

M. rufo ferruginea, supra glabra; pectore flavo villoso, clypeo apice bidentato, palpis maxillaribus articulo ultimo maximo excavato, tarsis anterioribus dilatatis.

In Chili, Conception.

Länge 6 Linien, Breite der Flügeldecken über 3 L. Haarlose Oberseite des Körpers, so wie die Beine roth-braun, Unterseite gelbbraun. Kopf kurz, breit, im Nacken gewölbt und glatt, der übrige Theil grob punktirt, vor dem vordern Rande stark vertieft, Vorderrand aufgeworfen und tief ausgeschnitten, wodurch und durch die schwach ausgeschnittenen Seitenränder zwei große Zähne erscheinen, die schwarz sind. Vordere gelblich braune Taster mit einem sehr großen eiförmigen Endgliede, welches oben ausgehöhlt ist. Dreiblättrige Fühlerkolbe gelblich, länglicht eiförmig, ziemlich gerade.

Halsschild viel breiter als lang, vorn gerade abgeschnitten; vor dem Vorderrande eine parallele Rinne, die schmal gerandeten Seiten in der Mitte stark erweitert, Hinterecken abgerundet, Hinterrand erweitert sich in der Mitte; Oberfläche mäßig gewölbt, grob zerstreut punktirt, die hintere Hälfte der Mittellinie und ein Fleck am Hinterrande bleiben glatt, die vordere Hälfte der Mittellinie ist vertieft.

Schildchen groß, am Ende abgerundet, bei einigen ganz glatt, bei andern etwas uneben, an seinem Vordertheile durch Haare, die am Hinterrande des Halsschildes sitzen, bedeckt. Flügeldecken an der Wurzel etwas breiter, als das Halsschild, in der Mitte stark erweitert, am Ende rund; gewölbt, grob und etwas undicht punktirt, mit vier erhabenen glatten Längslinien; Naht dick, wulstig. Unterseite des Körpers fein punktirt und mit einer gelben feinen Wolle bedeckt, welche an der Brust sehr lang wird; Seitentheile des Unterhalses fast nackt. Afterdecke herzförmig, ziemlich flach, zerstreut punktirt und nackt. Beine mit Reihen feiner langer Haare besetzt, Hinterschenkel platt; Vorderschienen außen mit drei starken Zähnen und am innern Ende mit einem Stachel bewaffnet; die vier ersten Glieder der vordern Füße stark erweitert, herzförmig und unten mit einem dichten gelben Filz überzogen; Glieder der Hinterfüße langgestreckt, fadenförmig. Jede Klaue ist an der Wurzel mit einem beborsteten Höcker versehen und am Ende zweigespalten; der Endzahn länger und an der Spitze sich plötzlich in einen Haken verengernd.

7. Anomala smaragdina.

A. supra viridi orichalcea; subtus, femoribus, thoracis pygidiique marginibus externis fusco auratis, capite thoraceque dense punctulatis, elytris vage punctulatis seriebusque punctorum plurimis.

Auf der Insel Luzon, bei Manilla.

Einen Zoll lang. Hat große Aehnlichkeit mit Melol. viridis, scheint aber noch viel größere mit M. splendens Gyllh. (Schönh. S J. III. App. 153.) zu haben, von der sie sich aber durch viele goldbraune Farbe, dichtere Punktirung des Halsschildes und viele ganze Punktreihen der Flügeldecken unterscheidet. Die Farbe der Oberseite ist dunkel grasgrün mit einem starken gelblichten öligen Glanze. Kopf fast viereckig, schwach gewölbt, gleichmäßig ziemlich stark punktirt; Kopfschild durch eine gerade Linie abgeschieden, kurz, breit, viereckig, mit aufgeworfenem Rande, stark punktirt, Vorderrand gerade abgeschnitten, Ecken abgerundet. Fühler rothbraun; erstes Glied groß, grün glänzend, lange Kolbe dunkelbraun.

Halsschild kurz, vorn bogig ausgeschnitten, Vorderecken stumpf, Seitenrand in der Mitte stark erweitert, vorderer und hinterer Theil des Seitenrandes geradlinig, Hinterecken rechtwinklig, Hinterrand an den Seiten schwach bogig ausgeschnitten; Seitentheile des Vorder- und Hinterrandes, so wie die Seitenränder, schmal erhaben gerandet; Oberfläche schwach gewölbt, gleichmäßig schwach punktirt, in der Mitte ein kaum merklicher Längseindruck, an jeder Seite das gewöhnliche Grübchen; die Seitenränder sind, von oben betrachtet, schmal braun gerandet, woran sich nach innen ein gelblich grüner Saum anschließt; betrachtet man das Halsschild aber ganz von der Seite, so erscheint der ganze Seitenrand gelbgrün. Schildchen ziemlich groß, fast unmerklich punktirt, mit kupferrothem Hinterrande.

Flügeldecken etwas breiter, als das Halsschild, hinten fast gerade abgeschnitten, Seiten stark gerandet, stark (auch von vorn nach hinten) gewölbt, mit mehreren Reihen feiner Punkte, von denen man eine an der Naht und ungefähr zehn zwischen der Mitte und dem äußern Rande bemerkt und die bis zum hintern Rande verlaufen; zwischen ihnen stehen eben so große weitläuftig zerstreute Punkte; Endbeule der Flügeldekken schwach. Unterseite des Körpers gelbbraun mit Goldglanz, Unterhals und Seiten der Brust mit braunen kurzen Haaren und grob punktirt, Mitte der Brust glatt und haarlos. Bauchringe hin und wieder fein punktirt, haarlos mit grün schimmernder Wurzel. Afterdecke dreieckig gewölbt, haarlos, vorderer und mittlerer Theil metallisch grün mit schwachen Längsrunzeln in der Mitte und einigen Punkten, an den hintern Rändern breit gelbbraun mit Goldglanz und rauh; After mit Borstenreihen.

Beine mit Borstenreihen, Schenkel gelbbraun mit Goldglanz, Hinterschenkel sehr breit und platt, der übrige Theil der Beine metallisch grün mit Kupferglanz, Vorderschienen mit einem langen stumpfen Endfortsatz, einem äußern stumpfen Zahn und innern fast in der Mitte gelegenen kurzen Stachel; letztes Fußglied lang, gekrümmt, zusammengedrückt, unten in der Mitte mit einem Höcker; Klauen ungleich; an den vier vordern Füßen die innere Klaue ziemlich gerade, an der Spitze gespalten, die äußere Klaue stark gekrümmt, einfach spitz; die innere Klaue der Hinterfüße wenig gekrümmt und wie die äußere einfach und spitz.

8. Aulacodus.

Maxilla cornea, apice sulcata, intus dilatata, ciliata.

Labium transversum.

Tarsi antici articulis quatuor ultimis dilatatis.

Spina perpendicularis inter femora antica.

Aus der Familie der Scarabaeiden mit zehngliedrigen Fühlern.

Die angegebenen Merkmale unterscheiden diese nach einer brasilischen Art gebildete Gattung hinlänglich von der ihr am nächsten stehenden Anomala. Ich füge von den Mundtheilen noch hinzu:

Labrum corneum, clypei apice inflexo insertum, ab eo carina transversa distinctum, inflexum, triangulare apice truncato, labii apicem contingens, hoc os medio claudens.

Mandibula cornea, brevis, obtusa, intus cultratim dilatata, medio longe pilosa, ante apicem profunde emarginata.

Maxilla processu interno compresso, rotundato, dense ciliato; processu apicali crasso, quadrangulari, apice subtruncato sulcisque duobus profundis transversis exarato, extus pro palpi capituli receptione quoque excavato.

Labium corneum, transversum, apice medio productum; ipso apice truncato.

Ligula membranacea, triangularis, transversa, ciliata, labio intus adnata.

Palpi filiformes, breves: maxillares longitudine processus apicalis maxillae, articulis tribus basalibus brevibus oblongis, ultimo elongato cylindrico; labiales brevissimi in excisura labii prima apparentes, articulis duobus basalibus ovatis, ultimo oblongo.

Antennae decemarticulatae, clavato lamellatae; articulo primo maximo clavato, secundo crasso ovato, tribus sequentibus tenuibus elongatis, duobus ante clavam brevissimis transversis, clava triarticulata elongata acuminata.

Die Art nenne ich Aulac. flavipes. (Taf. I. Fig. 2.).

Länge $5\frac{1}{2}$ Linien. Kopf, Halsschild und Flügeldecken oben nackt und schwarz, mit einem sehr starken bei einigen grünlichen, bei andern kupfrigen Glanze. Kopf breit, hinten gewölbt, vorn flach, grob zerstreut punktirt, am vordern Rande etwas runzlicht. Kopfschild sehr kurz und breit, vom Kopfe durch eine schwache gerade Linie abgeschieden, grob zerstreut punktirt, Rand aufgeworfen, vorn fast gerade abgeschnitten, Ecken abgerundet. Augen groß kuglicht, vorn von einem schmalen Hornstreif bedeckt. Fühler und Taster braunroth. Halsschild mehr als noch einmal so breit, als lang, vorn gerade, ungerandet, Vorderecken vorstehend, spitz, Seiten in der Mitte stark erweitert, dick gerandet, Hinterecken rechtwinklicht, scharfeckig, Hinterrand etwas gebogen, Seiten desselben dick gerandet, Oberfläche ein wenig querüber gewölbt, grob zerstreut punktirt. Schildchen ziemlich groß, breit, spitz, an den Seiten mit zwei Reihen grober Punkte, bei einem grünlichen Exemplare auch kupfrig.

Flügeldecken an der Wurzel noch etwas schmäler, als die Mitte des Halsschildes, vor der Mitte etwas erweitert, hinten abgerundet, an den Seiten und hinten stark gewölbt, auf der Oberfläche mit vielen Doppelreihen grober Puncte; in einigen Zwischenräumen trifft man eine einfache aus noch gröbern bestehende Reihe an, an der Naht werden die Punkte der Reihen etwas verworren. Unterseite des Körpers schwarzbraun, punktirt, mit kurzen dicht anliegenden weißen Haaren überzogen; Afterdecke von derselben Farbe mit wenigen Haaren, breit, stark gewölbt, querrunzlich. Zwischen den Wurzeln der Vorderschenkel ein senkrechter mit der Spitze nach hinten gebogener schwarzer Stachel. Flügel vollkommen.

Beine gelb mit braunen Gelenken und Füßen; Schenkel nicht verdickt, die vordersten vorzüglich behaart; Vorderschienen außen dreizahnig, innen mit einem langen Endstachel, hintere Schienen dick mit stachlichten Querreihen, am Ende mit zwei Dornen; das erste Glied der Vorderfüße dick, kurz, keulenförmig, das zweite sehr breit, platt herzförmig, die beiden folgenden von eben der Beschaffenheit, nur immer etwas kleiner, das letzte auch breit, platt, mit innerm geraden und äußern stark bogigen Seitenrande; die Klauen sitzen hier an der nach innen gerichteten Spitze. Klauen ungleich, nicht stark, eine von ihnen an allen Füßen etwas dicker und am Ende gespalten, nämlich an den Vorderfüßen die innere Klaue und an den hintern Füßen die äußere Klaue; betrachtet man aber jeden Fuß von oben, so ist an den Füßen der rechten Seite immer die linke Klaue gespalten, und an der Füßen der linken Seite die rechte Klaue.

9. Cetonia pretiosa.

C. viridis, splendidissima, capite spina incumbente, clypeo reflexo bidentato, thoracis macula elytrorumque fasciis duabus latis atris, tibiis rufis.

Auf der Insel Luzon, bei Manilla.

Zehn Linien lang. Von der ersten Abtheilung der Cetonien, ein Goliath. Lam.

Hauptfarbe des Körpers smaragdgrün, am Halsschilde und an der Unterseite des Körpers mit einem schwachen

Goldschimmer, sehr stark glänzend. Kopf länger, als breit, viereckig, mit einigen zerstreuten schwarzen Punkten gefleckt, in der Mitte eine Längserhabenheit, die vorn in eine stumpfe Spitze ausläuft, welche an den Seiten noch zwei Zähnchen hat; längs jedes Seitenrandes verläuft eine scharfe Kante bis zum Vorderrande; vor dem mittlern Stachel ist das Kopfschild stark ausgehöhlt, der vordere Rand stark aufgeworfen, fast senkrecht aufsteigend mit zwei Zähnchen in der Mitte. Augen von einem schmalen Hornstreifen etwas bedeckt. Fühler kurz, schwarz, Kolbe lang, schmal, länger als der übrige Fühlertheil, braunroth.

Halsschild hinten fast noch einmal so breit, als lang, vorn schmal, gerade abgeschnitten, Seitenränder nach der Mitte zu sich stark erweiternd, von da bis zur stumpfen Hinterecke gleichbreit, von der Vorderecke bis über zwei Drittheile des Seitenrandes ist derselbe schmal aufgeworfen; Hinterrand mit einem kleinen mittlern und zwei längern seitlichten schwachen Ausschnitten; Oberfläche schwach gewölbt, mit wenigen zerstreuten schwarzen Punkten, in der Mitte ein großer querer schwarzer glänzender Fleck, welcher vorn in der Mitte einen schmalen Einschnitt hat. Schildchen lang, spitz, glatt, ungefleckt.

Flügeldecken an der Schulter breiter, als das Halsschild, nach hinten etwas ausgeschnitten, dann allmälig schmäler werdend, am Ende zugerundet, die Ecke an der Naht verlängert, zugespitzt; Seiten gerandet, ein schmaler Theil derselben ist abschüssig und endet hinten in einer großen Beule; Naht am hintern Theile stark erhaben und hierselbst durch einen tiefen Strich von der übrigen ganz flachen glatten Oberfläche der

Flü-

Flügeldecken abgeschieden; ein großer schwarzer glänzender viereckiger Fleck nimmt den Raum zwischen der Wurzel, der Seitenkante und dem innern an das Schildchen stoßenden Rande ein und reicht bis auf den dritten Theil der Flügeldecke; ein zweiter schwarzer querer Fleck auf dem hintern Drittheile nimmt seinen Ursprung nahe am äußern Rande mit einem schmalen Theile, gewinnt bald darauf nach vorn plötzlich an Breite, schickt nach hinten einen stumpfen Zahn aus und reicht bis zur Naht, welche er auch überzieht.

Unterseite des Körpers nackt mit wenigen zerstreuten schwarzen Punkten, Unterseite des Halsschildes mit kurzen schwarzen Längsstrichen. Brustbein schmal, gleichbreit, reicht bis über die Wurzel der Vorderschenkel, sein spitzes Ende ist nach oben gebogen, es hat nur eine Quernaht. Schulterblätter klein und von oben fast gar nicht bemerkbar. Schenkel grün glänzend mit schwarzen zerstreuten Punkten, aus denen gelbe kurze Borsten entspringen; die dem Körper zugekehrte Fläche ist schwarz. Schienen rothbraun mit schwarzen Enden, die vordersten außen mit einem stumpfen Zahn, die hintern innen mit einer gelben Haarreihe; Füße schwarz.

10. Cetonia fasciolata.

C. atra, submetallica, clypeo integro, thorace rude punctato, linea laterali striola punctoque utrinque albis, elytris subpilosis, bicarinatis: fasciolis plurimis luridis.

In Brasilien, St. Catharina.

Länge $5\frac{1}{2}$ Lin., Gestalt der C. hirta. Hauptfarbe schwarz, mit metallischem Glanze, der auf dem Kopfe und Halsschilde kupfrig ist. Kopf länglicht, platt, nackt, runzlicht, mit einer langen Grube an beiden Seiten; an den Seiten breit, vorn schmal gerandet, fast gerundet. Fühler schwarz, Kolbe groß, eiförmig. Halsschild lang, Seiten gerandet, in der Mitte eckig erweitert, hinten über dem Schildchen stark ausgeschnitten; schwach gewölbt, nackt, an den Seiten dicht, nach der Mitte zu zerstreut mit Grübchen besetzt; in der Mitte der Länge nach glatt; die Vertiefung des äußern Randes, ein kurzer Längsstrich auf jeder Seite in der Mitte und ein Punkt unter demselben mit schmutzig weißen Schuppen bedeckt. Schildchen ziemlich groß, glatt, nackt, an jeder Seite an der Wurzel ein Eindruck; der Vorderrand wird von gelben Haaren bedeckt, welche an der Unterseite des Halsschildes sitzen.

Flügeldecken an der Wurzel um vieles breiter, als das Halsschild, mit starkem Seitenausschnitt, hinten fast abgestumpft, Schulterbeule groß, zwei breite glatte abgeplattete erhöhte Linien fangen vorn unmerklich an, laufen auf der Mitte der Flügeldecken dicht neben einander gerad nach hinten und verbinden sich hier in einer kleinen Beule; am Schildchen eine dreieckige glatte Stelle mit einzelnen Punkten; auf dem ersten Zwischenraume eine feine Längsfurche und viele flache Grübchen, letztere auch auf dem zweiten Zwischenraume; der dritte Zwischenraum fein und dicht querrunzlich, wie auch am Hinterrande; einzelne kurze gelbe Härchen sind über die ganze Oberfläche zerstreut; sie sind ferner wie viele kleine geschlängelte abgekürzte Binden bezeichnet, die aus schmutzig weißen Schuppen bestehen; zwischen der äußern erhöhten Mittellinie und der Naht befinden sich drei hintereinander, von denen die vorderste ungefähr in der Mitte liegt; am äußern Rande viele kleine Querstriche und Schuppenpunkte und eine ausgezeichnete sehr geschlängelte Binde, die vom äußern Rande bis zur innern erhöhten Linie reicht.

Unterseite des Kopfs, Halsschildes, Seiten der Brust und des ersten Bauchringes dicht mit langen gelben Haaren besetzt, auch finden sich einige Haare am äußern Rande der übrigen Bauchringe; die übrigen glatten Theile sehr zerstreut punktirt; Brustbein breit, schwach gewölbt, vorn gerundet. Beine behaart, Vorderschienen außen zweizähnig, hintere Schienen, außen mit einem starken Zahn in der Mitte.

Cetonia variegata F. scheint dieser sehr ähnlich zu seyn.

11. Aphodius aleutus.

A. capite trituberculato, ater; thoracis dense punctati angulis, elytris pedibusque rufopiceis, elytrorum striis punctatis, interstitiis seriebus punctorum subtilissimis.

Auf der Insel Unalaschka.

Länge $2\frac{2}{3}$ Lin. Gestalt des Aph. fimetarius. Kopf schwarz, punktirt, vorn etwas aufgeworfen und ein wenig ausgeschnitten, bei beiden Geschlechtern mit drei Höckern auf einer schwachen Querlinie; der mittlere Höcker beim Männchen quer und höher, als die seitlichen, beim Weibchen der Länge nach und glatt. Fühler und Taster braun, letztere mit schwarzem Endgliede. Halsschild breit, beim Männchen sehr stark gewölbt, Vorderecken gar nicht vorstehend, Hinterrand zweimal schwach ausgeschnitten, ziemlich grob und gleichmäßig punktirt, schwarz, mit einem großen rothbraunen Flecke in den Vorderecken; beim Weibchen auch der schmale Seitenrand schmutzig gelbroth. Schildchen nicht groß, spitz, schwarz, grob punktirt.

Flügeldecken beim Männchen kaum breiter, als das Halsschild, stark gewölbt, flach gestreift, in den Streifen Quereindrücke und auf den Zwischenräumen zwei nicht sehr regelmäßige Reihen sehr feiner von einander entfernter Punkte; die Farbe schmutzig rothbraun, Naht etwas schwärzlich. Unterseite des Körpers schwarz, punktirt, After behaart. Beine rothbraun, Gelenke schwärzlich, Vorderschienen mit drei langen gekrümmten Zähnen.

12. Copris assifera.

C. atra, clypei apice reflexo bidentato, elytris striatis; mas thorace medio prominente bilobo, capite lamina alta transversa; foemina mutica.

In Brasilien, St. Catharina.

Länge des Männchens 9 Linien. Die folgende Beschreibung ist die eines Männchens, welches ich in Gesellschaft zweier Weibchen antraf; den letztern fehlten Kopfplatte und Vorragungen des Halsschildes, da sie mir aber nachher entkamen, so kann ich weiter nichts von ihnen anführen. Der ganze Körper schwarz, glänzend. Kopf rautenförmig, die hintern Seitenränder, welche von den Augen aus mehr nach vorn als nach außen treten, kurz, gerade, ungerandet; vordere Seitenränder lang, etwas nach außen gebogen, schmal aufgeworfen, in der Mitte vorn zwei große vorstehende abgerundete Zähne; vor den Augen eine von einem zum andern sich erstreckende aufrechte hohe Querplatte, welche oben scharfkantig und gerade abgeschnitten ist; die undeutlich gerundete Fläche zwischen Platte und Endzähnen stark ausgehöhlt. Taster und Fühler rothbraun, die fast kuglige Kolbe der letztern gelbbraun. Halsschild viel breiter, als lang, rundum schmal gerandet, mit stark vorstehenden spitzen Vorderecken, Seiten in der Mitte etwas erweitert, hinten verengert, Hinterecke sehr stumpf, Hinterrand gerundet; Oberfläche etwas undeutlich fein punktirt, an jeder Seite eine tiefe Grube, vorn abschüssig, aber nicht sehr hoch; die abgerundete Kante in der Mitte in zwei neben einander liegende abgerundete Höcker vortretend.

Flügeldecken an der Wurzel schmäler als das Halsschild, in der Mitte etwas erweitert, stark gewölbt, auf dem Rücken weniger stark, als an den Seiten und hinten; ziemlich stark gestreift, Streifen mit vielen kleinen Quereindrücken, Zwischenräume fein und dicht punktirt. Mundtheile, Vorderrand des Unterhalses und Wurzel der Vorderbeine rothbraun behaart; Seitentheile des Unterhalses und die stark punktirte Brust dagegen, so wie einzelne Kanten der Beine schwarz behaart. Vorderschienen mit vier stumpfen Zähnen, hintere Schienen außen sägeförmig.

13. Copris torulosa.

C. atra, capite thoraceque tuberculo obsoleto, clypeo transversim rugoso, thorace alutaceo, pectore excavato, metatarsis transversis lunatis.

In Chili, Conception.

Länge $7\frac{1}{2}$ Linien. Körper ganz schwarz, glänzend.

Kopf halbmondförmig, Vorderrand schwach aufgebogen, in der Mitte sehr schwach ausgeschnitten, im punktirten Nacken eine kurze undeutliche erhabene Querlinie, ganze Oberfläche des Kopfschildes querrunzlich. Fühler rothbraun, Kolbe länglicht, grau. Halsschild breiter, als lang, rundum schmal gerandet, Vorderecken vorstehend, schief nach außen abgeschnitten, Seiten bis zur Mitte gerade, gleichbreit, sodann stark nach innen und hinten bogig verlaufend; Hinterecken sehr stumpf, Hinterrand gerundet; ganze Oberfläche gekörnt, an den Seiten vereinigen sich mehrere Körner zu Runzeln; vorn in der Mitte ein kleiner querer Höcker, hinter welchem eine flache Grube und hinter dieser eine flache Längsfurche; Seitengruben sehr tief, von ihnen bis zur Vorderecke verläuft eine hohe Kante.

Flügeldecken an der Wurzel etwas schmäler, als das Halsschild, in der Mitte wenig breiter, stark gewölbt, mäßig tief gestreift mit kleinen Quereindrücken in den Streifen, Zwischenräume erhaben, gewölbt, glatt, glänzend. Kopf und Halsschild an der Unterseite so wie Seiten der Brust und Beine schwarzbraun behaart; Brust gekörnt, mit einer dreieckigen Vertiefung der ganzen Länge nach, Vertiefung hinten am breitesten und im Grunde gefurcht; Schenkel punctirt; Vorderschienen kurz, breit, außen mit drei stumpfen Zähnen, Knöchel am Ende nach innen gebogen; Hinterschienen am Ende sehr breit; erstes Glied der hintern Füße sehr breit, kurz, halbmondförmig, äußerer Fortsatz länger, als der innere; der zweite viel kleiner, breit, mit spitzen Hinterecken.

Ob die drei von mir gesehenen sich gleichen Exemplare alle einem Geschlechte (vielleicht Weibchen?) angehörten, kann ich nicht entscheiden, da mir bei Copris kein äußeres Geschlechtsmerkmal bekannt ist.

14. Copris Babirussa.

B. nigro aenea, thoracis punctatissimi marginibus, femoribus vittisque pectoris flavis, elytris ferrugineis,

mas: capite cornubus duobus subarcuatis, clypeo acuminato, reflexo;

foemina: capite carina transversa obsoleta, clypeo rotundato flavo.

Auf der Insel Luzon, bei Manilla.

Länge des einzigen eingefangenen Männchens wenig über 3 Linien. Oberfläche ganz nackt. Kopf schwarz, grünlich metallisch glänzend, platt, groß, so lang als breit, undeutlich dicht punktirt, im Nacken an jeder Seite ein an der Wurzel breites plattes Horn, das wenig gekrümmt, nämlich anfangs etwas nach außen, dann nach innen gekrümmt ist; Seiten des Kopfs vor den Augen etwas nach außen erweitert, dann gerad nach vorn verlaufend, und indem sie eine große stumpfe Ecke gebildet, treten sie plötzlich nach vorn und innen, wodurch das Kopfschild eine ziemlich lange ungetheilte Spitze erhält, die unter einem rechten Winkel aufgebogen ist. Augen oben länglich, schmal, metallisch, unten bräunlich. Fühler rothbraun, Kolbe gelblich rundlich.

Halsschild breit kurz, Vorderecken stark vorstehend, spitz, Seiten fein gerandet, bis zur Mitte erweitert, hinter der Mitte bogig einwärts tretend; Hinterecken undeutlich, Hinterrand fein gerandet, bogig; Oberfläche dicht stark punktirt, vorn stark abschüssig, fast glatt, eine schwache Mittelfurche reicht vom Hinterrande bis zur Mitte, Seitengrübchen flach, Hauptfarbe schwarz mit einem grünlichen und kupfrigen Glanze; Seiten sehr breit gelb mit zwei schwarzen Punkten, von denen einer auf dem Seitengrübchen, der andere mehr nach hinten steht; Hinterrand und die kurze Mittelfurche schmal gelb.

Flügeldecken schmäler als das Halsschild, fein gestreift, Streifen mit vielen kleinen Quereindrücken; Zwischenräume dicht punktirt, gelbbraun, am Vorderrande heller, Streifen schwarz. Mundtheile, Unterseiten des Halsschildes und Seiten der Brust gelb behaart. Unterhals schwarz, vordere Hälfte der Unterseiten des Halsschildes gelb, hintere schwarz. Brust in der Mitte glatt mit einer Längsfurche, an den Seiten punktirt; schwarz, nach außen vor der Wurzel der mittlern Beine ein großer breiter, innerhalb ein langer gelber Fleck. Bauch und Afterdecke gelbbraun. Schenkel gelb, Schienen und Füße braun; Vorderschienen breit mit drei großen gekrümmten und einem kleinen Zahne, Hinterschienen außen mit zwei undeutlichen Zähnen.

Ein anderes nur zwei Linien langes Exemplar einer Copris halte ich für ein Weibchen dieser Art, vielleicht ist es eine seltnere Varietät; es fand sich in demselben Dunghaufen mit dem eben beschriebenen Männchen. Das Kopfschild weicht am meisten von dem des Männchens ab, was aber nicht wider die Analogie streitet; indem wir dasselbe bei austriaca kennen. Kopf kürzer als breit, vorn etwas vorgestreckt aber stark abgerundet, schmal aufgeworfen, dicht punktirt, im Nacken mit zwei kurzen Querkanten, die in einer Reihe liegen; Nacken schwarzgrün, eine vor den Augen schief zum

Rande verlaufende Linnie grün, das übrige gelbbraun; Halsschild flach, von demselben Umrisse, wie beim Männchen, stärker punctirt, schwarz mit Kupferglanz; Vorderrand schmal, Seiten breit und Hinterrand undeutlich gelbbraun; Seiten mit einem freien und einem andern mit der mittlern Farbe verbundenen dunklen Fleck; Flügeldecken stärker punktirt, gleichmäßig schmutzig braun; Unterseite des Körpers und Schenkel ganz wie beim Männchen gezeichnet; Schienen am Ende gelb, Vorderschienen schmal mit drei stumpfen Zähnen; Vorderfüße fehlen.

15. Copris terminata.

C. nigro fusca, supra brevissime pilosa, clypeo rugoso, elytris maculis lateralibus apiceque flavis: macula atra apicali,

mas: clypeo reflexo, emarginato, pygidio flavo marginato;

foem: clypeo truncato, plano, pygidio flavo.

Auf der Insel Luzon, bei Manilla.

Länge $1\frac{1}{2}$ bis $1\frac{4}{5}$ Linien. Körper platt gedrückt, unten pechbraun, oben schwarzbraun mit etwas metallischem Glanze auf Kopf und Halsschild; Halsschild und Flügeldecken mit sehr kurzen rückwärtsliegenden gelben Borsten besetzt, die auf dem Halsschilde zerstreut, auf den Flügeldecken aber in Reihen stehen. Kopf kurz, breit, platt, im Nacken weitläuftig punktirt, dicht neben jedem Auge eine kurze schiefe nicht hohe Kante. Kopfschild stark querrunzlicht, beim Männchen gerundet, schmal aufgeworfen und in der Mitte ziemlich tief ausgeschnitten, beim Weibchen platt und vorn fast gerad abgeschnitten; Fühler roth, Kolbe braun.

Halsschild breit, sehr kurz, vorn und hinten ungerandet, Vorderecken etwas vorstehend, spitz, Seiten breit aufgeworfen gerandet, bis zur Mitte erweitert, dann schwach einbiegend sich verschmälernd, Hinterecken stumpf, Hinterrand gerundet; Oberfläche mäßig gewölbt, weitläuftig grob punktirt, Seitengrübchen glatt.

Flügeldecken etwas breiter, als das Halsschild, Streifen punktirt, glänzend, Zwischenräume matt mit zwei Borstenreihen, Naht glänzend erhaben, Oberfläche platt, schwarz, seltner kastanienbraun, mit gelbrothen Flecken: ein kleiner auf der Schulter (zuweilen undeutlich), ein zweiter länglichter an den Seiten hinter der Mitte und der ganze abschüssige Theil am Hinterrande gelb; auf letzterm steht ein kleiner schwarzer Querfleck in der Mitte.

Unterseite pechbraun, etwas behaart, Brust punktirt; Afterdecke beim Männchen braun mit gelben Rändern, beim Weibchen ganz gelb. Beine pechbraun, Vorderschienen des Männchens breit; außen mit vier starken Zähnen, beim Weibchen schmal und mit undeutlichen Zähnen.

16. Megathopa.

Palpi labiales articulis duobus planis, basali quadrato maximo.

Labium transversum.

Tibiae anticae tarsis instructae; mediae intus apice bispinosae.

Clypeus bidentatus.

Aus der Familie der Scarabaeiden mit zehngliedrigen Fühlern und verlängerten gleichbreiten Hinterschienen.

Labrum membranaceum, quadratum, sub clypeum reconditum.

Mandibula brevis recta, basi coriacea, apice membranacea, rotundata, ciliata.

Maxilla trunco corneo; laciniis membranaceis: externa reniformi maxima; interna oblonga angusta.

Ligula membranacea, labio intus adnata ejusque latitudine, bipartita: laciniis apice dilatatis rotundatis; paraglossis apice dilatatis acutis.

Labium corneum transversum integrum.

Palpi maxillares filiformes; articulo ultimo elongato acuto, medio incrassato; labiales labii apice inserti; articulo primo traperiformi plano latissimo corneo, extus punctato piloso; ultimo minimo ovato glabro (Tab. I. Fig. 3. b.).

Antennae clavato lamellatae, articulis novem; articulo primo longissimo basi apiceque clavato, secundo globoso, tertio quartoque oblongis clavatis, 5 et 6 brevibus triangularibus, tribus ultimis magnis clavam formantibus: clava subglobosa extus fere excavata.

Die in Chili bei Conception vorkommende diese Gattung bildende Art erhält den Namen Megathopa villosa. Tab. I. Fig. 3. a.|

Länge 11 Linien, Gestalt fast ganz eines eigentlichen Ateuchus; Körper ganz schwarz, glänzend, oben nackt; Kopf sehr breit, kurz, Vorderrand im Ganzen ein großer Bogen, schwach aufgeworfen mit spitzen Seitenecken; Kopfschild an den Seiten durch eine schiefe Furche getrennt; wo diese am äußern Rande ausläuft, bildet der Seitenrand des Kopfs eine kleine vorstehende abgerundete Ecke; Kopfschild am Ende mit zwei großen runden Zähnen, hinter ihnen stark ausgehöhlt; Oberfläche des Kopfs schwach gewölbt, punctirt, etwas matt; auf dem Kopfschild flache Grübchen. Fühler pechbraun nackt, Kolbe groß gelb. Augen oben klein, flach, unten kuglicht.

Halsschild noch einmal so breit, als lang, rundum schmal gerandet, Vorderrand in der Mitte schwach ausgeschnitten; Seiten etwas vorstehend, gerad abgeschnitten, Vorderecken etwas nach außen tretend, scharfeckig; Seiten anfangs fast gerade nach hinten verlaufend, dann in der Mitte sich stark erweiternd, hinter der Mitte allmählig schmäler werdend; Hinterecken unbemerkbar, Hinterrand in ddr Mitte fast gerade, an den Seiten gegenüber den Schultern der Flügeldecken schwach ausgeschnitten; Oberfläche schwach gewölbt, überall gleichmäßig dicht punctirt, in der Mitte eine schwache glatte Längslinie, an jeder Seite ein Hügelchen.

Flügeldecken an der Wurzel etwas schmäler, als das Halsschild, breit herabhängend, vor der Mitte verschmälert sich der herabhängende Rand sehr und verschwindet ganz; hinten fast abgeschnitten, Oberfläche mit neun sehr feinen platten undeutlichen Längslinien, von denen die achte in ihrem vordern Drittheile kantig ist und die neunte in der Mitte den äußern Rand erreicht; es verbinden sich die 5te mit der 6ten, 4 mit 7, 3 mit 8; Zwischenräume etwas matt, mit sehr feinen zerstreuten glänzenden Punkten; auf dem zweiten Zwischenraume mehre hintereinanderliegende Quergrübchen; Flügel vollkommen.

An der Unterseite Kopf, Hals und Brust mit langen feinen gelbbraunen Haaren dicht besetzt, Brust punktirt. Vordere Schenkel dick, Hinterschenkel schlank, alle behaart; Vorderschienen gerade, oben und unten mit einer Längskante, außen gegen das Ende zu mit drei sehr langen zugespitzten Zähnen; Räume zwischen den Zähnen und hinterer äußerer Rand der Schiene stark sägeförmig; Knöchel kurz, spitz, nach außen gekrümmt; mittlere Schienen kurz, etwas keulenförmig, dreikantig, außen mit zwei kleinen spitzen Zähnen, am Ende außen ein kurzer breiter, und innen zwei lange Stachel, von denen einer breit, der andere fein ist; Hinterschienen ziemlich lang, vierkantig, in der Mitte etwas verdickt, außen sägeförmig; am Ende außen mit einem kurzen dicken, innen mit einem langen nach innen gekrümmten Stachel und einem Haarbüschel: innere Kante der hintern Schienen mit einer Reihe gelblicher Borsten. Füße der Vorderbeine kurz, walzenförmig, pechbraun, erstes und letztes Glied die längsten; hintere Füße schwarz, zusammengedrückt, Glieder mit braunen Borsten am Ende; Klauen lang.

17. Deltochilum.

Palpi labiales articulis duobus planis magnis; basali introrsum hamato.

Labium subquadratum.

Tibiae anticae intus dentatae (tarsis nullis).

Thorax antice profunde emarginatus.

Aus der Familie der Scarabaeiden mit neungliedrigen Fühlern und verlängerten gleichbreiten Hinterschienen.

Delt. dentipes, atrum, elytris rugosis, femoribus anticis tibiisque posticis intus unidentatis (Tab. I. Fig. 4. a.).

In Brasilien, St. Catharina.

Etwas über einen Zoll lang, mit Ateuchus gibbosus nahe verwandt, welcher ebenfalls zu dieser Gattung zu gehören scheint.

Labrum membranaceum, cordatum, sub clypeum reconditum.

Mandibula membranacea, brevis, obtusa.

Maxilla uti in Megathopa descripta.

Labium corneum, quadratum, basi angustatum.

Ligula labio intus adnata, bipartita; lacinis apice rotundatis.

Palpi maxillares elongati; articulis tribus brevioribus clavatis, ultimo longitudine praecedentium omnium simul sumptorum, basi apiceque attenuato; labiales articulis duobus basalibus maximis planis extus punctatis: articulo primo transverso intus hamato, secundo reniformi transverso, tertio minimo cylindrico elongato (Tab. I. Fig. 4. b.).

Antennae clavato lamellatae, novem articulatae: articulo primo longissimo basi apiceque incrassato, secundo globoso, tertio quartoque oblongis, quinto et sexto brevibus triangularibus, ultimis tribus magnis clavam elongatam conformantibus.

Körper schwarz, matt, nackt. Kopf breit, herabhängend, Seiten in der Mitte mit einer sehr stumpfen Ecke, vorn mit zwei sehr kleinen durch einen großen kaum ausgeschnittenen Zwischenraum von einander entfernten etwas aufgebogenen Zähnchen; Oberfläche fein punktirt, runzlicht. Augen oben flach, fast rund und ziemlich groß. Fühler schwarzbraun mit grauer Kolbe.

Halsschild fast noch einmal so breit, als lang, rundum sehr schmal gerandet, vorn zur Aufnahme des Kopfs sehr tief ausgeschnitten, Vorderecken spitz; Seiten in der Mitte stark fast eckig erweitert, Hinterecken sehr stumpf, Hinterrand sehr stark nach hinten gebogen; Oberfläche in der Mitte gewölbt, Seitentheile ziemlich flach; sehr fein runzlich punktirt, mit einer schwachen hintern Mittelfurche; außer den beiden gewöhnlichen Seitengrübchen noch einige sehr flache gegen die Mitte und in den Vorderecken.

Flügeldecken an der Wurzel viel schmäler, als das Halsschild, zusammengewachsen, mit spitzer Schulterecke, vor der Mitte erweitert, hinten fast schief abgeschnitten, an den Seiten tief herabhängend; eine halbe Linie von dem äußern untern Rande läuft eine ihr parallele schwache gebogene Kante; eine zweite hohe Kante fängt von der Schulterecke an, bildet anfangs einen nach oben gerichteten Bogen und verläuft dann gerade nach hinten, und eine dritte gleich hohe Kante entspringt nach innen von der vorigen und dicht neben ihr, aber über eine Linie weit hinter der Schulterecke, entfernt sich nach hinten zu immer mehr von der vorigen und endigt in einer Querkante am Hinterrande, welche noch fünf sehr kurze hohe Längskanten trägt; Oberfläche ziemlich flach, nur von vorn nach hinten etwas gewölbt, mit kurzen verworrenen fein gekörnten Querrunzeln besetzt, die durch sehr undeutliche Längsstreifen unterbrochen werden; die der Naht am nächsten stehenden Runzeln sind am stärksten.

Unterseite ganz glatt mit feinen Grübchen besetzt; Brust in der Mitte mit einer tiefen rautenförmigen gefurchten Grube, die an ihrem vordern Ende mit einem kleinen Höcker bewaffnet ist, Bruststück flach; Bauch mit einer breiten nach vorn und hinten zugespitzten erhöhten glänzenden Platte; Afterdecke senkrecht, länger als breit mit abgerundeter Spitze und fast flacher matter Oberfläche.

Vorderschenkel sehr dick, kurz, nach vorn erweitert mit einem großen Zahn in der Mitte des Vorderrandes, welcher braun behaart ist; Vorderschienen lang, schmal, nach innen gekrümmt, außen fein gezähnt, mit drei größeren stumpfen Zähnen am vordern Ende, statt des Knöchels eine nach innen gebogene lange stumpfe Spitze; am innern Rande der Schiene erweitert sich eine Kante und bildet nach der Wurzel derselben eine zahnförmige scharfe Ecke; Vorderfüße fehlen. Schenkel der mittlern Beine schmal, kurz, gerade, an der Wurzel nach hinten mit einem sehr stumpfen breiten Zahne; Schienen kurz, stark gekrümmt, vierkantig, mit zwei Stacheln am Ende. Hinterschenkel schmal, lang, stark gekrümmt; Schenkeldorn mit einem braun behaarten dem Bauche nähern platten Zahn; Hinterschienen sehr lang, schmal, vierkantig, erst nach außen und dann nach oben gekrümmt, innen vor dem hintern Ende mit einem großen stumpfen Zahn und schwach behaart, das Ende der Schiene ist nach innen seitwärts verlängert, bildet nach hinten einen stumpfen Zahn und hat innen einen Stachel. Die vier Füße lang, aus gleichen zusammengedrückten Gliedern bestehend und mit langen wenig gekrümmten Klauen bewaffnet.

18. Hydrophilus spinicollis.

H. ater, antennis palpisque pallidis, elytris seriebus punctorum paucis, sterno collari medio emarginato, postice hamato.

Aus Ostindien.

Länge 6½ Linien, dem H. caraboides sehr ähnlich, aber kleiner schmäler und viel flacher. Farbe des Körpers schwarz, oben mit wenigem olivengrünem Schimmer. Kopf ganz so beschaffen, wie bei caraboides. Fühler einfarbig gelb mit gräulicher Kolbe. Taster gelb. Halsschild fast ganz so wie bei caraboides, nur schwächer gewölbt. Vorderrand in der Mitte sehr vorstehend und Vorderecken viel weniger abgerundet, wodurch der Seitenrand ziemlich gerade erscheint. Schildchen schmäler, als bei jenem.

Flügeldecken schmal, schwach gewölbt, besonders hinten nicht abschüssig, mit spitzen Enden, sehr fein punktirt, mit fünf Längsreihen grober etwas zerstreut stehender Punkte, in jedem Zwischenraume zwei etwas undeutliche Reihen feiner Punkte. Flügel vollkommen. Unterseite des Körpers schwarz, matt. Halsbein eine hohe zusammengedrückte Platte, welche vorn abgerundet, in der Mitte ausgeschnitten und hinten mit einem rückwärts gebogenen starken Stachel versehen ist. Das lange Brustbein wie bei coraboides, nur zwischen dem mittlern und hintern Beinpaare vertieft, so daß man hier einen flachen Ausschnitt bemerkt, wenn man es von der Seite betrachtet. Beine schwarzbraun, mit etwas röthlich schimmernden Vorderschenkeln und rothbraunen Füßen.

19. **Hydrophilus semicylindricus.**

H. ater, semicylindricus, antennis pedibusque rufo-piceis, elytris dense punctato striatis, sterno collari inermi, pectorali antice processu magno separato.

Auf den Sandwichsinseln (auf Wahu), in den Feldern von Calladium esculentum.

Länge $4\frac{1}{2}$ Linien und halb so breit. Farbe schwarz, oben stark glänzend, Halsschild und Flügeldecken ziemlich gleichbreit und stark querüber gewölbt. Kopf breit fast viereckig, etwas kupfrig glänzend, deutlich dicht punktirt, an der innern Seite der Augen eine länglichte stark punktirte Grube, so wie in der Nähe der Vorderecken mehrere grobe Punkte. Fühler rothbraun mit grauer Kolbe. Taster rothbraun.

Halsschild breit kurz, Vorderrand in der Mitte sehr wenig vorstehend, Seiten fast gerade, Ecken abgerundet, Oberfläche fein punktirt, fast von der Mitte bis zum Vorderwinkel verläuft eine ununterbrochene nach oben gebogene Linie aus einzelnen groben Punkten, eine andere kürzere aber punktreichere bemerkt man in einiger Entfernung vom Hinterwinkel. Schildchen länglicht stumpf, fein punktirt.

Flügeldecken mit zehn regelmäßigen Reihen dicht stehender starker Punkte, zu denen an der Wurzel zwischen der ersten und zweiten eine sehr kurze mit der ersten sich verbindende hinzukömmt; Zwischenräume sehr fein punktirt; außerdem kommen die bei H. caraboides und dem vorher beschriebenen wenigen etwas unregelmäßigen Reihen gröberer Punkte auch hier vor, nämlich im 3ten, 5, 7 und 9ten Zwischenraume.

Unterseite des Körpers schwarzbraun, matt; jeder Bauchring an der Seite mit einem rothbraunen Fleck, Afterglied am Ende mit einem Einschnitt. Halsbein keilförmig, unbewaffnet; Brustbein hat einen vor den mittlern Beinen liegenden abgetrennten breiten Fortsatz in senkrechter Richtung; hinter den mittlern Beinen ist er nur eine unbedeutende Längskante, sein dreieckiges spitzes hinteres Ende ragt zwischen den Wurzeln der Hinterbeine vor. Beine pechbraun mit rothbraunen Gelenken; alle Schienen durch kurze rostfarbene Borsten stachlicht.

20. Elophorus auricollis.

E. capite thoraceque viridi-aureis, punctato rugosis, thorace angulis acutis quinquesulcato: sulcis laevibus; elytris griseis, interstitiis striarum alternis carinatis.

Auf Unalaschka.

Länge $1\frac{1}{2}$ Linien, etwas breiter wie E. granularis L., Gyllh. Kopf breit, fast dreieckig, zwischen den Augen eine bogige Querfurche, zu der eine kurze Längsfurche des Nackens stößt; Kopfschild groß, in der Mitte zu einer starken Beule erhoben, ganze Oberfläche goldgrün, stark runzlich punktirt. Halsschild goldgrün, sehr breit und kurz, mit geradem Vorderrande, Vorderecken vorstehend, breit, spitz mit aufgeworfenen Vorderrändern, Seiten breit gerandet, nach hinten sich verschmälernd, Hinterecken scharf, Hinterrand ungerandet, in der Mitte stark vortretend; Oberfläche querüber schwach gewölbt, runzlicht punktirt, mit fünf breiten im Grunde glatten glänzenden Furchen, von denen die zweite und vierte stark geschlängelt, die äußern aber nur in der Mitte nach außen einen Vorsprung haben. Schildchen schwärzlich.

Flügeldecken in der Mitte erweitert, hinten spitz, gelblich braun mit einem undeutlichen gelblichen Fleck in der Mitte, durch sehr grobe dicht stehende Punkte gedrängt gestreift, Zwischenräume schmal, glatt, glänzend, der 3te, 5, 7, 9te Zwischenraum kantenförmig erhöht. Unterseite des Körpers schwärzlich, matt, Bauchringe mit weißlich grau behaarten Rändern. Fühler, Taster und Beine gelbbraun.

Von Eloph. aquaticus L. unterscheiden ihn viel mindere Größe, gerade Seitenränder und glatte Furchen des Halsschildes; von granularis etwas breiterer Körper, runzlicht punktirter Kopf und Halsschild, scharfe Hinterecken des Halsschildes und erhabene Zwischenräume der Flügeldeckenstreifen.

21. Ips lineola.

I. lineari elongata, depressa, brunnea, elytris medio striatis, lineola basali lunulaque media transversa tarsisque pallidis.

In Chili, Conception.

Länge kaum 2 Linien. Farbe des schmalen plattgedrückten Körpers schwarzbraun, wenig glänzend. Kopf schwach gewölbt, dicht punktirt, vor jedem Auge eine kleine und im Nacken eine große Grube. Fühler schwarzbraun; Kolbe groß, länglicht, platt, schwarz mit feinem grauen Haarüberzuge. Augen schwarz.

Halsschild etwas breiter wie lang, viereckig, Vorderrand gerade, ungerandet, Vorderecken vorstehend breit, nach außen spitz, Seitenränder breit gerandet, in der Mitte sehr wenig erweitert, Hinterecken spitz, Hinterrand schmal gerandet, der mittlere Theil gerade mit etwas nach vorn gewandten Seitentheilen; Oberfläche an den Seiten ziemlich stark, in der Mitte fast gar nicht gewölbt, gleichmäßig fein gewölbt, am Seitenrande in der Mitte und in den Vorderecken eine flache Grube (wie bei den meisten übrigen Arten), die schmalen Seiten etwas heller braun, als der übrige Theil. Schildchen abgerundet, etwas punktirt.

Flügeldecken etwas breiter als das Halsschild, gleichbreit mit spitzen Schulterecken und erhabener Schulter, am Ende plötzlich abgerundet, hintere Nahtecke (beim einzigen Exemplare) spitz, Oberfläche schwach gewölbt, hinten fast flach, ziemlich stark zerstreut punktirt; in der Mitte zwei deutliche und einige undeutliche Längslinien, die von der Wurzel anfangen, aber das Ende nicht erreichen; an der Wurzel in der Mitte steht ein schmaler ziemlich langer Längsfleck von hellgelber Farbe, der in der Mitte von einem hellbraunen Querfleck fast getheilt wird; in der Mitte der Flügeldecken befindet sich ein breiter vorn etwas ausgeschnittener hellgelber Querfleck.

Unterseite des Körpers pechbraun, ziemlich grob punktirt, an den Seiten mit einem sehr kurzen undichten grauen Haarüberzuge. Beine pechbraun mit gelbbraunen Füßen.

22. Nitidula musophaga.

N. depressa, ferruginea, thorace elytris latiore, elytris sulcatis: sulcis foveolatis, interstitiis carinatis, seriatim pilosis.

In Brasilien, St. Catharina, in einem faulenden Bananenstamme.

Fast 3 Linien lang, Halsschild $1\frac{1}{2}$ Linien breit. Farbe des ganzen Körpers oben dunkel, unten hell rothbraun. Kopf breit, fein runzlicht, vorn zwei tiefe Gruben nebeneinander, Kopfschild schmal, viereckig. Augen klein, schwarz. Kinnbacken breit, dreieckig, hakenförmig. Fühler fast so lang als das Halsschild, rothbraun mit großer rundlichter platter schwärzlicher Kolbe. Halsschild sehr breit, kurz, vorn stark ausgeschnitten, Vorderrand in der Mitte etwas vorstehend und erhaben, mit spitzen Vorderecken, Seiten ungerandet, sehr fein gekerbt, erweitern sich vor der Mitte, Hinterecken vorstehend spitz, Hinterrand in der Mitte ziemlich gerade; Oberfläche fein runzlicht, ein kleiner mittlerer Theil ganz platt, an den Seiten schwach gewölbt, gegen die Hinterwinkel zu eine kurze schiefe etwas undeutliche Kante.

Flügeldecken fast so breit als das Halsschild, nach der Spitze zu allmälig schmäler werdend, mit abgerundeter Spitze, Seiten ungerandet aber breit abgesetzt, flach, fein runzlicht punctirt; mittlerer Theil erhöht, auf dem Rücken flach, mit sieben Längsfurchen, die bis zum Hinterrande reichen und durch dichte Quergrübchen uneben sind, Zwischenräume kantenförmig mit einer einfachen Reihe kurzer gelber rückwärts liegender Haare. Unterseite des Körpers und Beine punktirt, nackt; nach hinten gerichtetes Halsbein runzlicht, am Ende breit. Vier Fußglieder an allen Beinen sind unten mit einem gelben langen Filze gepolstert.

23. Nitidula squamata.

N. supra fusca, squamosa, subtus rufo ferruginea, thorace antice profunde emarginato, scutello minuto rotundo, elytris dense punctato striatis acuminatis.

Auf der Insel Luzon, bei Manilla.

Länge zwei Linien, Farbe oben schwärzlich braun, unten dunkel rothbraun. Kopf viereckig, platt, vorn gerade abgeschnitten, dicht grob punktirt, mit kurzen breiten gelbbraunen Schuppen in den Punkten. Augen schwarz. Fühler viel kürzer als das Halsschild, schwarzbraun, grau behaart, Kolbe nicht sehr groß, eiförmig, platt. Halsschild sehr breit kurz, mittlerer Theil des Vorderrandes gerade, mit weit vorstehenden zugespitzten Vorderecken, Seiten erweitern sich nach hinten zu immer mehr, biegen aber vor den spitzen Hinterecken wieder ein, Hinterrand gerandet in der Mitte vorstehend, an den Seiten gerade, der größte mittlere Theil des Halsschildes gewölbt, Seiten breit platt und röthlichbraun durchscheinend; alles grob punktirt mit Schuppen. Schildchen sehr klein, rund mit Schuppen.

Flügeldecken an der Wurzel etwas breiter, als das Halsschild, anfangs gleichbreit, aber am hintern Ende verschmälern sie sich so sehr, daß die Enden zugespitzt erscheinen; Endspitze selbst jedoch stumpf; Seiten platt breit abgesetzt, rothbraun mit aufgeworfenem Rande; mittlerer Theil der Flügeldecken gewölbt mit neun Reihen grober dicht zusammenstehender Punkte, Zwischenräume flach, glatt glänzend mit einer Reihe Schuppen. Unterseite des Körpers durch sehr feine Querstriche matt, nackt, Beine rothbraun.

24. Nitidula littoralis.

N. supra olivacea, pubescens; thoracis marginibus, ore, antennis, pedibus abdominisque limbo testaceis, clypeo distincto, elytris dimidiatis.

Auf den Koralleninseln der Südsee, Radack, in den vom Meere ausgeworfenen faulenden Früchten.

Länge 1½ Linien, schmal. Farbe oben dunkel olivengrün, etwas metallisch glänzend, mit einem feinen undichten anliegenden gelben Haarüberzuge, der auf den Flügeldecken dichte Reihen bildet. Kopf in der Mitte breit, mit einem schmalen Halse, Kopfschild durch eine bogige eingedrückte Linie abgetrennt, schmal; Oberfläche schwach gewölbt, fein punktirt; Kinnbacken und Fühler gelb; letztere reichen bis zur Hälfte des Halsschildes mit runder platter großer schwärzlicher Kolbe. Augen schwarz.

Halsschild breit, nicht sehr kurz, vorn und hinten gerade abgeschnitten, ungerandet, schmal gelb mit stumpfen Ecken; Seiten in der Mitte etwas erweitert mit aufgeworfenem breit gelben Rande; Oberfläche schwach gewölbt, dicht mit feinen Querstrichen, in der Mitte punktirt. Schildchen sehr groß, noch einmal so breit, als lang, punktirt.

Flügeldecken etwas breiter als das Halsschild, in der Mitte sehr wenig breiter, hinten schief abgestutzt, äußere Ecke rund, Seiten in der Mitte gerandet; schwach gewölbt, oben platt, fein runzlicht undeutlich punktirt, an der Naht und in der Mitte mehrere regelmäßige Reihen von größern flachen Punkten, die aber den Hinterrand nicht erreichen. Hinter den abgekürzten Flügeldecken zwei Leibringe und das lange Afterglied sichtbar, welche punktirt und schwarzbraun mit gelbbraunen Einfassungen. Körper an der Unterseite schwarzbraun, fein punktirt, untere Ränder des Halsschildes gelb; Bauch mit gelbem feinem Haarüberzuge, hellbraun mit gelblichen Seiten und Bauchringrändern. Beine gelb.

26. Peltis pubescens.

P. ovata, ferruginea, supra pubescens; elytris elevato striatis: interstitiis duplici serie punctatis; antennarum clava elongata.

Auf der Insel Luzon, bei Manilla.

Länge 2 Linien, Gestalt eiförmig, flach, Farbe oben rostbraun, unten rothbraun; Oberfläche mit kurzen gelben anliegenden Haaren zerstreut besetzt. Kopf breit platt und grob punktirt. Augen klein schwarz. Fühler etwas länger, als der Kopf, rothbraun; dreiblättrige Kolbe fast so lang, als der übrige Theil der Fühler, mit großen Gliedern und das letzte länglicht spitz. Halsschild breit kurz, vorn in der Mitte gerade abgeschnitten, mit stark vorgestreckten spitzen Vorderecken, Seiten erweitern sich stark bis zu den spitzen Hinterecken; Hinterrand gerade, sehr schmal gerandet; Oberfläche ziemlich gewölbt, grob und zerstreut punktirt, mit einer breiten glatten glänzenden Mittellinie, Seiten ziemlich breit flach abgesetzt, dicht punktirt. Schildchen halbrund, punktirt, rothbraun.

Flügeldecken vorn so breit als das Halsschild, bis hinter der Mitte etwas erweitert, hinten stark verengt, Enden spitz, Seiten ziemlich breit flach abgesetzt und etwas aufgeworfen, mittlerer Theil erhaben, Rücken platt, auf dem Rücken viele undeutliche erhabene Linien, in den Zwischenräumen zwei Reihen grober Punkte, an den abschüssigen Seiten keine Linien, sondern mehrere Punktreihen, Seitenrand zerstreut punktirt. Körper unten glatt, nackt. Beine gelbbraun mit breiten platten Schenkeln.

Auch bei dieser kleinen Art finden sich sowohl die zwei spitzen Hornblätter zwischen den Augen und der Unterlippe, als der krumme Knöchel, wie man sie bei den übrigen Arten antrifft.

26. Clerus annulatus.

C. hirsutus, thorace atro, elytris pallidis: macula magna sulphurea atro cincta lineaque humerali nigra.

In Brasilien, St. Catharina.

Länge 4 Linien. Kopf ziemlich groß, schwarz, Stirn platt mit kurzen gelben anliegenden Haaren, Nacken mit schwarzen aufrechten Haaren. Augen braun Lippentaster so groß und so gestaltet, wie bei formicarius, schwarz. Fühler kürzer als das Halsschild, schwarz, gelb behaart, Kolbe aus drei Gliedern bestehend, von denen das letzte platt und am Ende nach innen zugespitzt ist.

Halsschild sehr groß, vorn etwas breiter als lang, hinten viel schmäler, vorn gerade abgeschnitten, Seiten sehr stark herabhängend, Vorderecken unten anschließend, sehr stark gewölbt, fast kuglig, an der vordern Hälfte mit einem etwas undeutlichen quer hinübergehenden Eindrucke; schwarz, glänzend, mit schwarzen aufrechten ziemlich langen Haaren dicht besetzt. Schildchen klein, rund, gelb, behaart.

Flügeldecken an der Wurzel so breit als das Halsschild, hinter der Mitte etwas erweitert, am Ende abgerundet, lang, halb walzenförmig, mit sehr stark hervorstehenden Schultern, grob punktirt, mit unregelmäßigen Punktreihen, Zwischenräume runzlicht; vordere Hälfte blaß gelb mit vielen kurzen fast anliegenden und mehrern einzelnen aufrechten langen gelben Haaren bedeckt, unter die sich einige lange schwarze Haare mischen; auf der Schulter ein schief gestellter zugespitzter schwarzbrauner Fleck, mit demselben Haarüberzuge, wie der übrige Theil; hinter der Mitte ein großer eiförmiger fast schwefelgelber Fleck, der an den äußern Rand stößt und mit feinen kurzen gelben Haaren bekleidet ist; vorn und an der Naht ist dieser Fleck von einem breiten, hinten von einem schmälern schwarzen Rande eingefaßt; dieser schwarze Halbring hat schwarze Haare von verschiedener Länge; die übrige breite Spitze der Flügeldecken ist schwarzbraun, mit gelben anliegenden Haaren dicht besetzt, nur in der Mitte bleibt ein kleiner glänzender Fleck unbedeckt.

Unten ist der Körper schwarz, Brust und Beine mit grauen Haaren dicht überzogen; Bauch glänzend, fast nackt.

27. Lampyris lunifera.

(Oblonga, antennis simplicibus fusiformibus.)

L. nigra, thoracis angulis posticis acuminatis, margine externo clytrorumque sutura cum limbo laterali pallidis, segmentis duobus penultimis abdominis sulphureis.

variat: thorace maculis duabus rubris.

In Brasilien, St. Catharina.

Länge 6 Lin. Kopf klein schwarz, dünn behaart; Stirn flach mit zwei kleinen neben einander stehenden Höckern; vor jedem Auge eine bogige gelbe Einfassung. Taster schwarzbraun. Augen sehr groß, kuglig, schwarz. Fühler von halber Körperlänge, platt gedrückt, behaart, die mittlern Glieder breiter als die übrigen; erstes Glied an der Spitze gelbbraun.

Halsschild breit, Seiten und Vorderrand bilden einen starken Bogen, hinten fast am breitesten, Hinterecken stark nach hinten vortretend, zugespitzt, Hinterrand schmal gerandet; ein schmaler Theil in der Mitte, so wie am ganzen Hinterrande erhöht, die Seiten durch eine jederseitige länglichte ziemlich tiefe Grube breit aufgeworfen, ganze Oberfläche undeutlich fein punktirt, mit etwas gröbern Punkten in den Gruben am Vorderrande; Hauptfarbe schwarzbraun mit etwas veilchenblau untermischt, gegen die äußern Ränder blässer, diese (nämlich vorderer und seitliche Ränder) schmal blaß gelb. Schildchen schmal dreieckig, schwarzbraun, gelbgrau behaart.

Flügeldecken breiter als das Halsschild, gleich hinter der Schulter stark erweitert, dann nach hinten zu kaum merklich, am Ende allmählig verschmälert und abgerundet, Schulter als eine halbkreisförmige Kante, Oberfläche fast flach, fein gekörnt, runzlicht, mit fünf undeutlichen erhabenen Längslinien, mit zerstreuten aufrechten Haaren besetzt; schwarzbraun, der äußere Rand breit, die Naht schmal blaßgelb, beide Einfassungen erreichen aber die Spitze der Flügeldecken nicht. Flügel schwarz.

Unterseite der Körpers dunkelbraun, sehr fein behaart; Seitenrand des Unterhalses und der Flügeldekken blaßgelb; die zwei vorletzten Bauchringe schwefelgelb und länger, als die übrigen; das vorletzte in der Mitte mit einem kleinen Einschnitte, das letzte Glied braun, dreieckig, mit einer langen Endspitze.

Die angeführte Varietät ist wahrscheinlich das andere Geschlecht zu der vorigen; sie kommt eben so häufig vor, als jene und zeichnet sich durch zwei große gelblichrothe Flecken auf dem Halsschilde und viel breitere gelbliche Einfassung der Flügeldecken aus, die fast zur Spitze reicht.

Die dieser nahe verwandte L. pyralis L. unterscheidet sich durch ganz weißen Bauch und L. marginata L. durch gelbes Schildchen.

28. Lampyris truncata.

(Oblonga, antennis simplicibus.)

L. nigro fusca, thorace basi truncato, maculis duabus anticis elytrorumque margine externo cum sutura pallidis, segmentis tribus ultimis abdominis sulphureis.

In Brasilien, St. Catharina.

Länge 5 — 6 Linien, schmäler als die vorige. Kopf sehr klein, schmal, mit etwas ausgehöhlter Stirn, schwarz, Kopfschild gelbbraun. Taster schwarz. Augen schwarz, kuglig, jedes noch einmal so groß, als der ganze Kopf. Fühler erreichen den dritten Theil der Körperlänge mit schwarzen grau behaarten platten Gliedern; erstes Glied an der Spitze braun.

Halsschild nicht viel breiter als lang, Seiten und Vorderrand bilden einen starken Bogen, sind kaum aufgeworfen, Hinterrand gerade abgeschnitten aufgeworfen, mit scharteckigen nicht vorstehenden Hinterecken; mittlerer Theil gewölbt mit einer flachen Längsfurche, unpunktirt, an den Seiten mit einer großen länglichten Grube, ein sehr breiter Rand längs den Seiten und Vorderrande grob punktirt, ganz nahe am äußern Rande eine Reihe grober Punkte, sehr kurz behaart, schwarzbraun mit zwei gelblich weißen Flecken am Vorderrande, alle Ränder sind auch sehr schmal gelblich gefärbt. Schildchen länglicht mit stumpfem Ende, schwarz mit gelbbrauner Spitze.

Flügeldecken breiter als das Halsschild, hinter der Schulter etwas erweitert, bleiben dann gleichbreit bis ganz hinten, wo sie sich allmälig verschmälern und eine stumpfe Spitze bilden; sie sind vorn gewölbt und an den Spitzen platt, dicht punktirt, entweder mit ganz undeutlichen oder mit zwei schief von außen nach innen verlaufenden Längslinien, welche die Spitze nicht erreichen; schwarzbraun, dicht und kurz grau behaart, der platte breite Seitenrand und die schmale Naht blaßgelb, welche Einfassungen an der Spitze zusammenstoßen. Flügel schwärzlich.

Unten der Körper und Bein schwarzbraun, kürzer behaart, die drei letzten Bauchringe schwefelgelb, alle mit einem starken Ausschnitt in der Mitte; unter dem letzten Gliede ragt noch eine kleine schmale gelbe Spitze hervor; die vordern schwarzen Bauchringe haben jedes zwei kleine Einschnitte und zwei schwache Ausschnitte. Schenkel an der Wurzel braun, Schienen kurz breit platt. Flügeldeckenrand an der Unterseite auch gelb.

Unter sehr vielen Exemplaren befand sich keine Varietät. — Lamp. pyralis und marginata unterscheiden sich von der eben beschriebenen Art, gerade wie von der vorigen.

29. Lampyris signifera.

L. ovata, pallida; thorace signo lobato angulisque baseos late fuscis, maculisque duabus rubris, elytris fuscis: limbo pallido cum macula fusca.

In Brasilien, St. Catharina.

Länge 5, Breite $2\frac{1}{2}$ Linien. Der ganze Körper mit feinen gelben Haaren dicht besetzt. Kopf klein, ganz unter das Halsschild eingezogen mit flacher Stirn, gelb mit schwarzen Mundtheilen. Augen groß kuglig schwarz. Fühler kurz fadenförmig schwarz, erstes Glied sehr lang, gelb und zwar scheint es, als könne es nicht zurückgeschlagen werden, weil es bei nach hinten gewandtem übrigem Theile der Fühler doch nach außen und vorn gerichtet ist, wodurch die Fühler gebrochen erscheinen.

Halsschild breit sehr kurz, fast dreieckig, ungerandet, Seiten gehen sehr schief von hinten nach innen und vorn und begegnen sich in der Mitte unter einem stumpfen Winkel; Hinterrand in der Mitte etwas aufgebogen, Hinterecken abgerundet; in der Mitte gewölbt, an den Seiten mit einer unbegränzten Grube und mit breiten flachen Seiten, Oberfläche undeutlich punktirt mit einer Reihe gröberer Punkte dicht an allen Rändern, in der Mitte am Hinterrande eine schwarze Figur, die im Ganzen die Gestalt eines M hat, neben dieser steht ein blaß zinnoberrother Fleck und ein dritter bräunlicher befindet sich in den Hinterwinkeln. Schildchen dreieckig, spitz, schmutzig braun.

Flügeldecken in der vordern Hälfte breiter als das Halsschild, nach hinten verschmälern sie sich stark bis zur abgerundeten Spitze, mit stark hervorstehender Schulter, Seitenrand in der vordern Hälfte sehr breit, etwas abhängend, durch eine starke Längsfurche vom mittlern gewölbten Theile geschieden, sehr dicht punktirt, mittlerer Theil graubraun mit einer undeutlichen gelblichen Längslinie, die auf einer schwach erhöhten Linie steht, Naht gelb, Seiten blaßgelb, am Vorderrande und ein viereckiger Fleck hinter der Mitte schwarzbraun. Flügel schwarz.

Seitentheile des Halsschildes und der Flügeldecken unten eben so gefärbt, wie oben; Brust schwarzbraun. die vier ersten Bauchringe gelbbraun mit vielen dunkelbraunen Punkten, der fünfte und sechste Ring weißgelb, der folgende und das schmale Endglied gelblich und stark behaart. Beine kurz, bräunlich; Schenkel gelb, unten in der Mitte bräunlich; Schienen kurz, dreieckig; Füße schwärzlich.

Unter zehn Exemplaren fand sich keine Varietät.

30. Lampyris praeusta.

L. pallida, capite elytrorumque apice atris, antennarum basi cum apice tarsisque nigris, segmento penultimo abdominis albis.

Auf der Insel Luzon, bei Manilla.

Länge fast vier Linien. Hauptfarbe des Körpers röthlich gelb, überall sehr kurz gelb behaart. Kopf ziemlich groß, schwarz; Stirn breit, punktirt, in der Mitte mit einer breiten Grube. Taster groß, schwarz; letztes Glied der Kinnladentaster lang und breit. Augen groß, schwarz, treten aber oben nicht über den Kopf hervor. Fühler kürzer, als der halbe Körper, fadenförmig: die zwei ersten und drei letzten Glieder schwarz, das dritte unten schwarz, oben gelb, die übrigen ganz gelb.

Halsschild viel breiter, als der Kopf mit den Augen, kurz, viereckig, Vorderrand in der Mitte etwas vorstehend, gerandet mit etwas stumpfen Vorderecken, Seiten ziemlich gerade, nach vorn etwas eingebogen, flach und (besonders nach hinten) breit abgesetzt, Hinterecken rechtwinklig, etwas nach hinten überstehend, Hinterrand dreimal flach ausgeschnitten, aufgeworfen gerandet, Oberfläche dicht punktirt, mittlerer Theil gewölbt mit einer Längsfurche, einfarbig röthlich gelb. Schildchen ziemlich groß, dreieckig stumpf gelb.

Flügeldecken etwas breiter, als das Halsschild, bis kurz vor der Spitze gleichbreit, schmal gerandet, dicht fein runzlicht punktirt, mit drei undeutlichen erhabenen Längslinien, blaßgelb, das Ende schief (von außen nach innen) und breit schwarz. Flügel schwarz. Unterseite des Körpers und Beine citrongelb, Brust etwas bräunlich, vorletzter Bauchring an der vordern Hälfte gelblich weiß, an der hintern milchweiß; beide Hälften durch eine bogige Linie geschieden; letztes Glied lang, gegen das Ende verschmälert, stark ausgeschnitten, gelb. Afterglied dreieckig, gelb. Schienen schlank, dreieckig.

31. Lampyris apicalis.

L. pallida, oculis elytrorumque apice atris, antennis tibiis tarsisque fuscis, abdomine basi brunneo, segmentis duobus ultimis albis.

Auf der Insel Luzon, bei Manilla.

Weniger als 3 Linien lang, schmal. Ueberall fein gelb behaart. Kopf klein punktirt, gelb, Stirn schmal, etwas vertieft. Taster schwärzlich, zugespitzt. Augen sehr groß, kuglig schwarz. Fühler von halber Körperlänge, fadenförmig, schwarz, grau behaart, erstes Glied bräunlich.

Halsschild kurz, von der Breite des Kopfs mit den Augen, viereckig, Vorderrand in der Mitte vorstehend, gerandet, Vorderecken scharf, nach außen gebogen und sich an den Kopf anschließend, Seiten in der Mitte etwas erweitert, schmal flach abgesetzt, Hinterecken scharf, Hinterrand fast gerade, schmal aufgeworfen, Oberfläche sehr fein punktirt, stark gewölbt, mit einer kaum merklichen Längsfurche, einfarbig röthlich gelb. Schildchen groß dreieckig stumpf, röthlich gelb.

Flügeldecken etwas breiter, als das Halsschild, bis ans Ende gleichbreit, in der Mitte etwas eingebogen, schmal gerandet, stark gewölbt, dicht und fein runzlicht punktirt, mit undeutlichen erhabenen Längslinien, blaß gelb, Enden breit schwarz, querüber. Flügel schwärzlich.

Brust röthlich gelb, in der Mitte braun. Bauch röthlich gelb, der dritte und vierte Bauchring schwarzbraun mit gelben Seitenrändern, die zwei letzten Ringe gelblich weiß, das letzte ausgeschnitten, Afterglied gelb, breit. Beine schlank, röthlich gelb, Hinterschienen etwas gekrümmt, Schienen und Füße schwärzlich, Wurzeltheile der hintern Schienen röthlich.

32. Homalisus collaris.

H. ater, antennis pectinatis basi flavis, thorace rufo, elytris coriaceis.

In Brasilien, St. Catharina.

Länge fast 4 Linien; Hauptfarbe schwarz, überall mit einem kurzen Haarüberzuge. Kopf unter dem Halsschilde verborgen, schwarz, mit etwas vertiefter Stirn. Augen groß schwarz. Fühler von der Länge des halben Körpers, kammförmig; erstes und zweites Glied kurz, keulenförmig, röthlich gelb mit schwarzem Anstrich an der obern Seite; die übrigen neun Glieder platt mit einem langen stumpfen Fortsatz an der innern Seite; der mittlere Theil der drei ersten der letztern ist unten röthlich gelb.

Halsschild breit kurz, vorn bogenförmig über den Kopf vorragend mit ganz abgerundeten Vorderecken, Seiten erweitern sich allmälig nach hinten, Hinterecken nach hinten stark vortretend und zugespitzt, Hinterrand in der Mitte gerade und aufgeworfen gerandet; Oberfläche in der Mitte wenig gewölbt, glatt mit einer kurzen Längsfurche, zu beiden Seiten derselben eine Grube;

ein breiter Theil an der Schulter und vorn grob und dicht punktirt, Farbe gelblich roth. Schildchen dreieckig, spitz, schwarz.

Flügeldecken etwas breiter, als das Halsschild, Seiten verlaufen gleichbreit bis hinter der Mitte, wo sie sich allmälig verschmälern mit stumpfen Enden; Oberfläche etwas gewölbt, fein dicht gekörnt, mit drei erhabenen Längslinien. Flügel schwarz. Unterhals röthlich gelb. Bauchringe mit tiefen Eindrücken an jeder Seite; letzter Abschnitt breit, in der Mitte mit einer Spitze; an den Seiten ragen aber noch zwei breite Fortsätze vor, welche vom letzten Rückenabschnitte herrühren. Beine kurz mit platten Schenkeln und Schienen, Vorderbeine schwarzbraun mit gelblichen innern Kanten; hintere Beine ganz schwarz.

Meine Exemplare sind alle Weibchen.

33. Homalisus tenellus.

H. niger, antennis pectinatis, thorace carinato lateribus testaceo, elytris reticulato carinatis testaceis apice nigris.

In Brasilien.

Länge des einzigen Männchens $2\frac{1}{2}$ Linien, schmal. Kopf breit, kurz, schwarzbraun mit flacher Stirn. Augen groß, schwarz. Fühler länger als der halbe Körper, schwarz, platt, kammförmig, nur aus zehn Gliedern bestehend; das erste kurz, dick, nach vorn seitwärts zugespitzt, die übrigen mit einem langen breiten stumpfen Fortsatze, der etwas gedreht ist.

Halsschild fast so lang als breit, vorn gerundet, mit sehr stumpfen Vorderecken; Seiten anfangs eingebogen, erweitern sich aber bald stark nach hinten, mit lang zugespitzten Hinterecken, mittlerer Theil des Hinterrandes nach hinten in eine Spitze vortretend, Oberfläche in der Mitte vertieft mit zwei Grübchen am Vordertheile und einer hohen mittlern Längskante, mittlerer Theil schwarzbraun, Seiten und Vorderrand gelb. Schildchen dreieckig, schwarz.

Flügeldecken schmal, sehr lang, fast gleichbreit mit stumpfen Enden und fünf Längsrippen, von denen die Naht und zwei mittlere die höchsten sind; die schwächern verlaufen in den Zwischenräumen; alle werden durch kleine Querkanten netzförmig unter einander verbunden; alle Rippen und äußerer Rand sind kurz behaart; Hauptfarbe ockergelb, fast der dritte Theil der Spitzen schwarz. Flügel schwärzlich.

Körper unten schwarzbraun, kurz behaart; Beine dunkelbraun mit breiten platten Schenkeln und Schienen; Schenkel an der Wurzel gelb.

Die Aehnlichkeit mit Lycus (Homalisus) flabellatus Dalm. Schönh. S. J. III. App. p. 32. ist (der Beschreibung nach) sehr groß, doch liegt der vorzüglichste Unterschied im Bau des Halsschildes, indem bei diesem afrikanischen Käfer dasselbe auch ein erhöhtes Netz zeigt und die Flügeldecken breiter als das Halsschild mit vier hohen Längskanten besetzt sind.

34. Cantharis transversa.

C. atra, thorace brevi rubro, lateribus exciso.

In Brasilien, St. Catharina.

Länge 2 Linien, Hauptfarbe schwarz. Kopf breit, platt, fast nackt, schwarz. Augen groß, schwarz. Kinnbacken gelblich roth, letztes Glied der Kinnbackentaster, die schwarz sind, an der Wurzel breit mit zugespitztem Ende. Fühler länger, als der halbe Körper, dick, fadenförmig, schwarz; Spitze des ersten Gliedes braun.

Halsschild sehr breit und fast nur halb so lang, Vorderrand gerundet, etwas aufgeworfen, mit stark nach den Seiten vorspringenden Vorderecken, Hinterecken auch spitz auch nach außen tretend, wodurch die Seitenränder tief ausgeschnitten erscheinen, Hinterrand länger, als der vordere, dreimal schwach ausgeschnitten, Seiten und Hinterrand breit gerandet, mittlerer Theil stark gewölbt mit kleinen undeutlichen Erhöhungen, das ganze Halsschild gelblich roth, oben mit einem sehr kurzen grauen Haarüberzuge. Schildchen breit schwarz.

Flügeldecken an der Schulter so breit, als das Halsschild hinten, gleichbreit, ziemlich lang, mit abgerundeten Enden, fein runzlicht, schwarz, mit einem ziemlich langen grauen Haarüberzuge. Flügel schwarz. Unterseite des Körpers nebst den Beinen schwarz mit einem kurzen grauen Haarüberzuge; Schenkelwurzel gelbbraun.

35. Cantharis cembricola.

C. elongata, fusco nigra, thorace quadrato, geniculis femorum maris ferrugineis, foemina immaculata.

In Kamtschatka, St. Peter und Paulshafen, auf Pinus Cembra.

Länge fast 3 Linien; Männchen sehr schmal; Farbe bräunlich schwarz, überall sehr kurz grau behaart. Kopf glatt, schwarz, mit flacher Stirn, braunen Kinnbacken und schwarzen Augen. Fühler des Männchens fast von der Länge des Körpers, beim Weibchen von halber Körperlänge, fadenförmig, schwarz.

Halsschild viereckig, etwas breiter als lang, alle Ränder aufgeworfen, Vorderrand wenig gerundet, fast gerade, mit stark abgerundeten Vorderecken und stumpfen Hinterecken, Oberfläche am Hintertheile stark gewölbt, vorn flach, mit einer feinen Längslinie, am Seitenrande vor der Erhabenheit jederseits eine flache Grube. Schildchen breit, dreieckig, stark behaart.

Flügeldecken an der Wurzel wenig breiter, als das Halsschild, lang, beim Männchen schmal und gleichbreit, beim Weibchen nach hinten erweitert, an den Enden abgerundet, gerunzelt, mit zwei feinen Längskanten, die sich gegen das Ende verlieren; schwarzbraun, grau behaart. Flügel schwarz. Körper unten nebst Beinen schwarz, grau behaart; Schenkel des Männchens sind an der Wurzel und am Ende schmal gelbbraun.

Die Aehnlichkeit mit Canth. elongata Fall. ist groß; diese hat aber an der Wurzel gelbbraune Fühler, ein mehr gleichmäßig viereckiges Halsschild mit einer hintern Mittellinie (keine Längslinien auf den Flügeldecken?) und an der Wurzel gelbgraue Schienen.

36. Cantharis longicollis.

C. rufo testacea; fronte, thoracis disco, alis, antennis tibiisque fuscis, thorace longiori, elytris angustatis pallidis.

In Brasilien, St. Catharina.

Länge fast 4 Linien. Kopf lang, in der Mitte breit mit einem schmalen Halse, gelbroth, oben vor den Fühlern schwarzbraun, grau behaart, mit kleinen schwarzen hervorstehenden Augen und schwarzen Tastern, von denen die vordern fast fadenförmig sind. Fühler von Körperlänge, borstenförmig, schwarzbraun; erstes Glied unten gelblich.

Halsschild etwas länger als breit, Vorderrand gerundet und aufgeworfen, mit ganz abgerundeten Vorderecken, Seiten erweitern sich bis nach hinten in gerader Linie, Hinterecken abgerundet, Hinterrand in der Mitte sehr schwach ausgeschnitten, Seiten und Hinterrand aufgeworfen, hinterer Theil der Oberfläche stark erhaben, oben flach mit einer Längsfurche, in der Mitte der vertieften Seiten eine kleine Querkante, der vordere Theil schwach gewölbt; die Farbe des mittlern Theils ist rothbraun und schwarzbraun gemischt, die breiten Seiten und der schmale Hinterrand gelbroth. Schildchen breit, stumpf, schwarz.

Flügeldecken an der Wurzel viel breiter, als das Halsschild, nach hinten sehr verschmälert mit fast spitzen Enden, etwas kürzer als die Flügel, fein runzlicht, strohgelb. Flügel schwarz oben mit starkem kupfrigen Glanze. Brust und Beine bräunlich gelb, weiß behaart, Bauch hellgelb. Schienen, so wie ein Längsstrich an der äußern Seite der Schenkel braun; Füße schwarz.

Scheint im Baue mit Cantharis brevipennis F. und andern südamerikanischen Arten verwandt zu seyn.

37. Malachius rufiventris.

M. coerulescens, antennis serratis basi flavis, abdomine pedibusque coccineis.

Auf der Insel Luzon, bei Manilla.

Länge $2\frac{1}{2}$ Linien. Kopf groß, schwach gewölbt, metallisch grün, kurz weiß behaart, Stirn runzlicht,

Mundtheile bräunlich gelb. Augen schwarzbraun. Fühler kürzer, als der halbe Körper, platt, nur aus zehn Gliedern bestehend, die neun letztern mit einem großen breiten vordern Fortsatze, das erste keulenförmige, so wie die zwei folgenden gelb, die übrigen schwarz, glänzend.

Halsschild breiter wie lang, ohne Ecken, Vorderrand gerundet vorstehend ungerandet, Seiten stark gerundet, Hinterrand in der Mitte gerade und etwas aufgeworfen, an den Seiten sehr stark gerundet und so wie die Seiten sehr schmal gerandet; Oberfläche queruͤber stark gewölbt, etwas uneben, an den Seiten fein gerunzelt, überall kurz weiß behaart mit vielen langen aufrechten Haaren, metallisch grün mit bläulichem Schimmer. Schildchen breit, sehr kurz, ohne Spitze, bläulich.

Flügeldecken an der Wurzel kaum breiter, als das Halsschild, nach hinten erweitert, hinten stumpf, gewölbt, fein und dicht runzlicht, fast gekörnt, Seitenrand und Naht stark gerandet, metallisch blau, kaum grünlich schimmernd, überall mit kurzem weißen undichten Haarüberzuge, am Rande mit längern Haaren. Flügel schwarz. Brust stark gewölbt, glatt, in der Mitte schwach gefurcht, an den Seiten weiß behaart, schwärzlich blau. Bauch scharlachroth mit zinnoberrothen Rändern. Beine bräunlich roth, vordere Schenkel an der Wurzel schwarzbraun.

38. Elater spinosus.

E. castaneus, tomentosus, thorace elongato conico nigro, elytris apice spinosis.

In Brasilien, St. Catharina.

Länge 10 Linien, größte Breite (Wurzel der Flügeldecken) etwas über zwei Linien, Körper an beiden

Enden zugespitzt, überall mit feinen bräunlichen Haaren dicht überzogen. Kopf klein viereckig, fast flach, sehr fein punktirt mit wenig gerundetem Kopfschildrande. Augen braun. Fühler fast so lang, als das Halsschild, etwas sägeförmig, schwarzbraun, erstes langes dickes und zweites kleines Glied röthlich gelb.

Halsschild viel länger als breit, Vorderrand in der Mitte etwas vorstehend mit vorstehenden spitzen Ecken, Seiten nehmen von vorn nach hinten allmälig an Breite zu, die nicht sehr langen zugespitzten Hinterecken laufen in der Richtung der Seiten fort und sind oben mit zwei Längskanten versehen, von denen die innere halb so lang, als die äußere ist; Hinterrand gerade mit zwei kleinen vorspringenden Lappen in der Mitte; Oberfläche querüber stark gewölbt, fein und dicht punktirt mit einer fast unmerklichen Längskante in der Mitte, schwarzbraun, Vorder- und Hinterrand undeutlich braun. Schildchen länglich.

Flügeldecken an der Wurzel sehr wenig breiter, als das Halsschild, von der Mitte an nach hinten allmälig schmäler werdend, in der Mitte der Flügeldeckenspitze mit einem breiten zugespitzten Stachel bewaffnet, die Ecke am Ende der Naht gerade abgestumpft, querüber gewölbt, seicht gestreift mit groben Punkten, Zwischenräume wenig gewölbt mit sehr feinen Querrunzeln, kastanienbraun. Körper an der Unterseite kastanienbraun, fein punktirt und behaart; Afterglied breit abgestumpft, unterer breiter Rand der Flügeldeckenwurzel gelb. Beine gelbbraun.

Ist mit Elater appendiculatus Hb. nicht zu verwechseln.

39. **Elater rufilateris.**

E. elongatus, ater, glaber, thoracis lateribus elytrorumque basi rufis.

In Brasilien, St. Catharina.

Länge $7\frac{1}{2}$ Linien, größte Breite fast 2 Linien. Kopf gewölbt, sehr grob punktirt, nackt, glänzend, schwarz. Augen braun. Fühler kaum länger, als der halbe Körper, schwarz, platt, erstes Glied länglich eiförmig, zweites fast rund klein, drittes lang kegelförmig, die übrigen lang platt, dreieckig, vorn am Ende mit einer spitzen Ecke, wodurch die Fühler etwas sägeförmig werden.

Halsschild viel länger, als breit, Vorderrand gerade abgeschnitten, an den Kopf genau angefügt, gelb gefranzt, Seiten fein gerandet, in der Mitte sehr wenig erweitert, vor den Hinterecken etwas einwärts tretend; Hinterecken lang, spitz, schief nach außen tretend mit einer scharfen nicht hohen Längskante, Hinterrand gerade, zu beiden Seiten des Schildchens mit zwei kleinen rundlichen Anhängseln; Oberfläche stark gewölbt, vorzüglich hinten, mit einer Mittelfurche, die vorn und hinten stärker, in der Mitte aber fast undeutlich ist, an der innern Seite des Hinterstachels ein dreieckiger Eindruck; überall dicht grob punktirt, Seiten breit und Vorderrand sehr schmal roth; die Mitte, der schmale Hinterrand und Ränder der Stacheln schwarz. Schildchen lang, undeutlich punktirt, nackt, schwarz.

Flügeldecken etwas breiter, als das Halsschild, hinter der Schulter erweitert, gegen das Ende stark verschmälert mit spitzen Enden, Seiten gewölbt, Rükken flach; gestreift, Streifen dicht grob punktirt, Zwischenräume dicht punktirt, nackt, der vordere vierte Theil ist roth, der übrige tief schwarz; die rothe Farbe reicht an den Seiten viel tiefer hinunter und bildet auch in der Mitte einen kleinen Vorsprung. Unten ist der Körper schwarz dicht punktirt und etwas braun behaart. Beine schwarzbraun, Schenkelanhängsel rothbraun.

40. Elater scabricollis.

E. oblongus ater, thorace punctatissimo, medio ruguloso, elytris obscure viridiaeneis, antennis thorace longioribus cylindricis, atris.

In Kamtschatka.

Länge 6 Linien, beim ersten Anblick dem aeneus ähnlich. Kopf breit, zwischen den Fühlern querwulstig, Stirn flach, etwas uneben, alles fein punktirt, undicht grau behaart, schwarz. Fühler etwas länger, als das Halsschild, walzenförmig, schwarz, die acht äußern Glieder etwas sägeförmig.

Halsschild so lang als breit, vorn viel schmäler als hinten, mit spitzen vortretenden Vorderecken, Seiten vor der Mitte stark erweitert und treten erst an den Hinterecken selbst etwas einwärts; diese sind kurz, spitz, nach außen tretend mit einer hohen Längskante; Oberfläche ziemlich stark gewölbt (viel stärker, als bei aeneus), überall, vorzüglich aber an den Seiten, sehr dicht und fein punktirt; in der Mitte stehen viele kurze Querrunzeln, in einiger Entfernung vom Vorderrande ein Quereindruck, an jeder Seite des Hinterrandes eine tiefe Querlinie, der mittlere Theil am Hinterrande steht hoch hervor, die Seiten sind mit einem fast undeutlichen grauen Haarüberzuge begabt, die Farbe schwarz mit einem kaum merklichen bläulichen Schimmer. Schildchen rund, dicht gelbbraun behaart.

Flügeldecken an der Wurzel etwas breiter, als das Halsschild, nach hinten sehr wenig erweitert, verengern sich dann sehr bis zum spitzen Ende; gewölbt, gestreift, Streifen nicht sehr grob punktirt mit etwas gewölbten fast undeutlich fein punktirten Zwischenräumen; schwärzlich metallisch grün, nackt. Körper unten schwarz, dicht punktirt, dünn behaart. Beine schwarzbraun, Füße braun.

41. Elater lobatus.

E. oblongus niger subaeneus pubescens, thorace elongato: angulis posticis truncatis, lobo medio marginis postici emarginato.

Auf der Insel Unalaschka.

Länge 5 Linien, mit cylindricus Pk. verwandt. Körper oben schwarz mit Eisenglanz und mit sehr dichten anliegenden grauen Härchen. Kopf breit, dicht punctirt mit gewölbter Stirn. Augen schwarz, hervorstehend. Fühler fast so lang, als das Halsschild, etwas platt; erstes Glied länglich dick, zweites kuglig, drittes lang kegelförmig, die sieben folgenden etwas platt dreieckig am Ende breit, so daß die Fühler auf beiden Seiten etwas sägeförmig sind; das eilfte Glied hat in der Mitte einen Absatz, wodurch es das Ansehn erhält, als bestände es aus zweien.

Halsschild länger als breit, vorn gerad abgeschnitten, mit kaum vorstehenden stumpfen Vorderecken, Seiten in der Mitte wenig erweitert, biegen hinten ziemlich stark einwärts; Hinterecken breit, ziemlich lang, am Ende gerade abgeschnitten, oben platt mit einer fast unmerklichen kurzen Längskante ganz nahe am äußern Rande, Hinterrand buchtig, in der Mitte steht ein breiter Lappen vor, welcher in der Mitte tief ausgeschnitten ist; Oberfläche stark gewölbt, dicht und ziemlich grob punktirt. Schildchen breit länglich, fein punktirt, dicht behaart.

Flügeldecken kaum breiter, als das Halsschild, über die Mitte hinaus sehr wenig breiter werdend mit spitzen Enden, an den Seiten gewölbt, Rücken flach, seicht gestreift, in den seitlichen Streifen stehen starke Punkte, Zwischenräume ganz flach, sehr fein zerstreut punktirt und undeutlich querrunzlicht. Körper unten schwarz mit schwachem Kupferglanze, sehr dicht und fein punktirt, fein behaart. Beine fein behaart, schwarzbraun, mit braunen Gelenken und Vorderschenkeln.

42. Elater musculus.

E. brevis, aeruginosus, pubescens, thorace lato rotundato convexo, elytris striatis: interstitiis rugulosis, pedibus flavis: geniculis fuscis.

Auf der Insel Unalaschka.

Länge $1\frac{1}{5}$ Linien. Farbe oben schwärzlich metallisch, auf den Flügeldecken mit schwachem grünlichen Schimmer, sehr fein grau behaart. Kopf sehr groß, schwach gewölbt, dicht punktirt, im Nacken mit einer kurzen Längslinie. Fühler etwas kürzer, als das Halsschild, schwarz; erstes Glied sehr groß und dick, metallisch, die zwei folgenden lang kegelförmig, die übrigen acht kurz und dick, und einander genähert.

Halsschild so lang als breit, vorn so breit als hinten mit vorstehenden spitzen Vorderecken, Seiten in der Mitte stark erweitert und hinten wieder eben so viel verengert; Hinterwinkel sind kleine Stachel, Oberfläche stark gewölbt, eben, dicht und sehr fein punktirt. Schildchen breit.

Flügeldecken an der Wurzel schmäler, als das Halsschild, in der Mitte stark erweitert, mit spitzen Enden, stark gewölbt, seicht gestreift, Seitenstreifen punktirt, Zwischenräume fein aber etwas undeutlich querunzlicht, fein zerstreut punktirt, Naht erhaben. Körper unten schwarz, sehr fein punktirt, gelbgrau behaart. Beine röthlich gelb, Schenkel an der Wurzel und ein Streifen auf dem Rücken derselben braun; Füße bräunlich.

43. Elater rufiventris.

E. ater, fronte excavata, thorace punctatissimo: angulis basi planis, elytris castaneis, abdomino pedibusque rufo ferrugineis.

Auf der Insel Unalaschka.

Länge $5\frac{1}{2}$ Linien. Kopf breit, dicht und grob punktirt, Stirn in der Mitte ausgehöhlt mit einem Hügelchen. Augen schwarz, kuglig. Fühler fast so lang, wie das Halsschild, braun, das erste Glied dick und groß, zweites kurz, drittes lang und kegelförmig, die übrigen dreieckig.

Halsschild länger als breit, vorn breiter wie hinten, Vorderrand in der Mitte etwas vorstehend, mit stumpfen gar nicht vorstehenden Vorderecken, Seiten gleich anfangs stark erweitert, verschmälern sich schon von der Mitte an, die kurzen platten wenig spitzen Hinterecken treten etwas nach außen; Oberfläche überall gleichmäßig gewölbt und grob punktirt, hinten mit zwei undeutlichen Grübchen neben einander, hinter der Mitte eine äußerst kurze aber tiefe Längsfurche, an den Seiten sehr kurze Härchen, alle Ränder sehr schmal kastanienbraun. Schildchen klein rund, schwarz, behaart.

Flügeldecken etwas breiter, als das Halsschild, ziemlich lang, gleichbreit, schwach gewölbt, Streifen grob punktirt, Zwischenräume zerstreut punktirt, vorn etwas runzlicht, kastanienbraun, mit schmalem rothbraunen Rande und Naht. Unterhals schwarz, grob punktirt, untere Seitentheile des Halsschildes rothbraun. Brust schwarz, fein punktirt, an den Seiten behaart. Bauch fein punktirt, bräunlich roth. Beine rothbraun mit braunen vordern Schenkeln.

44. Elater carinatus.

E. fuscus, pubescens, fronte carinata, thorace elongato lato; angulis elytrorumque regione scutellari pallidis, pedibus flavis.

Auf der Insel Luzon, bei Manilla.

Länge 4½ Linien. Hauptfarbe dunkelbraun, oben dicht gelbgrau behaart, Körper langgestreckt und schmal. Kopf stark gewölbt dicht punktirt, Stirn zwischen den Fühlern in einer stumpfen Ecke vortretend, der ganzen Länge nach mit einer nicht hohen aber scharfen Kante bezeichnet. Augen sehr groß, schwarz, kaum hervorstehend. Fühler so lang wie das Halsschild, braun; erstes Glied groß, dick, zweites sehr kurz, drittes lang kegelförmig, die übrigen breit dreieckig und dreikantig.

Halsschild länger, als breit mit wenig vorstehenden Vorderecken, Seiten in der Mitte sehr wenig erweitert, Hinterecken breit, zugespitzt, fast gerade nach

hin.

hinten gerichtet mit einer scharfen Längskante; Oberfläche gleichmäßig gewölbt, dicht und ziemlich stark punktirt, am Hinterrande eine kurze Längsfurche; schwarzbraun, Vorderecken schmal, Hinterecken sehr breit blaßgelb. Schildchen länglich spitz platt.

Flügeldecken schmäler, als das Halsschild, dreimal so lang, gleichbreit, spitz, gewölbt, die seichten Streifen punktirt, die flachen Zwischenräume dicht und ziemlich stark punktirt; dunkelbraun, mit einem großen unbegränzten hellgelben Fleck an der Seite des Schildchens. Körper unten dicht und fein punktirt mit rothbraunem Aftergliede. Beine gelbbraun, Hinterschenkel mit einem dunklen Streifen.

45. Elater triangularis.

E. fuscus, pubescens, thorace magno planiusculo: angulis antennisque flavis, pedibus pallidis, elytrorum striis punctatis.

Auf der Insel Luzon, bei Manilla.

Länge $2\frac{1}{3}$ Linien. Hauptfarbe schwärzlich braun, oben überall mit einem bräunlichen Haarüberzuge. Kopf gewölbt, grob punktirt mit kaum gerundetem Kopfschilde. Augen schwarz. Fühler von der Länge des Halsschildes, gelb; erstes Glied sehr groß dick, etwas gekrümmt, zweites und drittes klein, die übrigen dreieckig.

Halsschild so breit als lang, vorn gerade abgeschnitten, mit wenig vorstehenden stumpfen Vorderecken, Seiten an der vordern Hälfte hinabgebogen, bis zur Mitte sich allmälig erweiternd, dann bis zu den Enden der Hinterstachel in gerader Linie verlaufend, Hinterstachel breit zugespitzt mit einer Längskante nahe am äußern Rande; flach gewölbt, dicht und ziemlich stark punktirt; dunkelbraun, Vorderecken und Hinterrand mit dem Stachel unbegränzt gelb. Schildchen länglich, abgerundet, braun.

Flügeldecken fast schmäler, als das Halsschild, bis zur Mitte gleichbreit, dann zugespitzt, an den Seiten gewölbt, auf dem Rücken flach, seicht gestreift mit großen Punkten in den Streifen, vorzüglich in den Seitenstreifen, Naht erhaben; einfarbig schwärzlich braun. Körper unten dunkelbraun, Unterhals grob punktirt, vorn rothbraun, Brust und Bauch sehr fein punktirt; Schenkeldecke breit und ziemlich stark ausgeschnitten. Beine blaßgelb.

46. Elater alternans.

E. fuscus; antennarum basi, thoracis limbo elytrisque ferrugineis: his interstitiis alternis interrupte fuscis, pubescentia distante; clypeo rotundato, pedibus flavis.

In Brasilien, St. Catharina.

Länge 3½ Linien. Kopf sehr schwach gewölbt, fein punktirt, schwarzbraun, kurz und dicht bräunlich behaart mit stark gerundetem Kopfschildrande, gelben Tastern und großen schwarzen wenig hervorstehenden Augen. Fühler fast so lang, als das Halsschild, fadenförmig, die drei Wurzelglieder bräunlich gelb, die übrigen schwarzbraun mit schmaler gelber Wurzel; erstes Glied lang gekrümmt, etwas dicker als die übrigen, zweites kurz, drittes dreieckig und kürzer als die folgenden kegelförmigen.

Halsschild so lang als breit mit geradem Vorderrande und ziemlich stark vorstehenden spitzen Vorderecken, Seiten treten vorn stark einwärts, sind hinter der Mitte am breitesten, verschmälern sich in der Mitte der Hinterstachel wieder, welche nicht lang aber zugespitzt und mit der Spitze auswärts gewandt und der Länge nach gekantet sind; Oberfläche schwach gewölbt, nahe am Hinterrande etwas abschüssig, nicht sehr dicht und ziemlich fein punktirt, in der Mitte schwarzbraun, die breiten Seiten und der schmale vordere und hintere Rand unbegränzt braun, mit gelblichen Hinterekken; die Behaarung der Oberfläche ist sehr viel feiner, als auf dem Kopfe. Schildchen breit, fast spitz dunkelbraun, scheint auf den Flügeldecken aufzuliegen.

Flügeldecken kaum breiter, als das Halsschild, nach hinten zu allmälig schmäler werdend mit spitzen Enden, ziemlich tief gestreift, nur in den äußern Streifen bemerkt man undeutliche Punkte, die Ränder der Streifen etwas stumpf, die Zwischenräume jedoch flach mit sehr feinen unterbrochenen Querrunzeln, mit dünnem gelblichen abstehenden Haarüberzuge; Farbe röthlich kastanienbraun, mehrere Streifenzwischenräume abwechselnd dunkelbraun, welche an der hintern Hälfte unterbrochen sind, so daß hier eine kurze breite Binde von länglichen dunkelbraunen Flecken entsteht.

Unterseite des Körpers schwarzbraun, dicht und fein punktirt, Seitenrand des Halsschildes an der untern Seite gelb, jedoch mit schwarzer äußern Kante; Schenkeldecke breit, schwach ausgeschnitten. Afterglied schmal undeutlich gelblich gerandet. Beine gelb.

Ich glaube nicht, daß unter Elater rufidens F. diese Art gemeint sey.

47. Elater posticus.

E. nigro fuscus; antennis, thoracis angulis marginеque postico flavis, pedibus pallidis, clypeo convexo truncato, elytrorum pubescentia adpressa.

In Brasilien, St. Catharina.

Länge 3 Linien, verhältnißmäßig schmäler, als der vorhergehende. Kopf stark gewölbt, ziemlich stark und dicht punktirt, sehr dünn behaart, schwarzbraun; Kopfschild hinabgebogen mit gerade abgeschnittenem Rande. Augen ziemlich groß, schwarz, hervorstehend. Fühler etwas länger, als das Halsschild, bräunlich gelb, im Ganzen wie beim vorigen gebaut.

Halsschild fast länger als breit, Vorderrand in der Mitte gerade mit vorstehenden breiten abgerundeten Vorderecken, Seiten bis hinter der Mitte allmälig an Breite gewinnend, treten an den Hinterstachel sehr wenig einwärts, die Stachel sind breit, kurz, zugespitzt, fast gerade nach hinten gerichtet und mit einer kleinen Längskante nahe am äußern Rande versehen, Oberfläche ziemlich stark gleichmäßig gewölbt, dicht und ziemlich stark punktirt, fein behaart, schwarzbraun, Vorderecken und Hinterrand mit den Stacheln bräunlich gelb. Schildchen länglich, mit einer stumpfen Spitze, braun, behaart.

Flügeldecken so breit, als das Halsschild, bis zur Mitte gleichbreit mit spitzen Enden schwach gewölbt, tief gestreift, mit eckigen Kanten der Streifen und Punkte im Grunde derselben, vorzüglich an den Seitenstreifen, Zwischenräume flach, sehr fein querrunzlicht, schwarzbraun mit ziemlich dichtem feinen anliegenden

Haarüberzuge von bräunlich grauer Farbe. Seitentheile des Halsschildes an der Unterseite dicht und fein punktirt, schwarzbraun mit breit gelbbraunen Hinterecken; Unterhals stärker punktirt, vorn rothbraun, hinten schwärzlich braun. Brust und Bauch sehr fein punktirt, behaart, schwarzbraun mit lichterem After; Schenkeldecken ziemlich stark ausgeschnitten. Beine blaßgelb.

48. **Buprestis spinigera.**

B. supra aurichalcea, subtus albo maculata, elytris apice spinosis, abdomine cupreo.

In Brasilien, St. Catharina.

Länge $3\frac{1}{2}$ Linien, schmal. Hauptfarbe wie Messing, etwas dunkel. Kopf groß, ziemlich grob runzlicht mit schwachem Kupferglanze, Stirn etwas gewölbt, mit breiter flacher Längsfurche; Kopfschild und Oberlippe grün; Augen gelbbraun. Fühler bis zur Hälfte des Halsschildes reichend, dunkelgrün, metallisch, sägeförmig.

Halsschild hinten so breit wie lang, vorn breiter, Vorderrand etwas vorstehend, Seiten hängen vorn hinab, verschmälern sich stark bis zu den rechtwinkligen Hinterecken, Hinterrand in der Mitte vorstehend, an den Seiten ausgeschnitten; dicht am Seitenrande läuft vom vordern zum hintern Winkel eine kleine Kante, welche vorn weiter absteht als hinten; eine zweite gleich hohe Kante entspringt etwas nach innen vom Hinterwinkel und begiebt sich zur Mitte der vorigen; Oberfläche stark querüber gewölbt, fein querrunzlicht mit einer flachen Längsfurche und einem ziemlich glatten Höcker an jeder Seite des Vordertheils, mit schwachem Kupferglanze. Schildchen dreieckig, glatt mit einer Querquante.

Flügeldecken an der Wurzel ein wenig breiter, als der hintere Theil des Halsschildes; lang schmal, an den Seiten ausgeschnitten, gegen das Ende stark verschmälert, mit einem breiten spitzen Stachel in der Mitte der Enden, und einem sehr feinen Stachel am Ende der Naht, ferner ein oder zwei feine sägeartige Zähnchen außerhalb des mittlern Stachels; Oberfläche gewölbt mit einer abgerundeten Längskante, an den Seiten fein querrunzlicht, in der Mitte mit feinen ringförmigen Eindrücken; in der Vertiefung längs der Naht bemerkt man bei gewissem Lichte einen goldgelben oder gelbgrauen haarigen Streifen.

Unterseite des Körpers kupferroth, der ganze Unterhals und zwei breite Längsstreifen auf der Brust weiß behaart; auf dem sehr großen ersten Bauchringe, welcher in der Mitte an jeder Seite mit einem Quereindrucke bezeichnet ist, bemerkt man über dem Eindruck einen großen dreieckigen und einen andern runden grauen Fleck, so wie die Seiten der übrigen Ringe grau sind. Beine dunkel kupfrig.

Von B. armata und bilineata Weber hinlänglich verschieden.

49. Buprestis aequicollis.

B. viridi aenea, thorace aequali: carinula basi nulla, elytris apicem serrulatam versus infuscatis, corpore subtus elytrorumque linea aureo squamosa.

Auf der Insel Luzon, bei Manilla.

Länge $2\frac{2}{3}$ Linien, schmal. Kopf groß gewölbt, Hinterhaupt der Länge nach gestreift, Stirn schwach gewölbt, grob querrunzlicht, goldgrün. Augen gelbbraun. Fühler von der Länge des Kopfes, dick sägeförmig, schwarzgrün.

Halsschild viel breiter als lang, Vorderrand gerade abgeschnitten, mit tief hinabreichenden zugespitzten Vorderecken, Seiten in gerader Linie von unten und vorn nach oben, hinten und innen verlaufend mit einer kleinen nebenstehenden Längskante, die vorn weiter als hinten von ihnen entfernt ist, Hinterecken rechtwinklig, Hinterrand dreimal ausgeschnitten, in der Mitte vorstehend, Oberfläche querübergewölbt, fein querrunzlich, übrigens eben ohne die gewöhnliche kleine Kante im Hinterwinkel; goldgrün. Schildchen dreieckig, breit mit der Querkante.

Flügeldecken kaum breiter, als das Halsschild, schmal, lang, das abgestumpfte Ende nebst einem kleinen Fortsatze tief und fein gesägt, gewölbt, grob aber flach gekörnt, an der Wurzel goldgrün, der übrige Theil nebst der ganzen Naht schwarz mit wenigem Messingglanze; in der Nähe der Naht läuft in einer schwachen Vertiefung eine aus goldfarbenen feinen Schuppen gebildete Längslinie. Körper unten fein runzlicht, goldgrün mit zerstreuten goldfarbenen feinen Schuppen. Beine grün.

60. Buprestis occipitalis.

B. obscure aenea; capite elytrorumque apice serrulato cupreis, occipite sulcato, thorace inaequali, elytris maculis punctisque aurichalceis variegatis.

Auf der Insel Luzon, bei Manilla.

Länge 3 Linien, ziemlich breit. Kopf breit, runzlicht punktirt, stark kupfrig glänzend, Hinterhaupt tief gefurcht, Stirn flach uneben. Augen schwarz, Fühler kürzer, als das Halsschild, schwarz, am Ende sägeförmig. Halsschild etwas breiter, als lang, vorn etwas vorstehend, die vorn herabhängenden Seiten laufen fast in gerader Richtung von vorn und unten, nach hinten, oben und innen, Hinterrand in der Mitte vorstehend gerade, an den Seiten aufgeschnitten, Oberfläche gewölbt, durch viele Gruben uneben, wodurch in der Mitte ein Querwulst entsteht, fein querrissig, die gewöhnliche Seitenkante ist vorn bogig und weit abstehend; eine zweite Längskante an jedem Hinterwinkel ist gekrümmt und vereinigt sich nicht mit der Seitenkante; Farbe metallisch schwarz mit grün kupfrigem Schimmer. Schildchen breit, spitz, mit der Querkante, übrigens glatt.

Flügeldecken an der Wurzel kaum breiter, als das Halsschild, in der Mitte breiter, am Ende stark verschmälert, das ganze abgerundete Ende scharf gesägt, Oberfläche schwach gewölbt mit platter Schulter, schuppig gekörnt, metallisch schwarz mit einzelnen Punkten und Flecken, von denen einige an der Wurzel und hinter der Mitte zu zackigen Binden vereint sind; von Messingfarbe, die Enden der Flügeldecken kupfrig glänzend.

Unterseite des Körpers und Beine dunkel metallisch, Bauch stark glänzend, alles mit sehr zerstreuten feinen grauen Schuppen überzogen. An der innern Seite der vordern Schenkel bemerkt man eine Reihe sehr feiner Zähne, die Hinterschienen sind außen am Ende mit einer Haarreihe besetzt.

Scheinet der B. angulata F. ähnlich zu seyn.

61. Forficula linearis.

F. ferruginea, angustata; forcipe tereti inermi recta; thoracis lateribus, elytris pedibusque pallidis: elytrorum alarumque sutura ferruginea.

In Brasilien, St. Catharina.

Länge 5 Linien mit den Zangen, schmal. Kopf rothbraun mit haarigem Maule und gelben Augen. Fühler länger, als der halbe Körper, braun; erstes dickeres walzenförmiges Glied schwarz (mein Exemplar hat nur zehn Glieder an den Fühlern, es fehlen offenbar die Endglieder). Halsschild etwas länger als breit, h nten stark gerundet, an den Seiten gerandet, in der Mitte rothbraun, Seiten und Hinterrand gelb.

Flügeldecken viel breiter als das Halsschild, noch einmal so lang, hinten schief abgeschnitten, Nahtecke zugespitzt; gelb mit breit rothbrauner Naht und bräunlichem nach unten gekehrten Rande. Hornartiger vorgestreckter Theil der Flügel gelb mit braunem innerm Rande. Der übrige Leib braun mit schwärzlichen Seiten; auf der obern Seite des dritten Bauchringes an jeder Seite ein länglichter schwarzer Höcker. Zangen $1\frac{1}{3}$ Linie lang, walzenförmig, dunkelbraun, gerade nach hinten und sehr wenig nach oben gerichtet, am Ende zugespitzt und einwärts gebogen, am innern Rande sehr fein gezähnt.

Beine gelb. — Scheint der F. parallela F. ähnlich.

62. Forficula pectoralis.

F. brunnea, aptera; forcipe crassa trigona subrecurva; collo, pectore pedibusque pallidis.

In Kamtschatka.

Länge $7\frac{1}{2}$ Lin., hinten breit. Kopf schwarzbraun mit gelben Mundtheilen. Fühler kürzer als der halbe Körper, das erste und dritte Glied gelb, das zweite klein und die übrigen eiförmigen Glieder braun; das 13te und 14te Glied (zuweilen das 14te allein) hellgelb, das 15te braun. Halsschild etwas länger als breit mit aufgeworfenen Seiten und sehr wenig gerundetem Hinterrande; schwarzbraun, bei einem Exemplare nur die schmalen Seitenränder gelb, beim andern auch der vordere Rand sehr breit und der hintere sehr schmal bräunlich gelb.

Flügel und Flügeldecken fehlen bei allen; zwei Brustringe sehr breit und braun. Hinterleib viel breiter, als der vordere Körpertheil, schwarzbraun, Bauchringe schmal braunroth gesäumt; letzter Abschnitt sehr groß, am Ende runzlicht. Zangen kurz, an der Wurzel dick, dreieckig, die zugespitzten Enden nach innen und oben gebogen, der innere Rand feinzähnig.

Da ich mehrere solcher ungeflügelter Exemplare fing, so vermuthete ich, daß diese Art flügellos sey. Vielleicht sind es Weibchen, denn ich erhielt noch einen Ohrwurm, der kaum vier Linien lang, dessen Zangen eben so beschaffen wie bei den großen, dessen Unterhals, Brust und Beine ebenfalls gelb sind, der aber kurze braune (vollkommen ausgebildete) Flügeldecken mit abgestumpfter Nathecke und ein queres helleres Halsschild besitzt und dessen breiter Hinterleib, sowohl oben, als unten in der Mitte hellbraun, an den Seiten schwarzbraun gefärbt ist. Dieser ebenfalls flügellose könnte das Männchen seyn.

Anmerkung. In die Beschreibung der Forficula morio F. hat sich ein Druckfehler eingeschlichen, der mich anfangs in der Bestimmung dieses auch auf den Sandwichsinseln einheimischen Insects sehr irre leitete; es muß da nämlich heißen: Antennae — articulo 14. 15. albis. Zuweilen ist das 13te und 14te Glied weiß. Die Zangen meiner Exemplare haben außer den an der Wurzel befindlichen sehr feinen Zähnchen, noch drei größere in der Mitte, von denen der vorderste oben, die beiden andern unten stehen.

53. Blatta heros.

B. ferruginea, thorace rotundato: annulo pallido.

Auf der Insel Luzon; kam aus Manilla mit Lebensmitteln ans Schiff.

Länge 1 Zoll und 7 Linien. In Hinsicht der Zeichnung der Bl. australasiae und der collossea Illg. einigermaßen ähnlich. Kopf rothbraun mit schwarzer Stirn, gelber Oberlippe und grauen Augen. Fühler länger als der Körper, rothbraun. Halsschild gerundet, vorn etwas schmäler als hinten, rothbraun, mit einem großen bräunlich gelben Ringe, der vorn schmäler ist und in der Mitte eine Zacke nach hinten schickt; der Seitentheil wird breiter und liegt nahe am Rande; hinten ist der Ring vom dunkelbraunen Rande entfernt und am breitesten.

Flügeldecken sehr lang und schmal, der äußere Rand bildet einen sehr schwachen Bogen; sie sind röthlichbraun, ungefleckt (bei B. australasiae bildet der äußere Rand der Flügeldecken in der Mitte eine stumpfe Ecke.). Flügel so lang als die Decken. Hinterleib braun mit langen behaarten zugespitzten Afteranhängseln. Beine rothbraun mit blaßgelben Hüftstücken.

54. **Blatta lateralis.**

B. thorace nigro, elytris lividis; thoracis elytrorumque lateribus abdominisque margine pallidis.

In Brasilien, St. Catharina, zwischen Bromelienblättern.

Länge 9 bis 11 Linien. Kopf schwarz mit gelben Mundtheilen und Augen. Fühler viel kürzer als der Körper, braun. Halsschild breiter als lang, Hinterrand gerade mit abgerundeten Ecken, vorn schmal, gerad abgeschnitten, schwarzbraun, Seitenrand blaßgelb, bei einigen schmal, bei einem Exemplare zackig.

Flügeldecken ziemlich breit und nicht sehr lang, bräunlich gelb, gegen das Ende heller, Seitenrand an der vordern Hälfte breit hellgelb. Hinterleib dunkelbraun mit hellgelbem Rande sowohl oben als unten; unten am Anfange in der Mitte gelblich. Beine nebst Hüftstücken bräunlich gelb.

55. **Blatta elegans.**

B. livida, supra cinerea; capitis fasciis, thoracis lineis lateralibus maculisque disci elytrisque lineola basi nigris, thoracis lateribus incarnatis.

Auf der Insel Luzon.

Länge 10 Linien. Kopf graugelb mit einer breiten schwarzen Querbinde zwischen den Augen und einer schmälern am Vorderrande des Halsschildes. Augen gelb. Fühler kürzer als der Körper, braun; erstes Glied gelb. Halsschild viel breiter als lang, vorn gerade abgeschnitten, Seiten hinter der Mitte stark erweitert, wo sie eine stumpfe Ecke bilden; Hauptfarbe gelbgrau, die breiten Seiten fleischfarben, welche Farbe von einer breiten schwarzen Seitenlinie begränzt wird; diese erreicht den Vorderrand nicht und hat in der vordern Hälfte eine kleine Unterbrechung; in der Mitte sieht man an jeder Seite fünf unregelmäßige zusammengeflossene dunkelbraune Flecken, und in der vordern Hälfte eine dunkelbraune Mittellinie, die sich vorn spaltet.

Flügeldecken nur so lang als der Hinterleib und auch so breit, dunkelgrau, mit hell fleischfarbenem breiten Seitenrande am vordern Drittheile, welcher durch eine sehr kurze, schwarze Linie nach innen begränzt wird. Hinterleib bräunlich gelb mit dunkelbrannen Seiten; der äußere schmale Rand und ein Querstrich auf jedem Bauchringe an jeder Seite gelblich weiß. Beine schmutzig gelb.

56. Blatta spectrum.

B. fusco ferruginea; thorace elytrisque albis; thoracis macula quadrata, scutello punctisque elytrorum atris: humeris appendiculatis.

In Brasilien, St. Catharina.

Länge vom Kopf bis zum Ende der Flügeldecken ein Zoll. Kopf schwarz mit gelbem Maule und grauen Augen. Fühler kürzer als der Körper, braun, an der Wurzel schwarz. Halsschild fast noch einmal so breit als lang, vorn gerundet, hinten gerade, Seiten mit einer stumpfen dickrandigen Ecke vorstehend, an den Seiten runzlicht, in der Mitte mit sehr zerstreuten groben Punkten, gelblich weiß, in der Mitte ein viereckiger Fleck, der zum Hinterrande reicht und vorn zwei kleine weiße Flecken einschließt. Schildchen groß, dreieckig, schwarz.

Flügeldecken viel länger als der Körper, Vorderecken in einem länglichen abgerundeten aufgerichteten Fortsatz verlängert; vor der Mitte stark erweitert, Oberfläche erhaben netzförmig, gelblich weiß mit einer kurzen Längslinie an der Wurzel, vielen zerstreuten Punkten und mehrern größern Flecken auf der Mitte der linken Flügeldecke von schwarzbrauner Farbe. Unterseite des Körpers nebst Beinen dunkelbraun, Seitenrand des Hinterleibes gelbbraun.

57. Blatta punctata.

B. nigro fusca, supra sericea, thorace postice sinuato, elytris castaneis punctato striatis.

Auf den Sandwichsinseln im Freien.

Länge 8 Linien, breit. Kopf schwarz mit gelber Oberlippe und Augen. Fühler von der Länge des Körpers, braun. Halsschild viel breiter als lang, halbmondförmig, Hinterecken etwas nach hinten vorstehend, stumpf; ungerandet, querüber gewölbt, schwarzbraun mit feinem bräunlichen anliegenden Haarüberzuge; der schmale Vorderrand zuweilen rothbraun. Schildchen dreieckig, schwarz.

Flügeldecken breiter als das Halsschild, von der Länge des Körpers, kastanienbraun, punktirt gestreift, die Reihen laufen schief von außen nach innen, mit braunerem Haarüberzuge, als das Halsschild. Körper unten nebst Beinen schwarzbraun.

68. Blatta cassidea.

B. flava, thorace inaequali alutaceo medio atro. elytris abbreviatis: basi vitta abdomineque supra fasciis atris.

In Brasilien, St. Catharina.

Länge 1½ Zoll, Breite zehn Linien. Kopf zurückgezogen, schwarzbraun, vor den grauen Augen eine gelbe Binde. Fühler viel kürzer als der Körper, schwarz. Halsschild etwas breiter als lang, im Ganzen dreieckig, vorn stark über den Kopf vorragend und gerundet, Vorder- und Seitenrand stark zurückgebogen, an jeder Seite eine tiefe Grube und in der Mitte eine flache Vertiefung, wodurch drei große Hügel entstehen, die mit großen Körnern besetzt sind; Hinterrand fast gerade mit abgerundeten Hinterecken; Hauptfarbe gelb, ein großer viereckiger Fleck am Hinterrande, ein breiter mittlerer Streifen und der Hinterrand schwarz, die Körner der Oberfläche und der ganze vordere und Seitenrand rothbraun. Schildchen gelb mit einer braunen Mittellinie.

Flügeldecken so breit als das Halsschild, nur um die Hälfte länger als breit, bedecken den Hinterleib nur zur Hälfte, hinten abgerundet. Oberfläche gewölbt, fein runzlich, gelbbraun, mit einem langen schwarzen Fleck an der Wurzel. Flügel mangeln. Hinterleib kurz, breiter als die Flügeldecken, oben mit breiten schwarzen Querbinden, die nur einen dreieckigen Fleck an den Seiten und einen schmalen Strich an der Wurzel der Bauchringe gelb lassen; Afterglied oben ganz gelb, unten gelb mit bräunlichen Seiten und braunem After; Anhängsel sehr kurz.

Ein mit kurzen Flügeldecken in einer Baumspalte gefangenes Exemplar häutete sich noch in der Gefangenschaft, worauf die Flügeldecken nur um weniges an Länge zunahmen, aber Flügel bekam das Thier nicht; auch andere mit Flügeldecken versehene Exemplare waren flügellos.

69. Blatta signata.

B. aptera; elytris brevissimis; nigra, signaturis pallidis variegata; thorace annulo basi medio interrupto maculisque duabus disci pallidis.

Auf der Insel Luzon.

Länge 10 Linien. Kopf schwarz mit einer gelben Binde im Nacken und zwei Binden vor den grauen Augen. Fühler braun, länger als der Körper. Halsschild breiter als lang, Hinterrand gerade abgeschnitten mit stumpfen Ecken, vorn schmäler, Seiten gerundet, etwas gewölbt, ungerandet, mit einem gelben Ringe, der an den Seiten und vorn schmal ist, längs der Rändern verläuft und vorn in der Mitte eine Zacke nach hinten abschickt; hinten steht der Ring weiter vom Rande, wird breiter zackig, ist in der Mitte immer durch einen breiten Zwischenraum getrennt, zuweilen auch an den Seiten, wodurch dann am Hinterrande zwei Flekken entstehen; in der Mitte des Halsschildes befinden sich noch zwei längliche gelbe Querflecken.

Flügeldecken nur etwas länger als der erste Brustring, sehr schmal, mit abgerundeten Enden, schwarz, mit einem dreieckigen gelben Flecke nahe am Außenrande. Auf dem ersten schwarzen Brustringe entweder ein großer] gelber Fleck mit einem schwarzen Punkte,

oder

oder ein schmaler zackiger Fleck. Auf dem zweiten Brustringe stehen zwei dreimal geschlängelte gelbe Querlinien neben einander und am Außenrande ein länglicher gelber Fleck.

Hinterleib schwarzbraun, jeder Ring oben an den Seiten mit einem gelben Querflecke; an einem Exemplare findet sich auf dem ersten Ringe noch eine gelbe Querlinie. Beine gelb mit braunen Linien und Stacheln; Hüftstücke blaßgelb mit einem großen schwarzen Fleck; bei einigen sind Hinterschienen und Füße einfarbig braun.

60. Blatta aterrima.

B. aterrima, punctulata, aptera; elytris brevissimis apice truncatis.

Auf den Koralleninseln der Südsee Radack.

Länge 11 Linien, Breite 6 Linien. Körper überall gleichmäßig tiefschwarz, stark glänzend. Augen grau. Fühler kürzer als der Körper, schwarzbraun. Halsschild viel breiter als lang, hinten gerade abgeschnitten mit spitzen Hinterecken, Seiten und Vorderrand bilden einen starken Bogen, Oberfläche gewölbt und fein punktirt. Flügeldecken sehr schmal, nur so lang als der erste Brustring, am Ende schief abgeschnitten, stark punktirt. Brust- und Leibringe fein punktirt.

61. Blatta saxicola.

B. aptera, atra, rugosa; thorace granulato; pectore pedibusque rufo piceis.

Am Vorgebirge der guten Hoffnung, an Steinen.

Länge 9 Linien, Breite 5 Linien. Körper oben matt schwarz, stark gewölbt. Kopf schwarz mit gelber Lippe und grauen Augen, unter das Halsschild zurückgezogen. Fühler braun, von der Länge des halben Körpers. Halsschild fast noch einmal so breit als lang, Seiten und Vorderrand bilden einen starken über den Kopf wegragenden Bogen, hinten im Ganzen genommen gerade abgeschnitten, die Mitte und die Hinterecken ragen jedoch ein wenig vor; ungerandet, stark gewölbt, punctirt, runzlicht und zerstreut grobkörnig. Flügeldecken und Flügel fehlen ganz.

Bruſtringe runzlicht punktirt mit stark ausgeschnittenen hintern Rändern; Rückenringe zerstreut körnig. Körper unten schwarzbraun mit rothbraunen Beinen und Hüftstücken.

Unter vielen gleich großen Exemplaren kam mir kein geflügeltes vor, und daß ich hier ein völlig ausgebildetes Weibchen beschrieben habe, weiß ich aus dem Umstande, daß sich unter einem eingefangenen Thiere am andern Tage mehrere blasse Jungen von derselben Gestalt befanden; von Eischaalen war aber gar nichts zu bemerken.

Daß diese Schabe wirklich flügellos sey, dafür scheint selbst der Umstand zu sprechen, daß dieses in der Gegend der Capstadt auf Steinen so häufige Thier noch von keinem Naturforscher beschrieben ist; woraus man vermuthen muß, daß niemand dasselbe geflügelt gefunden und jeder es für eine Larve gehalten habe.

62. Tenthredo fuscicornis.

T. atra; antennis, abdominis medio pedibusque rufo piceis; ore, thoracis maculis scutelloque albis.

In Kamtschatka, St. Peter und Paulshafen.

Länge fast 6 Linien. Die Aehnlichkeit in Gestalt und Zeichnung mit T. scutellaris F. ist sehr groß von welcher sie sich vorzüglich durch die Farbe der Fühler und des Schildchens unterscheidet. Der Kopf (des einzigen Weibchens) schwarz; ein dreieckiges Schildchen zwischen den Fühlern, das Kopfschild, ein Halbring vor den Augen und alle Mundtheile gelblich weiß. Augen grau. Fühler kaum länger als der Mittelleib, größtentheils fadenförmig, am Ende dünner, schmutzig rothbraun, neungliedrig; die drei ersten Glieder an der Wurzel schwarz.

Mittelleib schwarz; Halsschildseiten breitgelb; Flügelschuppen, mittlerer Theil des Schildchens und Rükkenkörner gelblich; ein großer weißer Fleck auf jedem Hüftstücke. Hinterleib schwarz, breit; auf jeder Seite des ersten Ringes ein weißer Fleck, der dritte, vierte und fünfte Ring oben ganz rothbraun, unten mit großen schwarzen Flecken. Flügel länger als der Körper, durchsichtig, mit gelbbrauner Flügelrippe und Mahl, und mit schwarzen Nerven; Randfeld getheilt, Binnenfelder drei. Beine rothbraun, die hintere Beinwurzel nebst den Hinterschenkeln schwarz.

63. Tenthredo subcoerulea.

T. atra; abdominis tergo atra coeruleo; mandibulis, palpis pedibusque pallidis.

Auf der Insel Unalaschka.

Länge 5 Linien, der T. mandibularis verwandt. Kopf schwarz; Kinnbacken gelb, an der Wurzel mit einem kleinen schwarzen Fleck und brauner Spitze; Taster gelb; bei einem Exemplare das Kopfschild an jeder Seite mit einem gelben Flecke. Fühler etwas länger als der Mittelleib, fadenförmig schwarz. Mittelleib schwarz, matt; Rückenkörner gelblich; Hüftstück mit einem gelben Fleck. Hinterleib schwarz, glänzend, auf dem Rücken schwarzblau. Flügel länger als der Körper, durchsichtig, mit schwarzbrauner Rippe und Nerven; mit getheiltem Randfelde und drei Binnenfeldern. Beine gelb; Beinwurzel schwarz, die hintersten mit gelber Spitze; die hintern Füße braun.

64. Tenthredo nigrofasciata.

T. atra; corpore subtus, capite, thoracis maculis scutelloque flavis; vertice capitis abdominisque fasciis nigris, parastigmate brunneo.

Auf der Insel Unalaschka.

Länge 4 Linien; sie gehört zu der Abtheilung der Sägewespen, deren Hinterschenkel über den Hinterleib hinausragen und scheint der T. vaga F. sehr ähnlich zu seyn. Kopf hellgelb, auf dem Scheitel mit einem großen schwarzen Flecke; auch am Hinterrande schwarz. Augen grau. Fühler länger als der Mittelleib, borstenförmig, schwarz; erstes Glied unten weiß. Des Halsschildes breite Ränder, zwei Längsstreifen auf dem Rückenschilde und das Schildchens breit gelb. Rückenkörner braun. Brust hellgelb, Brustseiten mit einem schwarzen Flecke. Hinterleib kurz, breit, oben schwarz glänzend; die hintern Rückenreihen an den Seiten sehr schmal hellgelb gerandet; Bauchringe hellgelb, die Wurzel derselben in der Mitte bis zur Hälfte schwarz.

Flügel etwas länger als der Hinterleib, durchsichtig, mit dunkelbraunen Nerven und Randmahl; Randfeld getheilt, Binnenfelder drei; der scheidende Nerve der beiden Randfelder und auch der beiden ersten Binnenfelder hellgelb. Beine mit den Beinwurzeln hellgelb; die vordern Beine, die hintere Hälfte der Hinterschenkel und die Hinterschienen auf der obern Seite mit einem schwarzen Längsstreifen; Hinterfüße ganz schwarz.

65. Nematus crassus.

N. ater; capitis lateribus, stethidii lineis, scutello pleurisque castaneis; tibiis pallidis.

Auf der Insel Unalaschka.

Länge 4 Linien, Körper dick. Kopf in der Mitte schwarz, an den Seiten kastanienbraun, mit gelben Mundtheilen. Fühler länger als der Mittelleib, fadenförmig, schwarz. Halsschild mit braunen Rändern. Zwei Längslinien auf dem Brustschilde, das Schildchen und der größte Theil der Brustseiten kastanienbraun. Hinterleib gewölbt, glänzend, schwarz. Flügel länger als der Körper, breit, durchsichtig, mit gelber Rippe und Randmahl, und braunen Nerven, Randfeld einfach, fast bis zur Spitze reichend, drei Binnenfelder. Beine gelb; auf der Unterseite der Vorderschenkel ein langer schwarzer Fleck, Hinterschenkel schwarz mit gelben Enden.

66. Nematus longicornis.

N. ater; abdominis tergi fusci margine, ventre pedibusque pallidis; femoribus posticis nigris; alarum costa pallida, parastigmate brunneo.

Auf der Insel Unalaschka.

Länge 2½ Linien. Kopf schwarz mit gelblicher Oberlippe und hellgrauen Augen. Fühler länger als der halbe Körper, borstenförmig, schwarz. Mittelleib schwarz, Ränder des Halsschildes gelblich. Hinterleib breit platt, Rücken schwarzbraun mit hellgelbem Seitenrande;

Bauch gelb. Flügel länger als der Leib, schmal, durchsichtig; Rippe gelb, Randmahl und Nerven braun; Randfeld einfach, Binnenfelder drei. Beine gelb, Hinterschenkel in der Mitte schwarzbraun.

67. **Stictia chilensis.**

St. nigra; clypeo, labro jugulique marginibus flavis; metathorace cinereo villoso immaculato; abdomine subcoeruleo: segmentis maculis supra quatuor subtus duobus transversis albis.

In Chili, Conception.

Länge 10 Linien. Kopf schwarz, weißgrau behaart, außerhalb der braunen Augen ihrer ganzen Länge nach, innerhalb nur zur Hälfte gelb eingefaßt. Kopfschild und Oberlippe gelb; ersteres an jeder Seite der Wurzel mit einem kleinen schwarzen Strich. Kinnbacken gelb mit brauner Spitze und zwei innern Zähnchen. Kinnladen braun. Fühler kurz, schwarz mit unten gelbem Schafte.

Mittelleib schwarz, feinkörnig, hellgrau behaart, oben ungefleckt bis auf die gelben Flügelschuppen; Hinterrand des Unterhalses und Vorderrand der Brustseiten breit gelb; auch auf den Hüftstücken zwei gelbe Querstriche. Hinterleib nackt, nur an der Wurzel etwas behaart, schwarz, mit bläulichem Metallglanze; fünf Rückenringe jeder mit vier großen gelblich perlmutterfarbenen Flecken, von welchen die auf dem ersten Ringe ziemlich gleichgroß und dreieckig sind, die auf den übrigen Ringen aber eine längliche Gestalt haben, und die äußern die mittlern an Größe weit übertreffen; von den Bauchringen sind nur die vier hintern mit eben so gefärbten großen Querflecken, zwei auf jedem Ringe, versehen. Die zugespitzte Afterdecke hat sowohl oben als unten einen herzförmigen weißen Fleck.

Flügel ganz durchsichtig. Beine gelb, der größte Theil der Schenkel und ein Strich auf der Oberseite der Schienen schwarz.

Meine Exemplare sind Weibchen, da sie außer dem Aftergliede nur fünf Leibringe haben; Bembex lineata F. muß dieser sehr ähnlich seyn.

68. Cerceris formicaria.

C. atra; fronte, pedibus, thoracis maculis, abdominisque fasciis quatuor flavis: segmento secundo basi, tertio quinto sextoque apice flavis.

Auf der Insel Luzon, bei Manilla.

Größe der Cerc. quinquecincta, Gestalt des Hinterleibes aber anders, scheint der C. circularis am nächsten zu stehen. Kopf breit, grob punktirt, schwarz; Untergesicht nebst Kinnbacken gelb. Augen hellgrau. Fühler reichen bis zu den Flügelwurzeln, sind am Ende verdickt; Wurzelglied und Wendeglied schwarz, Schaft gelb, Geißel oben schwarzbraun, unten an der Wurzel und am Ende rothbraun.

Mittelleib grob punktirt, schwarz; zwei Flecken des Halsschildes, die Schulterblätter, das schmale Schildchen und zwei breite lange Flecken des Hinterrückens gelb. Hinterleib langgestreckt, grobpunctirt, schwarz; der erste Ring schmal, so lang als breit, ungefleckt der zweite Rückenring noch einmal so breit, als der vorhergehende, kurz mit einer breiten Querbinde an der Wurzel; der dritte Rückenring gelb mit einem schwarzen Querfleck an der Wurzel in der Mitte; der vierte ungefleckt schwarz; der fünfte und sechste an den Seiten breit, in der Mitte am hintern Rande schmal gelb; Afterdecke kantig, ungefleckt. Der zweite, dritte und vierte Bauchring sind jeder mit einem gelben Querfleck an jeder Seite bezeichnet.

Flügel fast kürzer als der Hinterleib, durchsichtig; Oberflügel mit schwärzlicher Spitze; Nerven und Randmahl schwarzbraun; Felder wie bei C. quinquecincta. Beine mit den Hüftwurzeln gelb; vordere Schenkel oben mit einem schwarzen Flecke; Hinterschenkel nebst dem Ende der Hinterschienen schwarz; Hinterfüße schwärzlich.

69. Pompilus spinimanus.

P. atro coeruleus; alis nigro violaceis; tarsis anticis extus longe spinoso ciliatis.

In Chili, Conception.

Ungefähr so groß wie P. viaticus. Kopf dunkelblau; oben schwach, unten dicht mit langen schwarzen abstehenden Haaren besetzt. Fühler bis zum Hinterrücken reichend, schwarz, mit dickem eiförmigen Schafte. Augen grau. Mittelleib dunkelblau mit einzelnen feinen Haaren; hinterer Fortsatz des Rückenschildes flach, Schildchen breit.

Flügel kürzer als der Hinterleib, schwarzbraun mit dunkel veilchenblauem Schimmer, besonders unten. Hinterleib dunkelblau, am Ende und unten etwas behaart.

Beine dunkelblau mit schwach behaarten Beinwurzeln und stachligen Schienen und Fußgliedern; an den Vorderfüßen sind die äußern Stacheln, deren zwei an jedem Fußgliede sitzen, sehr lang.

70. Apis capensis.

A. nigro fusca; abdomine supra nudo, basi villoso: segmento secundo basi ferrugineo; segmentis ventralibus anticis apice flavis.

Am Vorgebirge der guten Hoffnung.

Länge $5\frac{1}{2}$ Linien. Hauptfarbe des Körpers schwarzbraun. Hinterkopf mit langen dichten schwarzen Haaren, Stirn mit kürzeren aufrechten gelbgrauen Haaren, Untergesicht mit anliegenden weißgrauen Härchen, und Wangen weißgrau lang behaart. Kinnbacken an der Wurzel schwarzbraun, der übrige Theil rothbraun. Augen gelb und gelb behaart. Fühlerwurzel braun, der übrige Theil schwarz.

Mittelleib schwarzbraun mit langen gelbgrauen Haaren dicht besetzt. Hinterleib so breit wie der Mittelleib, erster Rückenring mit gelben langen Haaren dicht besetzt, schwarz, mit gelblicher Grube; die übrigen Rükkenringe fast nackt, hin und wieder mit sehr kurzen anliegenden schwarzen Härchen besetzt; schwarz; der zweite Ring an der vordern Hälfte gelbgrau, der dritte und vierte an der Wurzel etwas grau. Bauch zerstreut behaart, schwarz, die vier vordern Ringe breit hellgelb gerandet.

Flügel ganz durchsichtig, mit brauner Flügelrippe und übrigens ganz ähnlichen Feldern, als bei A mellifica. Beine schwarzbraun mit braunen Pfoten; innere

Seite der Hinterschienen mit kurzen anliegenden gelben Borsten dicht überzogen, Fersenhenkel schmal und lang, Hechel rothbraun.

71. Apis bifasciata.

A. nigra; scutello, ventre fasciisque duabus abdominis flavis: segmento secundo tertioque basi cingulis pallidis.

Auf der Insel Luzon, bei Manilla.

Länge $4\frac{3}{4}$ Linien. Kopf schwarz, Hinterhaupt mit schwarzen langen Haaren dünn besetzt, Haare der Stirn kürzer, Untergesicht mit dünnem anliegenden gelblichen Haarüberzuge; Wangen lang weißlich behaart. Kinnbacken braun, an der Wurzel schwärzlich. Augen gelb mit gleichfarbigen Haaren. Fühler schwarz mit gelber Wurzel.

Mittelleib schwarz, Seiten stark gelb behaart, Oberrücken glänzend, sehr dünn behaart; Schildchen gelb. Hinterleib fast breiter, als der Mittelleib, lang; erster Rückenring schwarz mit gelber Grube, lang behaart; die übrigen Rückenringe mit sehr kurzen anliegenden Härchen, die vordere Hälfte des zweiten und dritten Ringes gelbbraun; der dritte Ring hat als Begränzung der gelblichen Farbe und der vierte an der Wurzel eine schmale Binde goldgelber Haare. Bauch gelb, kurz behaart.

Flügel durchsichtig mit ähnlichen Feldern, als bei mellifica. Beine einfarbig schwarz, Hinterschienen an der innern Fläche gelblich mit brauner Mitte und zerstreut behaart; Hechel gelb; Henkel dreieckig, spitz.

Die Gattung Apis ist sehr ausgezeichnet durch behaarte Augen und tief ausgeschnittene Bauchringe.

72. Scutellera Schönherri.
(Taf. II. Fig. 1.)

S. subtus sanguinea, supra crocea; capite supra, thoracis marginibus, scutelli punctis duobus baseos apiceque, elytris pedibusque coeruleis.

Auf der Insel Luzon, bei Manilla.

Länge 10 Linien, Breite 5 Linien. Kopf lang, spitz, an den Seiten gerandet, oben dicht punktirt, dunkelblau mit einer röthlich gelben Längslinie und einem braunen Randpunkt vor den Augen; unten über der Fühlerwurzel schwarzblau, unter derselben blutroth. Augen klein, schwarzbraun. Fühler von halber Körperlänge, schwarz, fadenförmig, mit walzenförmigen Gliedern; das dritte dreimal länger als das zweite.

Halsschild drittehalb mal so breit als lang, vorn viel schmäler als hinten, vorn stark ausgeschnitten mit kaum gerandeten Seitentheilen, von vorn bis hinter der Mitte stark nach außen und hinten in gerader Linie tretend, hinter der rechtwinkligen Ecke wieder sich stark verschmälernd, mit geradem Hinterrande; Oberfläche vorn flach, hinten wenig gewölbt, dicht punktirt, gelbroth, mit einer schmalen dunkelblauen Einfassung am vordern Seitenrande und einer breitern vorn ausgeschnittenen am hintern Seitenrande und Hinterrande, welche aber eine schmale Stelle in der Mitte der letztern frei läßt; in der Nähe des Vorderrandes bemerkt man noch auf jeder Seite einen gelblichen glatten Querfleck.

Das stark gewölbte dicht punktirte und den Hinterleib nach hinten ganz bedeckende Schildchen ist vorn schmäler, als das Halsschild und erweitert sich etwas hinter der Mitte; ist safrangelb mit zwei mittlern runden Flecken in der Nähe des Vorderrandes von schwarzblauer Farbe; eben so sind die Vorderecken und zwei lange sich berührende Randflecken an der Spitze gefärbt. Flügeldecken dunkelblau, Flügel schwärzlich. Körper unten blutroth, an jeder Seite des Unterhalses ein kleiner gekrümmter blauer Fleck, die Seiten der Brust blau; Bauch mit einem undeutlichen schwärzlichen Fleck am äußern Rande jedes Ringes, und einem schwarzen Fleck am After. Beine blau.

Bei Benennung dieses Insects habe ich dem um die Entomologie so sehr verdienten Herrn Commerzienrathe Schönherr meine Achtung bezeigen wollen.

73. Scutellera Germari.

(Taf. II. Fig. 1.)

S. viridi aurata; scutello maculis quinque rotundis sextoque triangulari atris, thorace coerulescenti trimaculato, antennis compressis canaliculatis.

Auf der Insel Luzon, bei Manilla häufig.

Länge 5 Linien, Breite des Halsschildes 3 Linien Kopf fast so breit als lang, vor den Augen ausgeschnitten, gewölbt, glatt, goldgrün, mit einem dunkelblauen mittlern Längsstreifen. Augen groß, braun. Fühler länger als der halbe Körper, schwarz; die zwei ersten Glieder walzenförmig und glatt; das dritte viermal länger als das vorhergehende, an der Wurzel schmal, gegen das Ende allmählig breiter und platt werdend; das vierte Glied etwas länger und breiter als das vorige, oben und unten der Länge nach ausgehöhlt; das Endglied von gleicher Länge mit dem vierten, aber schmäler und lang zugespitzt, gefurcht.

Halsschild noch einmal so breit, als lang, vorn schwach ausgeschnitten und wenig schmäler als hinten, mit stumpfen Vorderecken, Seiten stark nach außen tretend, vor der hinter der Mitte gelegenen abgerundeten Ecke ausgeschnitten und ungerandet, hinter der Ecke schmal gerandet, Hinterrand gerade, Oberfläche stark gewölbt, undeutlich fein punktirt mit einem starken punktirten Quereindruck am Vorderrande, hinten und an den Seiten blau, vorn grünlich mit zwei goldgrünen glänzenden Stellen am vordern Theile und drei großen runden schwarzen in einer Reihe nebeneinanderstehenden Flecken hinter derselben.

Schildchen vorn viel schmäler, als das Halsschild, hinten den Leib bedeckend, stark gewölbt, bis auf eine glatte Querwulst am Vorderrande dicht punktirt, goldgrün, mit sechs schwarzen Flecken: ein großer dreieckiger am vordern Theile in der Mitte, neben ihm zwei kleinere runde, hinter diesen wieder zwei ähnliche und in der Nähe der Spitze ein kleinerer runderer Fleck. Flügeldecken schwarzblau. Flügel in ihrem größten Theile durchsichtig, am Ende schwarzbraun.

Körper unten goldgrün, hintere Theil des Unterhalses und der Brust blau, Bauch runzlicht punktirt, die eingedrückten Stellen der Luftlöcher und der größte vordere Theil eines jeden Bauchringes in der Mitte schwarz. Beine blau. Am lebenden Thiere ist die lebhafte goldgrüne Farbe beständig die vorherrschende, im

Tode wird oft der Kopf, das ganze Halsschild und die Unterseite des Körpers blau.

Den von allen Entomologen anerkannten hohen Verdiensten um die Insectenkunde des Herrn Professor Germar zu huldigen, war meine Absicht bei Benennung dieses Insects.

74. Scutellera deplanata.

S. subrotunda atra; antennis, pedibus, elytris, scutelli abdominisque margine cum punctis submarginalibus abdominis flavis.

Auf der Insel Luzon, bei Manilla.

Länge 3 Linien, Breite 2½ Linien. Körper ziemlich flach, oben schwarz, glänzend. Kopf noch einmal so breit als lang, flach, sehr fein runzlicht, Vorderrand gerundet, oben mit vier kleinen rothbraunen undeutlichen Flecken. Augen an den Seiten hervorstehend, dreieckig, gelb. Fühler kürzer als das Halsschild, auf der Unterseite zwischen Augen und Rüssel in der Nähe des Hinterrandes eingefügt, gelb; das zweite Glied sehr kurz, die übrigen gleichlang, die drei letzten behaart.

Halsschild mehr als noch einmal so breit als lang, vorn tief ausgeschnitten mit abgerundeten Vorderecken, Seiten gerundet, schmal gerandet, Hinterrand schwach gerundet, Oberfläche wenig querüber gewölbt, fein punktirt, Seitenrand schmal gelb mit aufgeworfenem braunem Rande. Schildchen breiter als lang, hinten sehr stumpf gerundet, den Hinterleib genau bedeckend, gerandet, ziemlich stark gewölbt, grob punktirt, neben dem ganzen äußern aufgeworfenem braunen Rande eine schmale gelbe Einfassung; zwei rothbraune Punkte stehen am Vorderrande.

Flügeldecken fast noch einmal so lang als das Schildchen, hornartiger Theil gelb, der häutige Theil durchsichtig mit sehr starken braunen Nerven. Flügel kurz, durchsichtig mit braunen Nerven. Kopf unten ausgehöhlt, glänzend. Unterhals und Brust grau, matt. Bauch glänzend schwarz, der ganze äußere Rand und eine Reihe Punkte neben demselben gelb. Beine gelb; der größte Theil der Schenkel bräunlich.

Dieser Art in der Zeichnung ähnlich sind Tetyra Lundii und Vahlii F.

75. Scutellera albipennis.

S. atra, punctata; elytris basi flavis fusco marginatis, apice albis; antennis tarsisque ferrugineis; tibiis spinosis.

In Chili, Conception.

Länge $1\frac{1}{4}$ Linien. Körper länglicht, schwarz. Kopf breiter als lang, vorn stumpf, fast flach, dicht punktirt. Augen hervorstehend, braun. Fühler fast so lang als das Halsschild, braun; das zweite Glied kürzer als die übrigen. Halsschild fast noch einmal so breit als lang, vorn schwach ausgeschnitten mit stumpfen Ecken, die stark gebogenen Seiten und der schwach gekrümmte Hinterrand schmal gerandet, wenig gewölbt, fein punktirt, ungefleckt.

Schildchen etwas länger als breit, den Hinterleib ganz bedeckend, am Ende stark gerundet, in der Mitte bucklig gewölbt, dicht punktirt, ungefleckt. Hornartiger Theil der Flügeldecken gelb; der schmale Außenrand und eine breite keulförmige Längslinie am Innenrande dunkelbraun, der übrige häutige Theil der Flügeldecken so wie die Flügel weißlich, ohne bemerkbare Nerven. Unterseite des Körpers schwarz, fein punktirt. Beine schwarz, kurz, Schienen dicht mit langen Stacheln besetzt; Füße braun.

76. Scutellera bufo,

S. haemisphaerica, brunnea, supra flavo irrorata; thoracis lateribus emarginatis; abdominis lateribus pedibusque flavis.

Auf der Insel Luzon, bei Manilla.!

Länge 2½, Breite 2 Linien. Kopf so breit als lang, vorn etwas ausgeschnitten, flach, glatt, braun, vorn auf jeder Seite ein großer gelber Fleck. Augen groß, ganz herausstehend und gelblich. Fühler so lang als das Halsschild, dick, gelbbraun; das zweite Glied das kürzeste. Halsschild noch einmal so breit als lang, vorn tief ausgeschnitten mit breiten runden Vorderecken, Seiten in der Mitte tief ausgeschnitten; Hinterrand in der Mitte gerade, an den Seiten nach vorn gewandt; Oberfläche stark gewölbt, fein punktirt, in der vordern Hälfte dem Vorderrande parallel eine punktirte Linie der ganzen Breite nach; hintere Seitenwinkel stark gewölbt, dunkelbraun, der breite Vorderrand und eine große Anzahl untereinander verbundener kleiner Flecken auf der Oberfläche sind gelblich.

Schildchen in der Mitte breiter als vorn und breiter als lang, hinten ganz stumpf, vorn stark gewölbt mit einer Querlinie am Vorderrande, hinten abschüssig, grob punktirt, dunkelbraun, mit kleinen gelben zusammenfließenden Zeichnungen überall zerstreut. Flügeldecken durchsichtig, an der Wurzel mit einem gelben

Strich,

Strich, am Ende mit starken Nerven. Unterhals und Brust grau, matt. Bauch in der Mitte schwarz, glänzend, an den Seiten gelb mit einer braunen feinen Querlinie und einem Punkt auf jedem Ringe. Beine gelb, Schienen unbewehrt.

77. Scutellera cincta.

S. subrotunda, brunnea; thoracis margine lineisque transversis, scutelli margine omni, abdominis maculis marginalibus, antennis pedibusque flavis.

Auf der Insel Luzon, bei Manilla.

Länge etwas über eine Linie, Breite etwas weniger als eine Linie. Kopf etwas länger als breit, vorn eine stumpfe Ecke bildend, gelb; der Nacken und eine Mittellinie dunkelbraun. Augen groß, gelb. Fühler so lang als das Halsschild, gelb; das zweite Glied das kürzeste. Halsschild noch einmal so breit als lang, vorn stark ausgeschnitten und viel schmäler als hinten. Seiten schwach ausgeschnitten, Oberfläche gewölbt, dicht punktirt, schwarzbraun; gelb ist der ganze Seitenrand (enthält aber in der vordern Hälfte eine braune Längslinie), die Seiten des Vorderrandes, eine in der Mitte unterbrochene Querlinie in der vordern Hälfte und eine andere in der Mitte undeutliche vor dem Hinterrande.

Schildchen breiter als lang, hinten ganz stumpf, vorn gewölbt, hinten abschüssig, grob punktirt, schwarzbraun: der breite Vorderrand und der schmale Außenrand glatt, gelb; in der Mitte noch viele untereinander vielfach verbundene gelbe Flecken. Flügeldecken an der Wurzel gelb. Unterhals und Brust grau, matt; Bauch schwarz, glänzend, punktirt; jeder Ring an der Seite mit einem großen dreieckigen gelben Fleck. Beine gelb.

78. a. Halobates.

Diese neue Wanzengattung aus der Familie Cimicides Ploteres Latr. ist mit Velia und Gerris Latr. sehr nahe verwandt und hat sich den Ocean zum Jagdrevier erwählt; man kann sie so bezeichnen:

Antennae articulo basali elongato.
Rostrum breve, conicum, vagina triarticulata.
Collare annuliforme. Thorax maximus, apterus.
Tarsi antici triarticulati: articulo secundo ultra tertium unguiculatum protenso; posteriores biarticulati, exunguiculati.

Der Kopf ist vorgestreckt, breit. Augen groß; Nebenaugen fehlen. Kopfschild vorgestreckt, gewölbt. Oberlippe eiförmig, gekrümmt, spitz. Rüsselscheide dreigliedrig; das erste Glied kurz breit, das zweite das längste, und das Endglied gekrümmt und spitz. Borsten drei. Fühler vor den Augen auf einer starken Erhöhung des Kopfs sitzend, viergliedrig, fadenförmig; das erste Glied das längste.

Halsschild sehr kurz, ringförmig. Mittelleib sehr groß, ungeflügelt. Hinterleib sehr kurz. Afterdecke des Männchens spitz; des Weibchens groß breit rautenförmig. Vorderbeine kurz mit dicken Schenkeln; Schienen von gleicher Länge mit letztern, walzenförmig, am Ende mit einem nach innen vorspringenden hakenförmigen Fortsatze, der in eine Furche zwischen Beinwurzel und Schenkel paßt; die Füße dieser Beine scheinen, von oben betrachtet, nur aus zwei ziemlich langen dicken Gliedern zu bestehen; aber an der Unterseite des zweiten längern Gliedes bemerkt man noch ein drittes sehr kurzes abstehendes Glied, das am Ende mit zwei gekrümmten Haken bewaffnet ist.

Mittlere Beine zwei bis dreimal länger als der Körper, dem Mittelleibe an seinem untern und hintersten Theile angefügt; Hüftglied sehr dick, kurz; Gelenkkopf lang und mit seinem zugespitzten Ende dem Schenkel von der Seite angeheftet; Schenkel sehr lang, walzenförmig; Schienen dünner und um mehr als die Hälfte kürzer; Füße zweigliedrig: das erste wenig kürzer, als die Schienen und gewöhnlich gekrümmt; das Endglied kurz, fein und am Ende mit einigen langen Haaren bewaffnet.

Hinterbeine über den mittlern eingefügt, um ein Drittheil kürzer als diese, mit längerm Hüftgliede, feinern Schienen und Fußgliedern, von welchen letztern das erste Glied kaum länger als das zweite zugespitzte und langbehaart ist.

Der Körper ist mit sehr feinen silberfarbenen Schuppen bedeckt, die Beine gewöhnlich schwarz. Die Thierchen springen auf der Oberfläche des Meeres herum, und kommen nur in den Tropen oder in der Nähe derselben vor. Drei mir bekannt gewordene Arten unterscheiden sich folgendermaßen:

78. b. Halobates micans.

(Taf. II. Fig. 3.)

H. corpore conico, subtus argenteo, supra cinereo aeneo micante; oculis atris.

Im südlichen stillen Meere und im südlichen atlantischen Meere.

Länge 1⅔ Linien, größte Breite eine Linie. Kopf breiter wie lang, gewölbt, der größte Theil grau, der vordere Rand silberweiß. Augen zur Seite des Kopfs hervorstehend, groß, schwarz. Fühler etwas länger als der halbe Körper, am Ende etwas verdickt, Glieder walzenförmig, schwarz, matt; das erste so lang, als die übrigen zusammengenommen, die beiden folgenden gleich lang, das letzte etwas länger als das vorhergehende.

Halsschild breiter als der Kopf (ohne Augen), mehr als dreimal breiter als lang, vorn stark und hinten kaum merklich ausgeschnitten, Seiten gerade, hinabhängend, Oberfläche kaum gewölbt mit zwei länglichen Eindrücken am Vorderrande; grau, etwas glänzend. Mittelleib vorn etwas breiter, als das Halsschild, bis hinter der Mitte ziemlich stark erweitert, dann gleich breit, fast zweimal so lang als Kopf und Halsschild zusammen, vorn gewölbt, hinten ausgehöhlt abschüssig, mit einer kleinen etwas unbestimmten mittlern Längskante am letztern Orte; schwärzlich grau mit Messingglanz. Hinterleibsringe weissgrau. Unterseite des ganzen Körpers silberweiß. Beine schwarz, Vorderschenkel bläulich, an der Innenseite weiß behaart; so auch die Vorderschienen.

Ich sah von dieser Art nur einige Männchen.

79. Halobates sericeus.

(Taf. II. Fig. 4.)

H. corpore ovali, subtus argenteo, supra albo cinereo; oculis flavis.

Im nördlichen stillen Meere in der Nähe des Aequators.

Länge 1⅓, Breite ⅔ Linien Körper länglich. Kopf etwas größer und stärker gewölbt, als beim vorigen;

mit zwei kleinen Punkten, weißgrau. Augen gelbbraun. Fühler wie beim vorigen; so auch das Halsschild, nur sind hier die Quereindrücke stärker. Mittelleib vorn deutlich breiter, als das Halsschild, anderthalbmal so lang als Kopf und Halsschild zusammen, in der Mitte ein wenig erweitert, Oberfläche vorn schwach gewölbt, hinten flach, weißgrau, ohne Glanz; Hinterleibsrücken von derselben Farbe. Körper unten silberweiß, flach. Vorderbeine grau, hintere Beine schwarz.

Von dieser sehr häufigen Art sind mir beide Geschlechter vorgekommen.

80. Halobates flaviventris.

(Taf. II. Fig. 5.)

H. corpore cylindrico, subtus argenteo, supra albo; abdomine maculisque pectoris apice flavis.

Im südlichen atlantischen Meere.

Länge 2 Linien, Breite $\frac{2}{3}$ Linien. Kopf stark gewölbt, weiß, im Nacken eine gelbliche erhabene Linie. Fühler fast so lang als der Mittelleib, schwarz; das erste Glied viel länger als die übrigen etwas dickern, das zweite etwas länger als jedes der beiden letztern unter sich gleich langen Glieder. Augen bei einem Exemplare ganz schwarz, beim andern gelb.

Halsschild drittehalbmal so breit als lang, weiß, mit zwei eingedrückten Punkten. Mittelleib vorn viel breiter als das Halsschild, lang, in der Mitte kaum breiter als an beiden Enden, vorn gewölbt, hinten platt mit zwei eingedrückten Punkten. Körper unten silberweiß; der Bauch und ein großer Fleck auf dem hervorragenden Theile der Brust, welcher die mittlern Beine trägt, gelb. Vorderbeine im Verhältniß zu den übrigen Arten lang, schwarzgrau; die übrigen Beine sehr lang und fein, schwarz.

Ich sah nur zwei Weibchen. Ein Halobates, der sich im Brittischen Museum befindet, ist in der Nähe des Ausflusses des Congostroms gefangen worden; zu welcher Art er aber gehöre, ist mir nicht bekannt.

81. Hydrometra lineata.

H. Fusca, subtus flava; thorace linea cinerea; elytris abbreviatis: linea alba.

Auf der Insel Luzon, bei Manilla, auf dem Wasser eines Grabens zwischen Reißfeldern.

Länge 5 bis 6 Linien. Kopf fast zweimal so lang als das Halsschild, vorn sehr verdickt, fast walzenförmig, braun, mit einer Grube zwischen den schwarzen kugligen Augen. Fühler borstenförmig, beim Männchen länger als der Kopf, beim Weibchen mit letzterm von gleicher Länge, auf einer langen Hervorragung des Kopfes sitzend; ich kann nur drei Glieder unterscheiden: das erste das kürzeste (doch fast so lang als der hinter den Augen gelegene Theil des Kopfes), keulenförmig, dick, schwarzbraun mit gelber Wurzel; das zweite noch einmal so lang, fein, fadenförmig, bräunlich, am Ende ein wenig dicker und dunkler; das dritte Glied so lang als die beiden andern zusammengenommen, fein fadenförmig, bräunlich, mit einer wenig dickern stumpfern Spitze. Rüssel so lang als der Kopf, bräunlich, an der Wurzel röthlich.

Halsschild vorn breiter als der Kopf, bis gegen die Mitte breiter werdend, von da bis zum Hinterrande gleichbreit, fast dreimal so lang als breit, Seiten am hintern Theile mit einer kleinen buckligen Erhöhung, Hinterrand gerundet; Oberfläche ziemlich flach, in der Mitte etwas vertieft, gelbbraun, mit einer weißgrauen Längslinie in der Mitte und einer kurzen an jeder abschüssigen Seite. Schildchen ziemlich groß, zugespitzt, braun mit zwei weißen Linien.

Flügeldecken um den dritten Theil kürzer als der Hinterleib, an der Wurzel sehr schmal, bis zur Mitte an Breite zunehmend, am Ende gerundet, von der Mitte an wird die rechte von der linken ganz bedeckt; flach, schwarzbraun, mit einer breiten weißen Längslinie, die nach vorn spitz zuläuft und die Wurzel nicht erreicht, hinten aber mit zwei schwarzen Querstrichen bezeichnet ist; eine andere schmälere weiße Linie verläuft an der vordern Hälfte der Flügeldecken am innern Rande. Weißliche mit den Flügeldecken gleich lange Flügel bemerke ich beim Männchen, beim Weibchen fehlen sie.

Hinterleib schmäler als das Halsschild, hinten zugespitzt, Afterdecke mit einem spitzen Hörnchen bewaffnet; Rücken in der Mitte der Länge nach vertieft, hellbraun, nackt, glänzend, an den Seiten dunkelbraun mit einer gelblichen Längslinie. Unterseite des Körpers stark gewölbt, gelbbraun, mit weißlichem seidenartigen Ueberzuge. Beine fein, gelbbraun, mit gelber Beinwurzel, und am Ende schwärzlichen Schenkeln und Schienen.

82. **Thereva lateralis.**

T. thorace cinereo, fusco lineato; abnomine nigro, fasciis lateralibus latis albis; alis stigmate elongato fusco; pedibus atris.

Auf der Insel Luzon, bei Manilla.

Von der Größe der Th. plebeja (Bibio F.), der sie auch sehr ähnlich ist, unterscheidet sich aber auf den ersten Anblick durch schlankere Gestalt und schmälere Flügel. Hinterhaupt weißgrau mit einzelnen schwarzen Borsten; zwischen den Augen schwarzbraun, Vordertheil des Kopfes silberweiß; nur um Vorderrande mit längern weißen Haaren. Augen groß, fast zusammenstoßend, golden. Fühler so lang als der Durchmesser des Kopfes; die dicke Endborste sitzt fast auf der Spitze des dritten Gliedes auf; sind grau, das erste Glied hat schwarze Borsten.

Halsschild weißlich grau, an den Seiten weiß behaart. Brustschild lang, stark gewölbt, bis auf einige schwarze Borsten an den Seiten nackt, hellgrau mit einer breiten dunkelbraunen Längslinie und einem länglichen hellbraunen Fleck auf jeder Seite. Schildchen fast so lang als breit, vom Leibe ganz abstehend, oben flach mit vier schwarzen Borsten; weißgrau, mit einem runden braunen Fleck an der Wurzel.

Flügel schmal, durchsichtig mit einem langen braunen Fleck in der Mitte des Vorderrandes. Schwingkolben schwarz. Hinterleib größtentheils nackt, an den Seiten und unten mit zerstreuten weißen Haaren besetzt; schwarz, jeder Leibring an seinem hintern Rande mit einer breiten weißen Binde, die auf der Mitte des Rükkens an den vordern und auf der Mitte des Bauchs an allen Ringen unterbrochen sind. Beine schwarz, Schenkel mit weißgrauen Schuppen bedeckt.

83. Empis laniventris.

E. fusca; thorace antice ventreque flavo villosis, antennis rostroque atris; pedibus ferrugineis.

Auf der Insel Unalaschka.

Länge 4 Linien. Kopf schwarz, Untergesicht ganz nackt, Hinterkopf mit langen schwarzen Haaren. Augen braun. Fühler schwarz; die zwei ersten Glieder nur an der Spitze behaart. Rüssel schwarz, Taster gelb. Mittelleib gräulich braun, auf dem Rücken braun behaart, an den Seiten mit dichtern langen gelben Haaren. Schildchen graubraun mit einzelnen schwarzen Haaren.

Flügel viel länger als der Leib, etwas gelblich mit braunen Nerven; der der Flügelrippe am nächsten liegende Nerve ganz gelb; der kleine Quernerve an der Flügelspitze stark gekrümmt. Schwingkolben gelb mit brauner Wurzel. Hinterleib oben schwarzbraun, fein schwarz behaart; Bauch graubraun, in der Mitte und vorzüglich an den Seiten mit langen gelben Haaren dicht besetzt. Brust graubraun, unbehaart. Beine rothbraun mit schwärzlichen Füßen, fein schwarz behaart; Hinterschienen gekrümmt; Schenkel kaum dicker als die Schienen.

84. Musca obscoena.

M. antennis plumatis, nigra; abdomine coeruleo subtessellata; gula fulvo villosa, genis nigris.

Auf der Insel Unalaschka, an der Meeresküste.

Fast 6 Linien lang; der M. carnivora äußerst ähnlich. Kopf schwarz, über den Augen braun, Untergesicht rothbraun, Wangen schwarz; Kinn mit rothbraunen langen Haaren dicht besetzt. Mittelleib oben matt schwarz, mit weißgrauem Schimmer; Haarporen klein; unten schwarz. Flügel durchsichtig mit schwarzen Nerven. Hinterleib breit, bläulich; Hinterleibsringe mit dunklem Rande und an der Wurzel weißgrau schimmernd. Beine schwarz.

85. **Musca dux.**

M. antennis plumatis, viridi aurea; abdominis segmentis coeruleo marginatis; capite flavo, oculis purpureis.

Auf den Marianen, auf der Insel Guahm.

Länge $3\frac{1}{2}$ Linien, der M. caesar ähnlich. Kopf nebst Fühlern gelbbraun; Fühlerborste schwarz. Augen am lebenden Thiere purpurfarben, am todten rothbraun; an der größern hintern Hälfte grob netzförmig, vorn sehr fein netzförmig. Mittelleib metallisch grün, oben etwas bläulich. Schildchen an der Wurzel mit einem blauen Fleck. Flügel durchsichtig. Hinterleib goldgrün; erster Rückenring schwarzblau, zweiter bläulich mit schwarzblauem Rande, und der dritte mit schmalem dunkelblauen Rande. Beine schwarz.

Allgemeine Bemerkungen über Käfer.

Lucanus.

Die zwei hier beschriebenen Arten haben einige gemeinschaftliche Merkmale, wodurch sie sich von den europäischen Lucanusarten unterscheiden und welche zu einer sichern Unterabtheilung in dieser des Geschlechtsunterschiedes wegen schwierigen und schon sehr zahlreichen Gattung dienen können. Die Hauptsache ist das starke Halsbein, welches vor den Vorderbeinen beginnt und bis zum Hinterrande des Unterhalses verläuft. Unter den europäischen Arten findet sich nur bei L. cervus eine kleine Spitze hinter der Anheftungsstelle der Vorderbeine. Bei meinen südamerikanischen Arten ist ferner der Kopf vorn gerade abgeschnitten und die Kinnbacken berühren sich an der Wurzel, wo sie mit ineinandergreifenden Zähnen versehen sind. Dagegen bei den europäischen Arten das Kopfschild nach vorn und unten zwischen den Kinnbacken tritt und letztere hier von einander entfernt. Die Ligula fand ich bei meinen Amerikanern an die innere Fläche der Unterlippe angeheftet und das freie obere Ende in zwei schmale behaarte Lappen getheilt, welche nur wenig über die

Unterlippe hervorragen; Kinnladen schmal, lang, goldgelb behaart. Zu den letztern gehört auch L. rangifer Schönh. (Tarandus Thunbg.), vielleicht auch L. bison F, carinatus L, Antilopus Swed. und mehrere andere.

Von europäischen Arten konnte ich nur vergleichen: 1., L. cervus m. et f. 2., L. Tetraodon Thb. m. (dessen Weibchen wahrscheinlich L. bidens Thb. ist) 3., L. impressus Thb.? (Bei meinem caucasischen Exemplare fehlen alle Halsschildeindrücke, aber Kinnbackenzähne und Zahl der Blätter der Fühlerkolbe passen auf die Beschreibung), und 4., L. parallelepipedus m. f. 6., L. hircus Herbst. m. mit starkem, aber scharfkantigem Halsbeine.

Lethrus.

Der von Pallas in seiner Reisebeschreibung Scarabaeus cephalotes genannte Käfer ist von dem in Europa gewöhnlichen Lethrus cephalotes verschieden; er ist kleiner nur $5\frac{1}{2}$ Linien lang, der vordere Theil des Seitenrandes des Halsschildes gerade (nicht ausgeschweift); beim Männchen ist der untere Kinnbackenzahn etwas kürzer als der obere. Dieser in Asien und in den südlichen Gegenden des europäischen Rußlands einheimischen Art muß der Pallasische Name bleiben, dagegen die bei allen übrigen Schriftstellern dafür geltende Art mit langem gekrümmten Unterzahn der Kinnbacken Lethrus clunipes heißen könnte.

Ueber meinen Lethrus ferrugineus Mem. de l'Ac. St. Petersb. VI. habe ich die Vermuthung (die Fühler fehlen dem einzigen Exemplare jetzt), daß die Fühler eine dreiblättrige Kolbe gebildet, auf der weiten Reise aber die zwei äußersten Glieder verloren hatten, wodurch die ausgehöhlte einfache Kolbe entstand; sein nächster Verwandter ist Ochodaeus chrysomelinus (Melolonth chr. F.), er bleibt aber immer durch die herabhängende Platte ausgezeichnet, welche aus dem Kinn besteht.

Trox.

Der hierselbst oben beschriebene Trox brevicollis hat große Aehnlichkeit mit Tr. gemmatus Oliv. und Fabr. und mit Tr. granulatus Herbst. Letztern halte ich für verschieden von T. gemmatus; er unterscheidet sich durch die gekerbten Seitenränder des Halsschildes und ihm muß der von Herbst früher ertheilte Name (denn bekanntlich hat Fabrizius später einen Trox aus der Barbarei so genannt) beibehalten werden; ich charakterisire ihn so (nach einem Exemplare):

Trox granulatus (Herbst) ater; capite bituberculato; thoracis lateribus crenatis, elytrorum serratis, laxe ciliatis; elytris tuberculis altis compressis laevibus postice setosis.

In Ostindien. Länge 6 Linien. Kopfrand in der Mitte nicht ausgeschnitten; der vordere Rand des Halsschildes ragt weit über den Kopf vor, die beiden Längserhabenheiten desselben zur Seite der Mittellinie bestehen aus zwei Dreiecken, die mit ihren Spitzen zusammenstoßen und von denen jedes in der Mitte eine Grube hat. Flügeldecken stark gewölbt, ihre Erhabenheiten hoch, länglich, stehen meistens auf erhabenen Linien und sowohl an ihrem hintern Ende, als auf den sie untereinander verbindenden Kanten bemerkt man einzelne

Borsten. — Pallas beschreibt diese Art (wie Herbst bemerkt) auch sehr kenntlich in der Anmerkung zu Scarab. Morticinii, Icones ins. p. 12. als species quarta ex ora cisgangetica Indiae.

Weder beschreibt Olivier seinen Tr. gemmatus vom Senegal mit einem gekerbten Halsschildrande, noch giebt Illiger (Oliv. Kaef. Uebers. II. S. 9. in den eingeklammerten Bemerkungen) von seinem ostindischen gemmatus einen solchen an, auch weichen Beider Beschreibungen so sehr von einander ab, daß man auf zwei verschiedene Arten schließen muß. Aber auffallend ist es mir, daß mehreres aus der Beschreibung des Fr. horridus Oliv. (nicht Fabr.) auf Tr. granulatus Hb. paßt, wie das Halsschild, dessen Seiten erweitert und gekerbt sind; dann die Beschreibung der Flügeldecken, die stark gekörnelt (chagrinirt) seyn und auf denen vier erhöhte fein bestachelte Längslinien vorkommen sollen; beide Angaben von der Oberfläche der Flügeldecken ließen sich ziemlich gut auf T. granulatus Hb. anwenden, indem sich die Körner und nach meiner oben gegebenen Beschreibung auch Borstenreihen auf den Flügeldecken vorfinden; auch spricht das für meine Muthmaßung, daß „die Ränder der Deckschilde ebenfalls mit ähnlichen Stacheln besetzt sind." Dagegen sind keine Kopfhöcker angegeben.

Trox luridus F. zu diesem sind seit der Erscheinung des ersten Bandes der Synon. ins. von Schönherr noch zwei Synonyme hinzugekommen:

Trox sulcatus Thunberg. Memoir de l'Ac. de Sc. St. Petersb. T. VI. p. 449.

Trox. horridus Wiedemann Germar Mag. Entom. IV. S. 130.

Ich muß zu den gegebenen Beschreibungen noch hinzufügen: Die Länge meines Exemplars beträgt nur $5\frac{2}{3}$ Linien; auf dem Kopfe bemerke ich zwei quere Kanten, welche durch eine kurze Längskante in der Mitte untereinander verbunden werden. Die vier breiten rauhen Längskanten des Halsschildes reichen nicht bis an den vordern Rand desselben; der vorderste kappenförmige Theil ist ziemlich eben; die mittlern Erhabenheiten laufen schräg von hinten und außen nach vorn und innen, und ihre einander nahen vordern Enden werden durch eine kleine Querbrücke unter einander verbunden; vor dieser ist eine runde größere und vor dem Schildchen eine kleinere Grube zu bemerken. Die Vorderecken sind spitz; anfangs verläuft der Seitenrand gerade nach hinten, biegt aber bald stark nach außen, macht ungefähr in der Mitte eine sehr stumpfe Ecke, wendet sich sodann ziemlich gerade nach hinten und bildet mit dem zu ihm unter einem spitzen Winkel stoßenden Hinterrande eine spitze Ecke. Der Hinterrand erscheint in seinem größern mittlern Theile als ein nach hinten gerichteter Bogen, hat aber kurz vor seinen seitlichen Enden einen kleinen tiefen Ausschnitt. Die Borsten der Seitenränder und des Hinterrandes sind lang, platt, braun und sehr dicht; eben so beschaffen aber weniger dicht kommen sie am vordern und mittlern Theile der Flügeldeckenränder vor, gegen das Ende zu werden sie aber immer dicker und kürzer. Die Höcker der Flügeldecken fangen vorn flach an, nehmen nach hinten an Höhe zu, ihr Hinterrand ist gerade abgeschnitten und mit dicken kurzen platten schuppenförmigen Borsten dicht besetzt, zwischen den fünf größern Höckerreihen stehen noch vier kleinere, deren jeder Höker mit einem oder zwei ähnlichen Borsten versehen ist.

Bei Aufzählung der mit Büscheln versehenen Streifen der Flügeldecken von Seiten Illigers in der Uebersetzung von Oliviers Käfern Band II. S. 7. ist der siebente Streifen wohl durch irgend ein Versehen ausgelassen.

Scarabaeus pectinatus Pall. Icon. ins. p. 10. Tab. A. 10. ist dem T. luridus sehr ähnlich, unterscheidet sich aber, der Beschreibung nach, durch parallele Längserhabenheiten und kurz gefranzte Seitenränder des Halsschildes, durch nackte Naht der Flügeldecken und, nach der Abbildung, (mit der Pallas sehr zufrieden ist) durch den ausgeschnittenen mittlern Theil am Hinterrande des Halsschildes. Gewöhnlich wird dieser Pallasische Käfer zu Tr. horridus F. gezogen, zu dem er aber noch weniger zu passen scheint, da letzterer (den ich weiter nicht kenne) ein mit vielen aufrechten Stacheln (Borsten) bewaffnetes Halsschild und fünf stachlichte Flügeldeckenstreifen (also auch eine bewaffnete Naht) haben soll. Pallas giebt keine Borsten auf der Oberfläche des Halsschildes bei pectinatus an; es muß daher ein Irrthum vorgefallen seyn, wenn Illiger in Oliv. K. Uebers. II. S. 4. letzte Zeile sagt: „die Oberfläche ist mit kurzen Härchen bekleidet, nach Pallas," — wozu ihn des letztern Beschreibung a. a. O. „lateribus clypeus late marginatus, pilisque brevibus confertim ciliatus" wohl verleitet haben mag.

Trox fascicularis Wied. Germar Mag. Ent. IV. S. 129. Mein Exemplar ist nur 3¼ Linien lang

lang, also etwas kleiner als sabulosus; es hat keinen Kopfhöcker, sondern ganz dieselben in der Mitte verbundenen Querkanten, wie bei Tr. luridus. Auf dem Halsschilde kann man zehn braune Haarbüschel zählen; die Seitenränder erweitern sich von vorn nach hinten, und kurz vor der Hinterecke haben sie einen Ausschnitt, so daß die Ecke weiter nach innen zu liegen kommt und spitz wird.

Vielleicht ließen sich die schon zahlreich werdenden und schwer von einander zu unterscheidenden Arten dieser Gattung in drei Unterabtheilungen bringen: 1. mit zweihöckrigem Kopfe: Trox granulatus Hb., brevicollis m., gemmatus Illig. (Oliv. K. Ueb. in den Zwischensätzen), gibbus Ol., denticulatus Ol., und perlatus Scrib. — 2. Kopf mit zwei untereinander verbundenen Querkanten: Tr. luridus F., fascicularis Wied., pectinatus Pall, und suberosus F. — 3. Kopf eben oder mit undeutlichen Querlinien: Tr. morticinii Pall, cadaverinus Illg., sabulosus L., arenarius F. und mehrere andere.

Geotrupes F.

Daß G. monodon und punctatus nicht Verschiedenheiten des Geschlechts, sondern zwei verschiedene Arten sind, läßt sich leicht entscheiden, wenn man weiß, woran sich die Männchen dieser Gattung sogleich erkennen lassen: ihr letzter Bauchring ist nämlich am Ende stark ausgeschnitten, da er beim Weibchen gerundet erscheint; es kommen von beiden Arten beide Geschlechter vor.

Mein G. thoracicus (Mem. Ac. St. Petersb. VI.) ist eine braune Varietät des G. laborator F.

Ein großer Theil der Arten aus der Gattung Geotrupes F. ist mit einem senkrechtstehenden am Ende breitern und behaarten Halsbeine versehen, dazu haben alle auf den Flügeldecken einen Streifen an der Naht. Diese bringe ich zu Oryctes Illg. und habe als dahin gehörig verglichen: rhinoceros, nasicornis, Silenus, Aloeus, Chorinaeus, hircus, punctatus, monodon, laborator, piceus. Kein Halsbein und keinen Nahtstreifen finde ich bei Gideon, wahrscheinlich sind eben so beschaffen Hercules, Neptunus, Aegeon, Centaurus, Dichotomus, Atlas und viele andere exotische Arten, die man der Gattung Geotrupes F. erhalten muß.

Sollte G. Bronchus nicht ein Synodendron seyn? die Beschaffenheit der Fühler und des Halsschildes scheinen darauf hinzudeuten.

Melolontha.

Melolontha lateralis Wied. Germar Mag. Ent. IV. S. 137. 43. ist das Weibchen von M. clypeata Gyllh. Schönh. S. I. III. App. p. 70. 102. Mein weibliches Exemplar ist $3\frac{2}{3}$ Linien lang. Von den untersuchten Mundtheilen desselben führe ich an: Labrum membranaceum, quadratum, sub clypeum reconditum. Mandibula cornea, clypeo multo brevior, sulcata. Maxilla cornea, processu apicali duplici serie tridentato; dentibus elongatis acutis. Labium corneum, subquadratum, apice late emarginatum, basi a mento carina elevata distinctum. Palpi maxillares articulo ultimo longissimo cylindrico.

Das Weibchen zu Melolontha notata Wied. Germar Mag. Ent. IV. S. 138. 44. ist anders gefärbt, als das Männchen, deshalb die Diagnose zu verändern: Mel. notata, atra, supra glabra, subtus albo pilosa; clypeo reflexo emarginato; mas elytris plaga rufa; foemina subtus, elytris pedibusque rufo ferrugineis. Die Fühlerkolbe des Männchens besteht aus fünf Blättern, von welchen das vorletzte das längste ist. Beim Weibchen ist das Kopfschild weniger ausgerandet, die rothbraune Farbe der breiten Flügeldecken wird an der Wurzel und an den Seiten dunkler, schmutziger; die Länge des Weibchens $2\frac{1}{2}$, des Männchens 2 Linien. Die langen sich gleichen Doppelklauen sind in der Mitte mit einem spitzen Haken bewaffnet.

Da unter Melolontha viridis F. mehrere Arten begriffen zu werden scheinen, so will ich nach chinesischen Exemplaren eine Diagnose entwerfen: Anomala viridis, supra viridi aenea, punctatissima; punctis in elytris vix seriatis; thoracis margine externo aureo; corpore pedibusque subtus cupreis. Länge 10 bis 11 Linien. — Daß die Bildung der Klauen, wie sie oben bei An. smaragdina beschrieben wurde, nur einem Geschlechte zuzukommen scheine, lehrt uns die Betrachtung der A. Julii, wo man Exemplare mit eben so gebildeten Klauen, und andere mit einfachen antrifft.

Die brasilischen Melolonthae geminata, barbata, signata, unciata und melanocephala haben ein senkrechtes am Ende dickes gefranztes Halsbein; die Klauen sind bei den Weibchen an allen Füßen sich gleich, bei den Männchen findet man an den Vorderfüßen die innere Klaue sehr viel dicker und stärker gekrümmt, als die äußere, auch ist das Klauenglied lang und dick, wodurch M. barbata noch an Aehnlichkeit mit einem Hidrophilus gewinnt. Bei barbata habe ich die Mundtheile untersucht: Labrum corneum, transversum, integrum, sub clypeum reconditum. Mandibula cornea, brevis, basi valde incrassata, intus deplanata, subtilissime transversim strigosa; apice elongato obtuso. Maxilla cornea brevis; processus interni instar dens obtusus; processu apicali magno triangulari, interne seriebus duabus acute tridentatis. Labium corneum elongatum, lateribus ante apicem ipsoque apice late emarginatum. (Nachtrag: Sie bilden die Gattung Cyclocephala Latr.).

Cetonia.

Zu Cetonia mandarina Weber Obs. ent. 68. 4. gehört Cet. cupripes Wied. Germar Mag. Ent. IV. S. 146 und Illigers Zusätze zu Oliviers Beschreibung der C. acuminata L. (Ol. K. Ueb. II. S. 160.).

Aphodius.

Die Beschreibung des Aph. obsoletus F., den ich auf der Insel Luzon bei Manilla fing, kann ich ergänzen: Länge 2 Linien, breiter als Anachoreta. Kopf kurz breit, zerstreut punktirt, schwarz, mit drei Höckern auf einer Querlinie, von denen der mittlere dreieckig, die seitlichen aber nur Querquanten sind; Kopfschild feinrunzlicht, vorn ausgeschnitten, schmal gerandet, in der Mitte schwarz, an den Seiten braunroth. Fühler und Taster gelb. Halsschild groß, breiter als lang, mit stark vorstehenden Vorderecken, Seiten in der Mitte etwas erweitert, Hinterrand gerundet, an den Seiten stark gewölbt und dicht punktirt, in der Mitte zerstreut punktirt; Vorderrand sehr schmal und die Seiten sehr breit gelb gerandet. Schildchen spitz glatt, schwarzbraun. Flügeldecken kaum breiter als das Halsschild, stark gewölbt, mit ziemlich tiefen punktirten Streifen; Hauptfarbe gelb; der ganze Saum zwischen der Naht und dem ersten Streifen, so wie ein großer langer Fleck in der Mitte schwarz; zwischen der schwarzen Naht und dem Fleck bleibt nur der zweite Zwischenraum gelb; der Fleck berührt fast die Wurzel. Unterseite braun, in der Mitte glatt, an den Seiten punktirt. Schenkel gelb mit bräunlichen Schienen und Füßen; Schienen außen scharf dreizähnig.

Mein brasilisches Exemplar von Aphodius Stercorator F., das zu den Beschreibungen von Fabrizius und Olivier gut paßt ist nur $1\frac{2}{3}$ Linien lang; Kopfrand und Schienen rothbraun; die Mitte des Kopfs stark gewölbt, Kopfschild fein querrunzlicht. Das Halsschild hat außer den feinen Punkten noch gröbere zerstreute in der hintern Hälfte, Seiten und Hinterrand sind fein grau gefranzt. Zwischenräume der Flügeldekkenfurchen etwas gewölbt glatt. Er hat das Ansehen eines Psammodius, ist aber keiner.

Onthophagus.

Meiner Ansicht nach sind unter diesem Gattungsnamen nur die dem ateuchus flavipes F. verwandten Arten, wie At. pallipes und Onitis festivus Steven (Mem. de la Soc. I. Mosc. II. p. 31. 1.) zu vereinigen, deren Körper langgestreckt, Halsschild breiter als die Flügeldecken und über dem Schildchen mit einem einfachen Eindrucke bezeichnet ist. Ganz verschieden von diesen sind die kleinen Copris mit flachen Flügeldecken, die man wohl schwerlich von den größern mit gewölbten Flügeldecken versehenen trennen darf. Die eigentlichen Onitis unterscheiden sich wiederum sowohl durch zwei Eindrücke des Halsschildes über dem Schildchen, als auch durch platte Lippentaster und keilförmiges Endglied der Kinnladentaster. (Nachtr. Was ich unter Onthophagus vereinigen wollte, ist Oniticellus Ziegl. genannt, Onitis festivus stev. gehört aber hierher).

Lampyris.

Lampyris phyllocera Wied, Germar Mag. IV. S. 125 scheint L. compressicornis F. zu seyn. — Sollte Lamp. vittigera Gyllh. Schönh. Syn. I. III. p. 21. nicht zu L. vittata F. gehören? — Lamp. capicola Wied. a. a. O. unterscheidet sich kaum von L. marginata L.

Buprestis.

Die bisher mangelhafte Beschreibung der B. smaragdula F. kann ich nach einem auf der Insel Luzon bei Manilla gefangenen Exemplare ergänzen:

Länge 10 Linien. Kopf breit, Stirn stark vertieft mit einer Längsfurche, schwarzblau mit zerstreuten groben goldgrünen Punkten. Augen groß, braun. Fühler kürzer als das Halsschild, fein, schwarz, die drei ersten Glieder goldgrün, die sieben übrigen punktirt und breiter und kürzer, als die erstern. Halsschild breiter als lang, vorn ein wenig schmäler als hinten, Vorderecken vorstehend und stumpf, Seiten fast gerade, sehr schmal gerandet, Hinterrand ein wenig gerundet; Oberfläche sehr schwach gewölbt, grob runzlicht punktirt mit einer tiefen großen zweitheiligen länglichen Grube an jeder Seite; in der Mitte lassen die Punkte eine Längslinie übrig; die Erhöhungen sind schwarz mit schwach kupfrigem Glanze, die Punkte goldgrün, die Gruben golden. Schildchen klein, rundlich, hinten etwas breiter als vorn, goldgrün.

Flügeldecken an der Wurzel um vieles breiter als das Halsschild, vorn an den Seiten herunterhängend, in der Mitte ausgeschnitten, hinten stark verengt mit stumpfer Spitze; der hintere dritte Theil des Seitenrandes ist grob und scharf sägeförmig (mit 12 bis 14 Zähnen), Oberfläche gewölbt, breit gestreift, Streifen mit groben zusammengehäuften und zerstreuten Punkten, und einzelnen Querrunzeln, die erhabenen Zwischenräume glatt mit einzelnen groben Punkten; an der vordern Hälfte in der Mitte verbinden sie sich durch Querrunzel unregelmäßig netzförmig, in der vordern Hälfte ist der vierte erhabene Zwischenraum (von der Naht) unterbrochen, wodurch ein viereckiger Fleck entsteht; an der äußern Seite der Schulter wird ebenfalls durch Ausbleiben des letzten erhabenen Streifen ein großer länglicher fein querrunzlichter Fleck gebildet und endlich bemerkt man einen langen zugespitzten Streifen, welcher längs des letzten Drittheils der Flügeldecken verläuft und die Stelle des hier fehlenden vorletzten erhabenen Streifen einnimmt; die Erhabenheiten sind schwarzblau mit wenigem kupfrigen Glanze; die Punkte goldgrün, die Flecken golden mit sehr geringem grünen Schimmer.

Unterseite des Körpers und Schenkel golden mit wenigem grünen Schimmer, zerstreut punktirt, Schienen und Füße bläulich golden; Afterglied mit einem kleinen Einschnitt.

Hydrophilus.

Ich finde nirgends einer dem Hyd. piceus L. sehr ähnlichen in Nord-Deutschland und im mittlern Rußlande häufigen Art erwähnt, die sich durch Gestalt, Farbe und Größe unterscheidet; ich mache sie so kenntlich:

Hydrophilus (Hydrous) piceus L. atro olivaceus; antennarum clava nigricante, corpore eliptico utrinque angustato, abdomine acute carinato.

Länge 18 bis 21 Linien; aus Gyllenhal's und Latreille's Beschreibung deutlich zu sehen, daß sie diesen vor sich hatten; ob er immer eine schwärzliche Fühlerkolbe habe, kann ich nach zwei Exemplaren nicht bestimmt entscheiden. Das vordere Brustbein hat nur eine starke Grube, das hintere ist ziemlich gerade.

Hydrophilus (Hydrous) aterrimus m. ater; antennarum clava flava, corpore eliptico, ano carinato.

Länge 15 bis 16 Linien. Der Bauch ist gar nicht gekantet, sondern die beiden seitlichen Flächen desselben gehen in der Mitte in einander über; nur das Afterglied hat an der Mitte eine Kante. Das vordere Brustbein hat eine lange tiefe Furche, und die Spitze des hintern ist abwärts gebogen.

Daß die angegebenen Unterschiede nicht Geschlechtsverschiedenheiten sind, davon kann man sich leicht überzeugen, da von beiden Arten beide Geschlechter vorkommen.

Fig: 1.

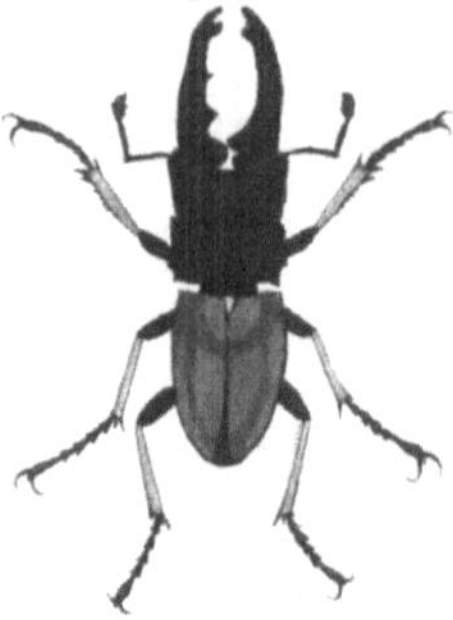

Fig: 2.

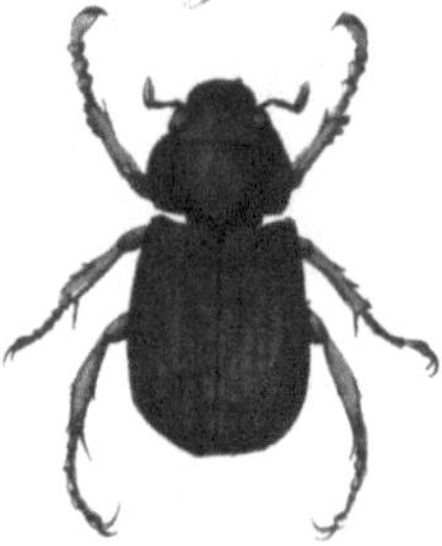

Fig: 4. a.

Fig: 4. b.

Fig: 3. b.

Fig: 3. a.

Taf: II.

Fig: 1.

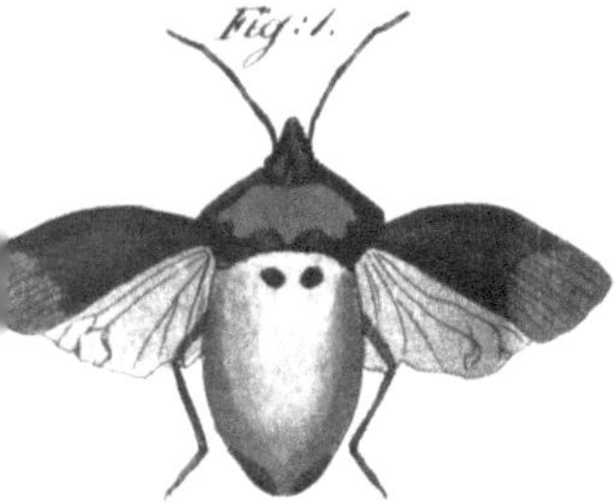

Fig: 2.

Fig: 3.

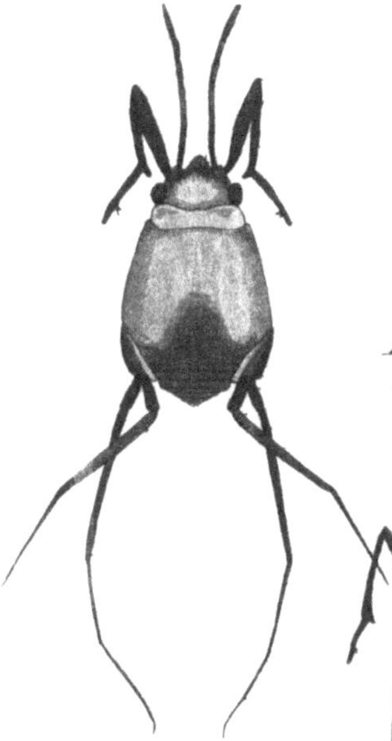

Fig: 4.

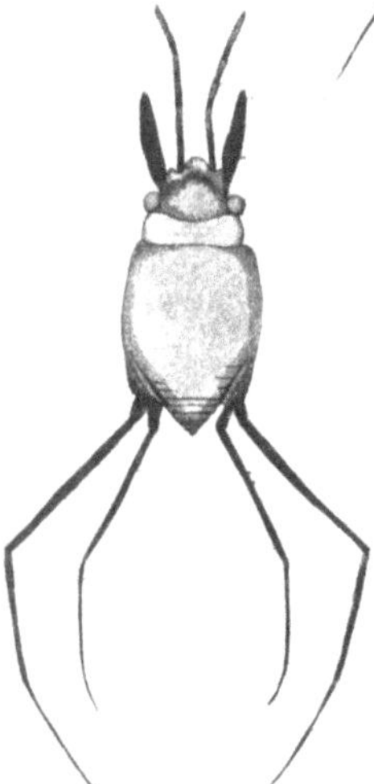

Fig: 5.

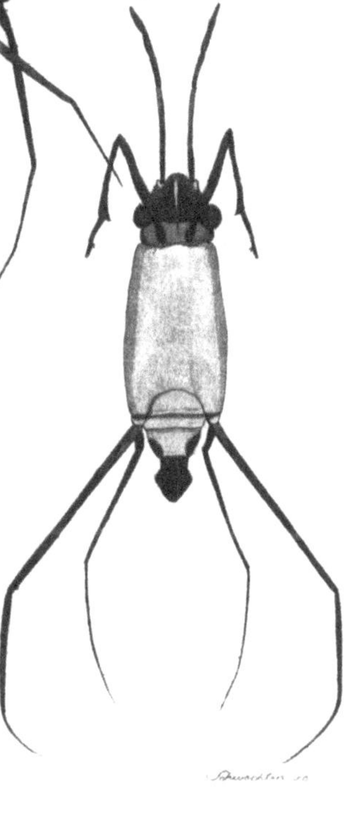

Register

(A. B. heißt allgemeine Bemerkungen).

Erklärung der Abbildungen.

Taf. I. Fig. 1. Lucanus tibialis.
" 2. Aulacodus flavipes, vergrößert.
" 3. a. Megathopa villosa.
" 3. b. Unterlippe und Lippentaster derselben.
" 4. a. Deltochilum dentipes.
" 4. b. Unterlippe und Lippentaster desselben.

Taf. II. Fig. 1. Scutellera Schönherri.
" 2. — Germari.
" 3. Halobates micans, stark vergrößert.
" 4. — sericeus, ebenfalls.
" 5. — flaviventris, ebenfalls.

Reise
in
den Pyrenäen
von
Friedrich Parrot,
Doct. d. Med. u. Chir.

Es war im Sommer des Jahrs 1817, daß ich mich plötzlich zur Ausführung eines längst gehegten Wunsches entschloß: die Pyrenäenkette nämlich in Bezug auf ihre Schneegrenze, ihre Pflanzenstufen, ihre Gebirgsbildung, so wie auf barometrische Höhenbestimmungen zu bereisen.

Zu Fuß, ohne große Vorbereitungen, noch mit den Instrumenten versehen, welche mir auf der Reise im Rosagebirge gedient hatten, machte ich mich über Straßburg auf den Weg durch das südliche Frankreich, immer mein Hauptziel im Auge, und daher im Ganzen ziemlich flüchtig; denn am letzten Julius wanderte ich aus Straßburg, ging über Lyon, St. Esprit, Nimes, Montpellier, und erreichte am 22sten August schon Toulouse.

Es reist sich auf dieser Strecke im Allgemeinen angenehm; auch finden sich hin und wieder Menschen, welche für wissenschaftliches Streben viel Sinn an den Tag legen; überall aber wird auch hier über die s. g. schlechten Zeiten geklagt. Armuth, wenigstens verschwundener Wohlstand, habsüchtige Bewahrer des Erworbenen, Sehnsucht nach Steuerung, ohne entschiedenen allgemeinen Haß oder Liebe für diesen oder jenen Zustand der Dinge, und im Ganzen Wohlwollen gegen den Fremden, das sind die Eindrücke, welche ich bei meinem kurzen Verweilen in diesen Gegenden empfing.

In Toulouse findet der Naturforscher unter Gelehrten wie Nichtgelehrten eine zuvorkommende Aufnahme, und Gelegenheit, sich über Art und Weise, wie die Pyrenäen zu bereisen sind, hinlänglich zu berathen. Nach einem sechstägigen Aufenthalt in dieser Stadt, ging ich über Tarbes und Pau nach Bayonne, wo ich mich bei dem spanischen Consul meines Passes wegen meldete, ihn um sein Visa bat, und es in Form eines sehr schmeichelhaften Empfehlungsschreibens an die spanischen Behörden, mit welchen ich vielleicht zu thun haben würde, erhielt, — eine Gefälligkeit, von der ich zwar keinen wesentlichen Gebrauch zu machen Veranlassung gehabt habe, aber doch sehr leicht hätte haben können; denn die Spanier, besonders im Gebirge, sind mißtrauisch; selbst die Hirten verläugnen hier die Natur ihres Standes, und haben schon Reisende den mitten im Gebirge hie und da aufgestellten Wachen listiger Weise verrathen, wodurch jene, bei ihrer größten Unschuld, wegen Mangel eines gehörigen Passes, erst in entfernteren Städten Spaniens Schutz und Befreiung fanden.

Drei Stunden Wegs von Bayonne, hart am Meeresufer, mit den Ueberresten eines großartig angelegten, aber nicht vollendeten Seehafens, liegt das Städtchen St. Jean de Luz, im Lande der wackern Basken, aber noch in der Sandwüste, welche sich vom Departement des Landes südlich über den Adour hinüberzieht.

Hier langte ich am 4ten September an, und rüstete mich, des andern Morgens meine Arbeiten zu beginnen. Die Instrumente waren in bester Ordnung, das Wetter nicht übel, und ich voll guten frohen Muthes.

Das Ufer des Oceans ist in dieser Gegend flach ansteigend, es bietet als die tiefste noch sichtbare Felsschicht einen aschgrauen, stark thonhaltigen Kalksteinschiefer dar, welcher kaum noch um einige Klafter über dem Meereshorizont hervorragt, und ein rein südliches Einschließen unter 25 Grad Neigung hat *). Ihn deckt ein mit feinem Sandstein bandartig gestreifter lichtgrauer Kalkstein von etwa einem Fuß Mächtigkeit; auf diesen folgt dann ein lockrer feinkörnigter Sandstein, mit ockrigem Bindemittel, der mit Schichten von gelbem Thon wechselt, und hierüber endlich hat sich die Alles überschüttende Sandlage geworfen, die sich etwa noch eine Viertelstunde weit landeinwärts zieht, und endlich mit dem Steppensand der s. g. Landes zusammenhängt.

Ebbe und Fluth wechseln hier regelmäßig; ihre Ungleichheiten sind ganz vom Winde abhängig; denn gar nicht selten treibt der nördliche Sturm das Meer bis unmittelbar über den Damm, oder mittelbar durch Anschwellen des Flüßchen Nivette ins Innre der Stadt.

Am 5ten September, zu einer Zeit da das Meer dem Zustand der Ebbe nahe war, Morgens 6 Uhr stellte ich mein Barometer und mein Thermometer ganz nahe am Meer, zwei Meter oberhalb seines dermaligen

*) Unter Neigung, Neigungswinkel, und Winkel des Einschießens der Felsschichten verstehe ich überall, den Winkel derselben mit dem Horizont.

Niveau auf, und begab mich nach angestellter Beobachtung auf den Weg ins Gebirge, anfangs dem Laufe der Nivette, dann aber der Nive entlang, bis ich Abends um 7 Uhr in St. Etienne de Baigory anlangte, und sogleich meine Instrumente an einem schicklichen Orte beobachtete, nachdem ich solches auch in oder bei den Dörfern St. Pé, Espellette, Zhasso und Bidarai gethan hatte.

Das Aufstellen, Beobachten, Einstecken und Tragen meines Barometers geschieht mit vieler Einfachheit, Genauigkeit und Leichtigkeit. Die Röhre desselben steht frey, zwischen einem gabelförmig gebogenen starken Metalldrathe von nicht völlig der Dicke der Röhre selbst. Diese ist außer den Endpunkten nur an zwei Stellen durch ein kleines Querstück mit dem Drath befestigt. Das Visir trägt den Nonius, und ist kastenförmig gestaltet, so daß man an seinem untern Rande die Wölbung des Quecksilbers sehr genau beobachten kann; zwei Federn sperren es zwischen den zwei Seiten des Metalldraths leicht beweglich ein, und machen es für die obere Hälfte der Röhre noch zu einer Stütze, so daß die Röhre ohngefähr von zwei zu zwei Decimeter ganz frei steht, welches eine hinlängliche Befestigung giebt, denn so trotzte mein Barometerrohr allen Erschütterungen, welche beim Ersteigen hoher Berge doch unvermeidlich sind. Die Scale ist ein schmales Lineal, auf einer Seite zwischen der obersten und mittleren Stütze befestigt. Die untere Quecksilberfläche befindet sich in einer ganz einfachen, walzenförmigen Büchse von Holz, in welche das Ende des Rohrs frey, aber luftdicht hineinragt, und in jeder Lage von etwa 10 Mill. Meter Quecksilber bedeckt bleibt, das die Büchse nicht

ganz

ganz ausfüllt, damit noch Raum übrig bleibt, um ein starkes Sinken des Quecksilbers im Rohr zu gestatten. Der Boden dieser Büchse allein kann zur Füllung derselben abgeschraubt werden. Durch ein kleines Loch im Deckel dieses Gefäßes bekommt die äußere Luft einen freien Zutritt zum untern Quecksilberspiegel, und für den Transport dient ein kleiner Eisendrath zum Schließen der Oeffnung, da sie mit Kork ausgefüttert ist.

Für die Wärme des Quecksilbers im Barometerrohr habe ich ein eigenes Thermometer erfunden, das keine Wünsche zu diesem Zweck unbefriedigt läßt, und mir erwiesener Maaßen die verlangte Temperatur auf 0°,1 R. sicher angiebt. Man kann sich nämlich bald überzeugen, daß die gewöhnlichen Thermometer, sie mögen eingefaßt seyn wie man will, wegen des dünnen Glases ihrer Kugel viel zu empfindlich sind gegen die Temperatur jedes Windstoßes, oder die Einfassung des Barometers, wenn solche zu nahe anliegt. Das Mittel, die Empfindlichkeit des Thermometers mit der des Barometers für die Wärme in vollkommnen Einklang zu setzen, besteht darin, daß man den s. g. Körper des Thermometers aus einem vom Barometerrohr abgeschnittenen Stück von 50 bis 60 MillM. *) Länge bestehen lassen, welches, mit einem gewöhnlichen Thermometerrohr verschmolzen und an einem Ende geschlossen, ganz wie ein anderes Thermometer gefüllt und mit

*) 6 Fuß Pariser Maaß betragen 1,949 Meter, oder 19,49 Decimeter, oder 149,9 Centimeter, oder 1949 Millimeter, und nahe zu kann angenommen werden: ein Meter zu 3 Fuß 1 Zoll; ein Decimeter zu 3¾ Zoll; ein Centimeter zu 4½ Linien: und ein Millimeter zu 4/9 Linien.

der Scale versehen wird. Außerdem, daß der gleichmäßige Gang in einem solchen Thermometer mit dem dazu gehörigen Barometer theoretisch einleuchtet, stelle ich ihn auch durch Versuche dar, indem ich ein solches Thermometer und ein zweites, dessen Körper die Länge des ganzen Thermometerrohrs betrug, den wechselndsten Temperaturen, im Winde und selbst den hellsten Sonnenstralen aussetzte, und eine Harmonie bis auf 0°,1 R. wahrnahm. Dadurch ist man nun auch der Nothwendigkeit überhoben, die Instrumente jedesmal eine halbe Stunde und drüber der Luft ausgesetzt zu lassen, und denn am Ende doch noch durch jeden Luftzug und andere Zufälligkeiten einem Irrthum über die Temperatur des Barometers von ganzen Graden preisgegeben zu seyn. In einer Viertelstunde haben meine beiden ganz freistehenden Instrumente die Temperatur der Luft; aber auch im Augenblick der Ankunft darf ich sie ohne Gefahr eines Irrthums von dieser Seite beobachten, weil sie in der Annahme der Wärme einen so harmonischen Gang haben, und in jedem Augenblick von der Luft um ein Gleiches erwärmt oder abgekühlt werden. Nur für die Lufttemperatur muß man in solchem Falle ein gewöhnliches aber sehr feines Thermometer haben, welches in 3 bis 4 Minuten jeden Unterschied derselben in der Luft anzeigt.

Außerdem habe ich es für nothwendig erachtet, über die senkrechte Stellung des Barometers eine bessere Gewährschaft zu haben, als die darauf berechnete gleichmäßige Vertheilung des Gewichts, durch welche sich das Instrument zwar bei ruhigem Wetter senkrecht stellen wird, aber nicht im Winde, oder in dem Sturmwind, wenn er über die Bergabhänge mit einer Kraft jagt, daß der Reisende Mühe hat seinen eigenen Körper im Gleichgewicht zu erhalten. Die dahin zielende Vorrichtung ist äußerst einfach, und besteht in einem Drath von etwa 2 DecM. Länge, welcher als Senkel in einem oben und unten geschlossenen Stück Barometerrohr hängt und unten gegen einen schwarzen Punkt gerichtet seyn muß, wenn das Barometer, dem es zur Seite befestigt ist, senkrecht stehen soll.

Dieser ganze Apparat hat in einem Blechrohr von 32 MillM. Durchmesser Platz, mit Ausschluß der hölzernen Büchse, welche mit einer wasserdichten, leeren Kappe bedeckt wird; er kann über die Schultern gehängt werden, und ein gewöhnlicher Reisestock schief in den Boden gespießt, dient als Stativ; im Flugsande oder auf rauhen Felsen, wo der Stock seinen Dienst versagt, läßt sich das Barometer auf den Boden stützen, und mit einer Hand vollkommen senkrecht erhalten.

Die Beobachtung ist einfach, bloß auf den Stand des Quecksilbers im Rohr beschränkt, denn die Höhe des untern Quecksilberspiegels ergiebt sich aus dem Verhältniß der innern Durchmesser des Rohrs und der hölzernen Büchse. Ist jener mit r, dieser mit R, und der äußere Durchmesser des Rohrs, wo es ins Quecksilber ragt, mit r bezeichnet, so ist $\frac{r^2}{R^2 - r^2}$ die Größe, um welche das Quecksilber sich in der Büchse erhebt, wenn es im Rohr um die Einheit fällt, und umgekehrt. Eine ganz kleine Tafel ist nur erforderlich, um diese Correctur mit Leichtigkeit anzubringen. Dies, so wie die Reduction des Barometerstandes auf die Temperatur von 0° R. durch das Glied $1 - \frac{t}{4330}$ verrichte ich jeden Abend gleich in meinem Tagebuche, neben der aufgezeichneten rohen Beobachtung. Für die Berechnung der Höhe habe ich dann nur die Logarithmen der so corrigirten Barometerstände zweier Standpunkte von einander abzuziehen, sie mit der der geographischen Breite anpassenden Zahl, welche für die Pyrenäen 18336 Meter ist, so wie mit dem Glied für die Luftwärme, welches durch $1 + \frac{(t + t')^2}{1000}$ ausgedrückt ist, zu multipliziren. Eine solche Rechnung ist in wenig Minuten gemacht, und von Jedem leicht nachzurechnen, der die gewöhnlichen Logarithmentafeln bis zu fünf oder sechs Dezimalstellen hat. Keine von allen bekannten Tafeln ist zu diesem Zweck geschickter als die logarithmische Tafeln für die Zahlen, Sinus und Tangenten, von Moritz von Prasse, Leipz. 1821. Bei einem großen und deutlichen Druck, und bei einer vortrefflichen Anordnung, nehmen sie nur den Raum von 110 Duodezseiten ein, und lassen sich daher sehr bequem in der Brieftasche tragen.

Mein Barometer giebt die Zehntel Millimeter an, und die halben Zehntel fügte ich noch sehr leicht durch Schätzung hinzu. Auch entspricht seine Empfindlichkeit dieser Genauigkeit vollkommen; denn bei der Feuerprobe der Barometer, nämlich die Höhe eines gewöhnlichen Tisches über dem Fußboden zu messen, zeigt es den zukommenden Unterschied sehr leicht an.

Ich hatte wie gesagt, auf der Entfernung zwischen dem Meeresufer und St. Etienne de Baigory noch an vier Orten beobachtet, in Allem also um 6, 8, $10\frac{1}{2}$, 1, 4 und 7 Uhr. Nun stelle ich die Beobachtungen von 6 und 8 Uhr, von 8 und $10\frac{1}{2}$, von $10\frac{1}{2}$ und 1, von 1 und 4, von 4 und 7 Uhr paarweis zusammen, und berechne sie auf obige Weise, wie gleichzeitig angestellte Beobachtungen. Auf diese Art finde ich den Standpunkt:

von Balgory	über	dem	von	Bidarai .	2,85	Meter
= Bidarai	=	=	=	Zhasso .	60,93	=
= Zhasso	=	=	=	Espellette	16,33	=
= Espellette	=	=	=	St. Pé .	81,38	=
= St. Pé	=	=	am	Meeresufer	5,10	=

Also der Standpunkt von Balgory über den am Meere . . . . 166,59 Meter

Da nun dieser letztere selbst schon zwei Meter über dem Spiegel des Oceans erhaben war, so liegt, sage ich, St. Etienne de Balgory 168,59 Meter über demselben.

Dieser Behauptung kann nun ein Einwurf gemacht werden, und zwar ein bedeutender: daß nämlich Beobachtungen, welche der Zeit nach um zwei bis drei Stunden auseinanderstehen, für gleichzeitige genommen, und somit die stündlichen Wechsel des Quecksilberstandes ganz übersehen worden. Es ist nämlich ausgemacht, daß das Quecksilber im Barometer, unabhängig von seiner Wärme, in gewissen Tagesstunden regelmäßig steigt, in andern regelmäßig fällt, und nur durch Veränderungen der Witterung von diesem Gange abgeleitet wird. So steigt es z. B. in der Regel Morgens zwischen 6 und 8 Uhr um 0,47 Millmeter. Indem ich also, um 6 Uhr Morgens am Meeresufer 764,91 Millmeter reine Barometerhöhe finde, dann aber um 8 Uhr in St. Pé 764,44 Millm., so wäre das Quecksilber in dieser Zwischenzeit am Meeresufer um 0,47 Millm. gestiegen, die Annahme von 764,91 als gleichzeitige Berometerhöhe daselbst wäre falsch und statt derselben 765,38 festzusetzen. Dadurch bekäme ich nun einen größern Unterschied der Logarithmen, und also eine größere Erhebung von St. Pé über dem Ocean. Nach meiner Berechnung mithin fällt diese Station offenbar zu niedrig aus; und derselbe Fehler wiederholt sich, so oft ich in der Zeit, da das Quecksilber in seinem stündlichen Steigen begriffen ist, zu einem höhern Standpunkt übergehe.

Aus eben demselben Grunde berechte ich aber auch die Erhebung von Bidaral über Zhasso zu hoch, weil ich die Beobachtungen von 1 und 4 Uhr, während welcher Zeit das Barometer, den Erfahrungen zufolge, um 0,66 Millm. steigt, als gleichzeitige zusammenstelle. Dieser Fehler ist dem vorigen entgegengesetzt, und wenn ich eben so lang während des stündlichen Steigens als während des stündlichen Fallens das Barometer messe, so müssen sich die Fehler gegenseitig aufheben, und bei einer Unrichtigkeit in allen einzelnen Stationen, doch bei der Summation mehrerer derselben, die Erhebung des letzten über dem ersten richtig gefunden werden. Dies glaube ich, finde innerhalb eines jeden Tages Statt, wenn man nur die Zeiten des stündlichen Sinkens und Hebens des Barometer genau kennt, und die Beobachtungen gleichmäßig in denselben vertheilt. Für die mittlern geographischen Breiten Europens, und die Herbstjahreszeit, in welcher ich auch die Pyrenäenreise machte, kannte ich diesen stündlichen Wechsel im Druck der Luft ziemlich genau, aus Beobachtungen, welche ich in Mailand an einem der freien Luft ausgesetzten Barometer vierzehn Tage lang halbstündlich, und vierzehn Nächte stündlich anstellte, und aus denen es sich ergab: daß, mit Ausschluß der durch die Witterung verursachten Unregelmäßigkeiten, und mit Correction wegen der Wärme des Quecksilbers, das Barometer von 6 Uhr Morgens bis 11 Uhr um 1,18 Millm. steigt, von hier aus eben so bestimmt bis $4\frac{1}{2}$ Uhr Nachmittags um 1,2 Millm. fällt, dann bis gegen Mitternacht regelmäßig steigt, und von dort aus wieder bis 6 Uhr Morgens fällt.

Wenn ich also von 6 Uhr Morgens alle zwei oder drei Stunden, und gegen 5 Uhr Abends zum letzten Mal beobachte, indem ich mich auch auf immer höhere Standpunkte erhebe, so ist dies eine Zeit, während welcher das Barometer um eben so viel steigt als fällt, mithin eben so viel Stationen zu klein als zu groß gefunden werden, und bei der Summation Aller eine Aufhebung der Fehler Statt findet, vermöge welcher der erste und letzte Standpunkt doch in ihrer wahren gegenseitigen Höhe erscheinen. Daher war es nicht recht, daß ich an dem oben angegebenen Tage bis 7 Uhr Abends nivellirte, statt schon um fünf Uhr Halt zu machen. Dadurch habe ich zwei Stunden aus der Zeit des steigenden Barometers zu viel in meiner Rechnung. Dies für die Höhe von Baigory über dem Meere wieder gut zu machen, ging nicht an. Da aber meine Messung sich über die ganze spanisch-französische Landenge erstrecken sollte, und ich vorzüglich auch eine genaue Bestimmung der Höhe des Mittelmeers gegen die des Oceans vor Augen hatte, mußte dieser Fehler, wenn er auch für die Höhe von Baigory unwesentlich ist, verbessert werden, und dies geschah dadurch, daß ich an einem andern Tage der Messung wieder zwei

Stunden des stündlichen Steigens entzog, und statt um 6 Uhr Morgens, erst um 8 Uhr die Beobachtungen anfing. — Auf dieser langen Reise geschah dies noch öfter, aber immer so, daß ich während der ganzen Dauer des Nivellements der Pyrenäenkette, doch eben so lang während des stündlichen Steigens, als während des stündlichen Fallens des Quecksilbers beobachtet habe.

Das Land erhebt sich vom Meere aus schwach, aber Baigory liegt schon in einem sehr schönen, wahren Gebirgsthale, und zwischen den Quellen der Nive findet man bereits eine bedeutende Gebirgsmasse, deren zwei ganz nahe beisammenstehende Gipfel Ahady und Iturumbur eine Höhe von 1460 Metern über die Meeresfläche erreichen. Diese zu besuchen ging ich am 6. Sept. aus Baigory durch das Dörfchen Fonderie, so benannt nach einem bereits verlassenen Kupferbergwerk, bis zum Dorfe Aldudes, durch ein belebtes, anmuthiges Thal, eine Fortsetzung des großen Thals von Baigory, in welchem mir die hier, wie in vielen andern Gegenden der Pyrenäen, üblichen kleinen Wassermühlen durch eine große Uebereinstimmung des innern Baues auffielen, welche sie mit denen des Caucasus und der Krim haben. Denn auch in diesen Mühlen geht vom obern Mühlstein oder dem Reiber eine senkrechte Welle hinab, und trägt an ihrem untern Ende eine waagerechte Scheibe von $\frac{2}{3}$ Meter Durchmesser, mit Flügeln am Umfang, welche über $\frac{1}{3}$ Meter lang, und 3 Decimeter breit, auf einer Seite stark ausgehölt sind, und von dem Rande der Scheibe strahlenförmig ausgehen. Ihre Höhlung ist etwas schief aufwärts gerichtet, grade gegen den Wasserstrahl, welcher aus einem Wasserkasten schräg von oben herab auf sie geleitet wird. Oft stehen zwei Wasserräder neben einander, deren jedes aus dem gemeinschaftlichen Kasten einen eignen Wasserstrahl empfängt, und auch seinen eigenen Mühlstein treibt. Mit geringen Abweichungen in der Stellung der Schaufeln, ist dies ganz die Mühle der krimischen Tataren, so wie der entlegensten Völkerstämme des Kaukasus. So begegnen sich die Menschen aus den verschiedensten Punkten der Erde in ihren Gedanken, wenn Gleichheit der Umstände und einfacher Sinn für Zweckmäßigkeit sie in der Befriedigung ihrer Bedürfnisse leiten.

Am höchsten Anfang dieses Thales liegt das Dorf Aldudes, am Fuß des Ahady. Es ist französisch, liegt aber ganz ins spanische Gebiet eingekeilt, und von einem großen Landstrich umgeben, einem s. g. pays commum, auf welchen sowohl Frankreich als Spanien gleiche Ansprüche haben. Hier, im Mittelpunkt des gesetzlichsten Welttheiles, hier waltet noch ungestört das ursprüngliche, natürliche Gesetz des Eigenthums. Ein Spanier oder ein Franzose kann kommen, ein Stück Land in diesen Bergen bearbeiten, es mit einem Zaun umgeben, und es ist sein eigen; es gehört dann mit allem, was darauf und dazu gethan wird, der Nation an, von welcher der Besitznehmer ist. Selbst das Dorf Aldudes scheint seinen Ursprung im Schutz dieses Gesetzes genommen zu haben, und befolgt es noch ohnerachtet der dort eingeführten Obrigkeit. Das ganze Dorf ist französisches Eigenthum; aber es befindet sich in demselben ein Haus, das einem Spanier gehört, jetzt nur von einem Franzosen gemiethet und bewohnt ist. Mit diesem Hause sind nun aber alle Rechte des spanischen

Eigenthümers auf den Franzosen übergegangen; er ist durch dieses Haus unter spanischen Schutz getreten; er darf, was jedem Franzosen durch die strengsten Zollgesetze verboten ist, spanischen Wein zollfrei in sein Haus kommen lassen, und ihn als Gastwirth sogar verschenken; kein Douaniere, kein Maire und Gensd'armes darf, dringende Polizeifälle ausgenomen, ohne seine Erlaubniß über seine Schwelle treten; über ihn gebieten nur spanische Gesetze, weil er ein Haus bewohnt, das einem Spanier gehört. Tritt ein Kläger gegen ihn auf, so muß er ihn bei der nächsten spanischen Behörde belangen. Ich war in diesem Hause abgestiegen, und hatte Gelegenheit mich durch eigne Ansicht von Allem zu überzeugen, und in Gegenwart des französischen Maire du Village trank ich vortrefflichen spanischen Wein, der in des Nachbars Hause Wirth und Gast der strengsten Bestrafung unterworfen hätte.

Doctor Navarre in Baigory hatte es mir freundschaftlich zur Pflicht gemacht, beim Ersteigen des Ahady einen Führer mitzunehmen, und mir deshalb einen Brief an den Maire von Aldudes, den angesehensten Bauern daselbst mitgegeben, weniger, wie er sagte, des Berges als der Menschen willen, denn er mochte theils wegen der noch vorherrschenden Erbitterung zwischen den Franzosen und Spaniern, theils wegen der Schleichhändler ein Mißverständniß besorgen. Ich war Abends 6 Uhr in Aldudes angekommen, und der folgende Tag war Sonntag; diesen ehrt der gottesfürchtige Baske, auch wenn er einen Geldvortheil aus den Händen lassen muß; daher wollte der mir bestimmte Bauer nur unter der Bedingung mein Führer seyn, daß wir zur Kirchenzeit, d. h. bis 9 Uhr Vormittags wieder zu

Hause wären, und dazu wisse er keinen andern Rath, als daß wir die Nacht zum Hinaufsteigen benutzten. Der Vorschlag gefiel mir; vor zwei Uhr Nachts weckte mich mein Begleiter, ich beobachtete meine Instrumente, bei schwachem Mondschein zogen wir still durch die einsamen Thäler und Berge, und um 6 Uhr konnte ich schon mein Barometer auf dem Gipfel des Ahady aufstellen. Aber ein dichter Nebel entzog mir den Blick auf Spaniens und Frankreichs Ebenen, so wie auf die Meeresfläche, und einen großen Theil des Gebirges; mein Führer erinnerte mich an die bevorstehende Messe, daher hielt ich mich nicht länger auf, und erreichte um 9 Uhr wieder Aldudes, von wo aus ich meinen Weg nach Baigory fortsetzte, das ich um 6 Uhr Abends erreichte, nachdem ich sowohl in Aldudes als in Fonderie genau wieder an den vorigen Standpunkten beobachtet hatte.

Auf diesem Rückwege vom Gipfel des Ahady nach Baigory fand in Bezug auf die Berechnung der Höhen ein Umstand Statt, den ich bei der frühern Betrachtung des Gegenstandes unbeachtet gelassen habe. Dort nämlich war von einem Erheben der barometrischen Standpunkte die Rede, hier gilt es einem Absteigen derselben; und da ist es, nach der dort gegebenen Grundlage vom stündlichen Steigen und Fallen des Barometers, leicht zu ersehen, daß die Station vom Gipfel des Ahady nach Aldudes, weil sie in der Zeit des stündlichen barometrischen Steigens gemessen worden, in der Berechnung zu groß ausfallen muß. Dagegen wird die gleichfalls absteigende Station von Aldudes nach Fonderie, deren Messung zwischen 1 und 3 Uhr gemacht wurde, also in die Zeit des barometrischen stündlichen Sinkens fällt, in der Berechnung zu klein, und dadurch eine Ausgleichung gegen den vorigen Fehler bewirkt werden, welche, durch alle Stationen geführt, am Ende die Erhebung des Ahady über Baigory in ihrer wahren Größe geben muß. Es gilt also für die hier von mir angewendete Messungsweise die allgemeine Regel:

Während des barometrischen stündlichen Steigens werden alle ansteigenden Stationen zu klein, alle absteigenden zu groß; während des stündlichen Sinkens alle ansteigenden zu groß, alle absteigenden zu klein berechnet werden. Aber diese Fehler heben sich völlig auf, sobald man das Niveau zweier Orte während einer Zeit bestimmt, in welcher das Quecksilber des Barometers, vermöge seines regelmäßigen Ganges, um eben so viel fällt als steigt; also z. B. zwischen 7 Uhr Morgens und 6 Uhr Abends; zwischen 6 Uhr Morgens und 5 Uhr Abends; zwischen 10 und 12 Uhr Vormittags; zwischen 5 und 7 Uhr Morgens u. s. w., wenn es in einer mittlern geographischen Breite und der Herbstjahrszeit geschieht.

In dem schon ziemlich tief eingeschnittenen, sehr schönen Gebirgsthal der Nive, zwischen Zhasso und Baigory, also in einer Erhebung von 100 bis 150 Metern über der Meeresfläche zeigen sich schon die tiefern Schichten der Gebirgsmassen. Sandstein und der mit ihm noch gemengte oder abwechselnd geschichtete Kalk, sind dem Talk und dem talkhaltigen Thonschiefer gewichen, beide mit sehr mächtigen Lagern von grünlichem und blauen Quarz. Das Streichen dieser Schichten ist im Allgemeinen von O nach W, und ihr Einschießen südlich unter 45 Grad Neigung, mit Ausnahme ziemlich zahlreicher Windungen, Knoten und Schlangenlinien in der Schichtung. Höher hinauf, zwischen Balgory und Fonderie 170 bis 280 Meter ist Conglomerat die herrschende Felsmasse. Abgerundete Quarzstücke, und besonders viele Kerne von dichtem Thoneisenstein, in einem zähen braunrothen Thon als Bindemittel, machen seine Hauptbestandtheile aus. Es tritt aber in ungleich mächtigern Schichten weiter oben gegen den Wasserscheider zu Tage. Denn der Mendibelse, ein Berg von 1137,7 Meter Höhe, welcher in der Hauptkette der Pyrenäen, das Thal von St. Jean Pied de Port hinauf, liegt, besteht nebst seinen sowohl NWlichen als SOlichen Umgebungen fast bloß aus diesem Conglomerat, in dessen Nachbarschaft Steinkohlen gegraben werden, und Mineralquellen sprudeln. Zwischen Fonderie und Aldudes, in dem nämlichen Thal der Nive, innerhalb 280 bis 380 Metern besteht das anstehende Gestein aus mehrfach wechselnden Schichten von dunkelgrauem, kalkhaltigem Thonschiefer, sehr dichtem, rothem Sandstein, und äußerst mächtigen Lagern von bandartig grau und blau gestreiftem Quarz. Das Streichen der Schichten ist 65° von NW nach SO, der Winkel des südlichen Einschießens 20 Grad. — Das Gestein des Ahady konnte ich nicht untersuchen; er ist bis zu seinem Gipfel mit einer ziemlich unfruchtbaren Erdschicht überzogen, welche ein kurzes Gras, keine Bäume, kaum einiges Gestrüppe trägt, und dem Berge wie der Umgegend von Aldudes ein sehr ödes Ansehen giebt.

Durch eine sehr angenehme, hüglichte, mit vielen Dörfchen und Meyereien besetzte Gegend kommt man nach St. Jean Pied de Port, und von hier durch das dorfreiche Val de Combery wieder ins Innere des Gebirges. Als ich den höchsten Punkt desselben an dieser Stelle, welcher den Namen Mendibelse trägt, erreicht hatte, wandte ich mich zu früh in eins der südlichen Thäler, und verfehlte den rechten Weg zum Dorfe Laragna. Es war bereits finster, als ich noch in Wald und steinigten Bergabhängen herumirrte, bis ich in einem Thale einige Lichter gewahrte, und auf sie zuging. Ich fand Alphütten, deren Bewohner mir aber keine Auskunft geben konnten, weil ich der baskischen Sprache nicht mächtig war, auch nicht Miene machten mich beherbergen zu wollen, bis mir endlich aus einer derselben auf gebrochen französisch das Nachtlager freundlich angeboten wurde, weil ich das Dorf Laragna doch nicht mehr erreichen könne. Ich trat in das Haus des 73jährigen Marc, der aus seinem ehemaligen Soldatenleben noch einige französische Worte behalten hatte, und sich eben mit seinem Weibe, einem guten alten Mütterchen zum Nachtessen anschickte. Man hielt sich nicht mit neugierigen Fragen auf, sondern wies mir gleich einen Platz am Kamin an, bot mir trockne Schuhe, Wäsche und Kleider an, und fragte was ich zu Nacht speisen wolle. Ich bat um die Erlaubniß eine Mahlzeit ganz nach ihrer Sitte mitzumachen, und fand diese, aus mehrern begreiflichen Gründen eben so schmackhaft als eigenthümlich. Mein Barometer hatte man für ein Gewehr, und mich selbst vielleicht für einen Schleichhändler oder einen reisenden Kaufmann gehalten. Ich ließ die Leute, obgleich der Schleichhändler in den Pyrenden für keinen schlechten Mann gilt, und es auch in tausendfältigen Beziehungen nicht ist, bei der letztern Vermuthung, und unter dem Vorwande, zu meinem bequemern Fortkommen das Wetter voraus wissen zu müssen, benutzte ich gleich die erste Viertelstunde meiner Anwesenheit um die Instrumente im Freien zu beobachten; ja, die alte Frau hatte den Muth, mir, weil es schon stockfinster war, auf Verlangen ihres Mannes, dabei mit der Holzfackel zu leuchten, wogegen in andern hohen Gebirgsgegenden die Leute vor meinem aufgestellten blinkenden Barometer in der Regel mistrauisch und furchtsam zurückwichen. Aber ich hatte es hier mit Basken zu thun, diesem Volke, das durch seine Sprache, die bis jetzt noch keine andere als Mutter erkennt, durch seine geregelten Sitten, durch den persönlichen Muth in der Vertheidigung des eigenen Heerdes, vollkommen seinem Rufe der Einfalt, Sanftmuth, Rechtlichkeit und Originalität entspricht.

Man hält die Basken mit aller Wahrscheinlichkeit für die Nachkommenschaft der alten eingebornen Iberier, die sich in den Zeiten der Völkerwanderung durch muthige Vertheidigung des mütterlichen Bodens, vom Einfluß fremder Sprache und Sitten frei hielten, und später selbst, mit bewaffneter Hand, das Gebiet der benachbarten und gleichfalls kriegerischer Bearner beschränkten. Sie bewohnen jetzt einen Theil der beiden Navarra, die Provinzen Soul und Labourd, und gaben den von ihnen übrigens durch Sprache und Wohnort ganz verschiedenen Gaskognern wegen einer kurz dauernden über sie ausgeübten Oberherrschaft, den Namen. Plinius nennt sie Vaccäer und Strabo Waskonier; aber Scaliger, ein geborner Gaskogner, sagt mit Unrecht:

bearnenses purissime Vasconice loquuntur; denn die Bearner sprechen eine romanische Mundart, und lernen das Baskische nur als Grenznachbarn gelegenheitlich. — Der Baske kleidet sich reinlich und nicht ohne Geschmack. Eine Jacke von feuerrothem Tuch scheint zum Sonntagstaat zu gehören; die meisten tragen dazu kurze Beinkleider von gestreiftem schwarzen oder braunen Manchester, weiße gestrickte Strümpfe, oder gestrickte wollene Kamaschen, und dazu entweder dünne, lederne Schuhe, oder, was eigentlich national ist, die s. g. spanische Spartille, hie und da auch Espertegnes und Espergattes genannt. Dies ist eine Sandale, deren Sohle einen starken Finger dick ist, und aus einer langen hanfnen Plattschnur von der Breite der Sohlendicke besteht, welche um sich selbst gewickelt ist, und durch einzelne Querstiche Festigkeit und Gehalt bekommt. Um den obern Rand dieser Sohle läuft ein schmaler Rand von starkem hanfnen Flechtwerk oder Gewebe, welches sich vorn nur über die Zehen fortsetzt und sie umfaßt, und hinten auch über die Ferse reicht; ein blaues oder grünes Band zierlich über den Fußrücken gekreuzt giebt der Sandale die Haltung. Dies ist eine sehr dauerhafte Fußbekleidung, und für Reisen in felsigter Gegend die zweckmäßigste; denn in die dicke, weiche Sohle drückt sich jede scharfe Erhabenheit, und hindert den Fuß zu gleiten. Diesen Zweck fand ich nur noch bei den Gemsenjägern der Osseten im Kaukasus wie wohl auf eine andere, nicht minder geschickte Weise erreicht. Diese Leute nämlich haben eine lederne Sandale, deren Sohle ein daumenweites Geflecht von ledernen Riemen ist; auf dieses decken sie inwendig eine starke Lage Heu, und gehen

hen darauf gleichfalls sehr sicher über die gefährlichsten Felsabhänge. Der Baske trägt seine Mütze wie der Bearner, ein Barett mit einem kleinen Schirm, langes Haupthaar, freie Stirn, und um den Hals über dem weißen Hemd ein leichtes, farbigtes Halstuch, dessen Knoten tief auf der Brust geschürzt ist. Die Kleidung der Weiber hat nichts Besonderes; das bearnische rothe Capuchon tragen sie nur bei Trauerfeierlichkeiten, und dann schwarz.

In der Gesichts- und Körperbildung stechen sie durch etwas gröbere Züge und untersetzteren Bau von dem schlanken Bearner ab, und übertreffen diesen an körperlicher Kraft, wie an Ernst und vielleicht Rechtlichkeit des Characters. Beide Völker sind tapfer; und wenn es bekannt ist, daß es in der französischen Armee keine ärgern Läuflinge giebt, als Basken und Bearner, so erklärt sich dies aus dem sie beseelenden Gefühl, daß nur der heimische Boden ein Recht auf des Mannes Gut und Blut hat. In den letzten spanisch-französischen Kriegen leistete der Baske durch seinen rücksichtslosen Heldenmuth im Ausgange der Pyrenäen dem französischen Staate eben das, was im Hochgebirge die Unzugänglichkeit der Bergpässe allein zu bewirken im Stande war, das Zurückhalten der spanischen Heere vom französischen Gebiet.

Indessen wäre es zu verwundern, und fast beispiellos, wenn diese kleine Völkerschaft, einerseits vom Aberglauben, andrerseits von Uebercultur begränzt, sich in dieser ihrer Reinheit so ganz und für immer erhielte. Ihre Aerzte haben es leider auch schon hie und da mit den Verheerungen entehrender Uebel zu thun, und eine seit ein paar Jahrzehenden sichtlich zunehmende

Schwäche der Leibesbeschaffenheit ist nicht sowohl die vermeintliche Folge der auch hier herrschenden s. g. Brownschen Heilmethode, sondern in einer Veränderung der Sitten begründet. Der Genuß des Brandweins wird immer allgemeiner, und statt daß der wohlhabende Baske ehemals durchgängig seinen guten Landwein genoß, fängt er nun an, verarmt oder verdorben, ihn gegen Wasser und Brandwein zu vertauschen. Dies gilt in noch größerem Maaße von dem minder gebirgig wohnenden Bearner, ein ganz edler Menschenschlag in geistiger wie in körperlicher Beziehung, von dessen nationellen Zartgefühl kein schönrer Zeuge da ist, als die Chronik, welche erzählt, daß, da die Bearner im Jahr 1173 ihren Regenten ohne mündigen Thronerben verloren, sie zu dessen Schwester, welche zwei Zwillingsknäbchen hatte, Abgeordnete schickten, um sich einen derselben zum künftigen Regenten zu erbitten. Die Mutter führte sie zur Wiege und überließ ihnen die Wahl zwischen beiden. Sie fanden den einen mit geballter Faust, den andern mit offnen Händchen schlafend, und wählten letztern, weil sie in seiner Haltung die Vorzeichen eines mildern Charakters lasen, und ihre von so reinem, kindlichen Gefühl geleitete Wahl, ward gerechtfertigt, denn der Knabe wurde Gaston mit dem Zunamen des Guten.

Der Baske zeigt Einfalt in seinem ganzen Wesen; aber in manchen Gegenständen der Kunstfertigkeit artet sie auch wohl noch in Rohheit aus. Der baskische Pflug liefert den Beweis hiezu; er ist der ungeschickteste von allen die ich jemals sah. Mit jeder Hand hält der Pflüger eine dicke Stange von mehr als zwei Meter Länge; an eine derselben, die ver linken Seite, ist durch zwei senkrechte Querhölzer die wagerechte Pflugschaar befestigt; in die Mitte der andern ist das s. g. Messer schräg vorwärts gerichtet, eingesetzt, und die vordern Enden dieser schweren Stangen werden jede durch eine Kette mit dem Joch der Pflugochsen sehr wacklig verbunden; beide Theile sind ohne irgend eine gegenseitige Befestigung, nichts giebt Richtung und Haltung als die Willkühr des Zugthiers und die Kraft des Pflügers. Dagegen ist den Basken der Feldbau auf der andern Seite wichtig genug, um sich zur Verbesserung des Düngers eigene Pflanzungen von wildem Farrekraut an ganzen großen Abhängen längs den Ufern des Solson zu erhalten, um sie zu mähen, und das Kraut, wenn es einige Zeit dem Wetter ausgesetzt war, dem Dünger beizumengen.

Bei meinem alten Marc lernte ich des andern Morgens nach einer erquickenden Nacht noch seinen Schwiegersohn, und seine Großkinder kennen. Alle trugen, wie der Alte selbst, nach der Volkssitte nur einen einzigen Namen, als z. B. Batista, Maria u. s. f., und wenn eine ganze Familie bezeichnet werden soll, so geschieht dies selbst in Ortschaften nach patriarchalischer Sitte durch irgend eine äußere Eigenthümlichkeit, z. B. der Größe oder Farbe des Hauses u. d. gl. Für die mir so wohlthuende Aufnahme, ohne welche ich vielleicht noch die ganze Nacht hätte umherirren müssen, forderte Marc nur einen Franc, und war sehr bereit sich auch mit der Hälfte zu begnügen, wenn mir nicht der Schwiegersohn durch Münze aus der Verlegenheit geholfen hätte.

Ich brauchte drei Stunden, um von der Alphütte nach Laragna oder Larreau, wie es die Franzosen radebrechen, zu kommen. Dies Dorf ist noch baskisch; aber da es hoch am Wasserscheiden des Gebirges liegt, ist es der Zusammenfluß einer Menge von Zollern, Polizeibeamten und vielen handeltreibenden Spaniern. Ich stieg zu den Quellen des Soison durch ein enges Thal hinab, und erreichte Abends Tardits, die letzte baskische Stadt, und am andern Morgen, eine halbe Stunde weiter, das letzte baskische Dorf, Montori, in welchem jedoch schon bearnisch gesprochen wird, was mir, so gern ich unter den Basken verweilte, doch einen angenehmen Eindruck machte; denn die Unkunde ihrer Sprache war mir überall ein sehr drückendes Hinderniß gewesen. Man hat eine baskische Grammatik; diese und einige auf die Religion sich beziehende Schriften, sind die einzigen, welche in dieser Sprache bisher im Druck erschienen sind. Die Aussprache des Baskischen ist bestimmt, scharf, doch wohlklingend, ohne schleifende Endungen und Uebergänge; unter den Selbstlautern ist das a und ïa, unter den Mitlautern das h besonders hervorstechend, ein f. scheint hier wie in unserm Ehstnischen ganz zu fehlen; Oïhïa Brod; alahïa Fleisch; bidïa Weg; irdïa ein Halb; ekhïa Sonne; aranja Fisch; arnóa Wein; moa Mais; es nein; baï ja; edan trinken; hjan essen; eskïa rechts; esker links; bat eins; biga zwei; hirru drei; laï vier; boscht fünf; seï sechs; saspi sieben; sorzi acht; bederazi neun; hammar zehn. Ein f scheint fast gar nicht vorzukommen, und wird vielleicht durch das etwas scharf ausgesprochene h entbehrlich.

Mein Weg führte mich von Tardits aus, durch die Dörfchen Montori, Allana, Arrète und Ordïon auf die große Straße, welche von Spanien her über den Gebirgscheider bei Urdos durch Vallée d'Aspes nach Oleron führt, wo ein bedutender Handel getrieben wird. Ich ging Vallée d'Aspes aufwärts und erreichte bald das schöne Thal von Accoux oder Accouste. Die Gave *) d'Aspes durchströmt dieses sehr weite, fast kreisförmige Thal, mit ebenem, grasigten und bebauten Boden, rings von Bergen umgeben, oberhalb durch rauhe Felsen geschlossen; sieben Kirchdörfer umzingeln diesen schönen Raum, und Gänge von italienischen Pappeln führen, das Thal durchkreutzend, von einem zum andern. Accoux ist eins dieser Dörfer, das größte und Hauptort des Canton. Hier übernachtete ich, und zog Erkundigungen ein, wegen des mir für den andern Tag bevorstehenden Ueberganges des Echïa, eines Bergrückens, welcher Vallée d'Aspes von Val d'Ossaou trennt, dessen Höhe zwar nur 1834 Meter beträgt, der aber den Fremden gar leicht der Gefahr des Verwirrens aussetzt, weil kein großer Weg, sondern nur eine Menge kleiner Hirtenstege über ihn führen, ein Umstand, welcher sich mir von nun fast täglich wiederholte, da ich die Richtung meiner Reise so nahe als möglich am Hauptgebirgskamm nahm, und daher alle die senkrechten zum Theil sehr hohen Ausläufer desselben in einem beständigen Auf- und Absteigen durchschneiden mußte.

In der Höhe von 1300 bis 1400 Metern befanden sich die äußersten Sennhütten dieser Gegend, und hier lernte ich zuerst die artige Sonnenuhr der Pyrenäen-

*) In dem ganzen Antheil der französischen Pyrenäen, wo die romanischen Mundarten gesprochen werden, ist Gave der Ausdruck für die kleinern und mittlern Flüsse. —

bewohner kennen, welche durch Dauerhaftigkeit und Richtigkeit dem Zweck vollkommen entspricht. Sie besteht in einem walzenförmigen Hölzchen von etwa eines starken Fingers Dicke und Länge, mit 36 parallelen graden Strichen, von denen je drei einen Monat bedeuten; ein Knopf mit einer senkrecht hervorstehenden messingnen Zunge ist ins obere Ende der kleinen Walze so eingesetzt, daß er sich drehen, und die messingne Zunge grade über denjenigen Monat und über dasjenige Drittel desselben gestellt werden kann, in welchem man sich befindet. An einem Schnürchen läßt man das Ganze senkrecht hängen und dreht es grade gegen die Sonne, so daß der Schatten von der messingnen Zunge auf oder grad neben einen der Längenstriche des Cylinder fällt, wo die Stunde durch eine krumme Linie angegeben ist, welche für die nämliche Stunde sich schräg durch alle Monate zieht, und an ihrem Ende die Stundenzahl trägt. Die kleine messingne Zunge kann eingeklappt werden, und so ist diese bis auf Viertelstunden richtige Uhr auch zugleich sehr tragbar und dauerhaft.

In der nämlichen Höhe von 1300 bis 1400 Metern wurde ich den ersten beständigen Schnee in den Pyrenäen gewahr, in einer Flächenausdehnung von ungefähr 100 Quadratmeilen. Daß er, wenigstens in diesem Jahre ausdauert, dafür bürgt die spätherbstliche Jahrszeit, denn am 26. August war in dieser Gegend schon handhoch Schnee gefallen; eben so gewiß aber ists auch, daß jene Schneemasse der eigentlichen Schneegränze noch lange nicht angehören kann, weil sie am Fuß einer senkrechten, gegen Mitternacht gekehrten Felswand gelegen, der Einwirkung der Sonnenstrahlen fast ganz entzogen war. Die Schneegränze nämlich, als diejenige Höhe in den Gebirgen, über welcher hinaus sich der Schnee von einem Jahr zum andern erhält, ohne jemals den Boden zu entblößen, bietet nach der verschiedenen Lage der Abhänge in einem und demselben Gebirge bedeutende Abweichungen dar. Ist er gegen Mittag gerichtet, so empfängt er eine größere Menge von Sonnenstrahlen, und diese unter geringerer Neigung, als wenn er gegen Mitternacht läge, und so nach Verhältniß auch bei den übrigen Weltgegenden. Im Allgemeinen also wird sich in Bezug auf die Schneegränze ein großer Unterschied zeigen zwischen der nördlichen und südlichen Seite einer Gebirgskette, welche sich, wie die Pyrenäen in westöstlicher Richtung erstreckt, und dies ist ein Umstand, der bisher zu wenig berücksichtigt wurde, aber eine verborgene Quelle mancher Widersprüche ist, die sich in den Bestimmungen der Schneeregion verschiedener Bergketten noch zeigen. Dazu kommt der Umstand, daß jeder Hauptgebirgszug Aeste aussendet, welche auch zwei einander entgegengesetzte Abdachungen haben, von welchen wieder Nebenäste abgehen, an welchen sich gleichfalls zwei gegenüberstehende Weltgegenden vorfinden, und jede ihren Einfluß auf die Schneegrenze äußern, weshalb es uns nicht erlaubt ist, die Gränze des beständigen Schnees sich als eine am Gebirgsabhang gleichmäßig fortlaufende Linie vorzustellen, sondern vielmehr als eine in mannigfaltigen, unregelmäßigen Windungen sich hinziehende Schlangenlinie, deren oberste und unterste Punkte durch fleißige Beobachtung erkannt werden müssen, damit das Mittel aus denselben ein Maaß zur Bestimmung der Höhe der Schneelinie abgeben könne.

In drei Stunden erreicht man von Accoux die Scheidecke des Edshia, welche ganz oben noch sehr nutzbare Schaafweiden trägt, und in drei Stunden steigt man zu den in Val d'Ossaou befindlichen warmen Quellen herab, die dem dazu gehörigen kleinen Weiler den Namen Eaux chaudes gegeben haben. Aus diesem Thale wird über den Gebirgscheider ein ziemlicher Handel mit dem entsprechenden spanischen Val de Thène, worin Sallent der höchste Ort ist, getrieben. Hart an diesem Uebergang über die Bergkette liegt das Mittagshorn von Pau, welches mit dem Mittagshorn von Bigorre bei Barrèges, nicht verwechselt werden darf. Jenes ist nach Herrn Reboul's letzter Winkelmessung um 78 Meter höher als dieses, und 2984 Meter über der Meeresfläche erhaben; aber erstiegen ist sein Gipfel noch nicht, und möchte hierin wohl einer der letzten Berge dieses Gebürges seyn, weil sein oberes Drittel steil und gebogen emporsteigt. Beständiger Schnee findet sich an ihm nicht vor, dazu ist er nicht hoch genug, und auf jeden Fall, wenigstens von der N. und NW. Seite, zu steil.

Ich wollte einen Versuch zu Ersteigung dieses Berges machen, und eilte deshalb bald nach meiner Ankunft in Eaux chaudes nach dem zwei Stunden entlegenen Gabas, dem äußersten Dorfe in Val d'Ossaou, mußte aber, wegen dichter Wolken die sich auf und rings um das Mittagshorn lagerten, unverrichteter Sache umkehren.

Bei Gabas, in der Höhe von 1050 Metern steht ein Granit von ziemlich gleichmäßigem Korn an, der aber tiefer im Thale hinab grobkörniger wird. Bei etwa 680 Metern Höhe in demselben Flußbette bestehen die Gehänge desselben aus einem ziemlich festen grauen Kalkstein, von feinem Kalkspathadern durchzogen, der von NW nach SO streicht, und unten 45 Grad südlich einschießt; er zieht sich bis gegen Laruns, 524 Meter über der Meeresfläche hinab, und hat die Eigenthümlichkeit an mehrern Stellen ganz den Bau des feinsten Sandsteins anzunehmen, ohne jedoch etwas anderes als Kalkstein zu seyn, an andern Stellen wieder sehr porös zu werden, und dann wieder plötzlich mitten in seine regelmäßigen Schichten ein Lager von Trümmern des nämlichen Kalksteins zu enthalten, welche durch eine Art feinen Sandes mit einander verbunden werden. Ganz dieses nämliche Gestein findet sich auch oberhalb Eaux chaudes im Thal, aber nur als Geschiebe, das dort von der Höhe des Thalgehänges, wo es wahrscheinlich den Granit deckt, herabgefallen seyn muß.

Man hat vier Stunden von Gabes nach Laruns zu gehen, welches in einer weiten Thalebene liegt, deren Eingang von oben her ein mitten durch den Felsen gesprengter Hohlweg ist, gleich dem auf der Gothardsstraße, von hundert Schritt Länge, und geräumig genug, um den Wagen und Lastthieren als Durchgang zu dienen. Den Mineralquellen vorbei, welche in der Nähe von Laruns sprudeln, und den Namen Eaux bonnes tragen, führt der Weg in östlicher Richtung über den 1730 Meter hohen Bergrücken, Col de Tresserre, durch Arbiost und Ferrières oder Haougarou gegen einen neuen Gebirgsrücken, Col d'Enfant genannt, den ich am andern Tage in einer Höhe von 1414 Metern überstieg. Durch die breite Thalebene Val d'Estrem kam ich nach Agellés, und ließ auf der dortigen Souspréfecture meinen Paß visiren, was der Ordnung gemäß von Zeit zu Zeit geschehen muß.

Argellés ist der Eingang zu einem der höchsten Theile des Gebirges; denn eine Stunde von da bringt man rechts den sehr besuchten Bädern von Cauterés vorbei, gegen den Vignemale eine der höchsten Massen des Gebirges vor, links über Luz gegen das Gebirge des Marboré und Mont Perdu. Der Vignemale hat nach des Herrn Reboul's Messung eine Erhebung von 3354 Metern über der Meeresfläche, und bildet, wie er mir vom Gipfel des Mont Perdu erschien, mehr als dieser, eine freistehende große Masse, mit weniger schroffen Abdachungen. Ihn, der bis jetzt noch gar nicht besucht war, wünschte ich zu ersteigen, und glaubte auch meinen Weg demgemäß gewählt zu haben, als etwa eine Stunde weit vom Scheidewege mich ein Sänftenträger fragte ob ich auch nach Barrèges wolle. Das klang mir wie ein Donnerschlag, ich befand mich auf dem Wege zum Mont Perdu, und hatte, im Anstaunen des schönen, ziemlich weiten Thales, die sonst nicht zu verfehlende große Straße nach Cauterés übersehen. Ich erkannte hierin einen nicht bedeutungslosen Wink, und verfolgte, ohnerachtet ich erst eine Stunde weit fehl gegangen war, doch den mir von Zufall angewiesenen Pfad. Abends um 6 Uhr, den 13. Sept. traf ich in Luz ein, einem ländlichen Kantonstädtchen, in der Thalweitung, welche durch den Zusammenfluß des Gave de Pau und des Gave de Barrèges gebildet, von bedeutenden, jedoch größtentheils bewachsenen Bergen umgeben, und mit den Ueberresten einer alten Burg geziert ist, wie man deren im ganzen westlichen Theil der Pyrenäen hie und da findet. Sie bestehen meist in einem viereckigten oder runden Wartthurm von mittlerer Größe, mit einigen verfallenen Mauern.

Nie sieht man sie, gleich den Burgen der deutschen Ritter, auf den größeren Berghöhen erbaut, sondern immer nur auf einem abgesonderten kleineren Hügel am Eingange der Thäler, und erkennt sie überall an dieser eigenthümlichen Lage. Ihren Ursprung schreibt die Volkssage Engländern zu, welche ehemals diese Gegenden inne gehabt hätten, und die Geschichte entspricht dieser Sage vollkommen, insofern die mittlern und westlichen Pyrenäen durch den Herzog Guillaume Geoffroy im Jahr 1070 mit der Guyenne vereinigt, und durch die zweite Verheirathung von dessen Tochter Elenore mit Herzog Henri von Anjou, der nachmals zum König von England erwählt wurde, unter englische Oberherrschaft kamen und blieben, bis sie nach erschöpfenden Kriegen dann wieder durch Carl den 7ten im Jahr 1451 an Frankreich gebracht wurden. Diese Ueberreste von Befestigungsplätzen haben also sämmtlich ein Alter von mehr als 400 Jahren, und werden jetzt noch hie und da als Aufenthaltsort der Zoll- und Polizei-Wachen benutzt.

Da sich am Abend meiner Ankunft in Luz, und noch mehr des andern Tages der Himmel sehr trübte, hatte ich keinen Muth die Reise zum Mont Perdu schon zu beginnen, und verwendete daher einen Tag zu einem Spaziergang nach dem, eine gute Stunde entfernten, berühmten Badeort Barrèges. Es ist dies ein ganz kleines Dorf, bloß zum ärmlichen Empfang der Badegäste eingerichtet, in einem von rauhen Felsenhöhlen eingeschlossenen Thal, das den Bewohnern nicht einmal der Winteraufenthalt gestattet, sondern in dieser Jahrszeit von einer einzigen Badewächterfamilie bewohnt wird. Gemäßigt, wenn auch nicht lieblich, muß es in einer Badegegend doch seyn, sonst kann es selbst dem Gesunden dort nicht behagen; und dieser Vorzug geht dem Thal von Barrèges gänzlich ab; denn die Mittagssonne der heißen Monate wird an den Felswänden zurückgeworfen und erzeugt eine drükkende Hitze; aber der Morgen und Abend, so wie die Frühlings und Herbstmonate sind wegen des späten Auf- und frühen Unterganges der Sonne dagegen ganz außerordentlich kühl. Wenn dessen ungeachtet Barrèges ein berühmter und sehr besuchter Ort ist, so muß dies einzig und allein der großen Wirksamkeit seiner Quellen zugeschrieben werden; denn die erhabenen Naturschönheiten, welche diesen Ort in einiger Entfernung umgeben, sind für einen körperlich Leidenden wenig genießbar; so der berühmte Pic du Midi de Bigorre, ein Berg von 2906 Meter Höhe, und dadurch besonders wichtig, daß er nördlich von der Hauptgebirgskette absteht, daher von seinem Gipfel aus zunächst den Mont Perdu und seine Nachbarn, dann aber fast das ganze pyrenäische Hochgebirge in großer Deutlichkeit zeigt; dieser Berg ist zwar zur Noth, aber doch nur unter sehr bedeutenden Kosten in Sänften oder auf Maulthieren zu ersteigen, und fordert dann immer einen Zeitaufwand von zwei Tagen, eignet sich also nicht wohl zu einer Lustwandlung für Kranke. Der Mont Neda ist bis jetzt nur wenigen muthvollen und kräftigen Reisenden ersteigbar gewesen, und in seinen untern Regionen, namentlich dem weitgekannten Amphithéatre du Marboré mit seiner frostverbreitenden Cascade wird man nur zu erhabenen, ja wohl schauerlichen Gefühlen, nicht aber zu jener gemüthlichen Heiterkeit gestimmt, welche man in jenen Gegenden einsammelt, wo die Natur mit ihrer unendlichen Kraft und Unerreichbarkeit etwas zurücktritt, und den schwachen Menschen weniger drückend an seine Schwäche mahnt. Daher nehmen die Badenden aus Barrèges im Durchschnitt weniger die Erinnerung eines wahrhaften Naturgenusses mit sich nach Hause, als vielmehr das stolze Gefühl sich der von lieblichen Reitzen völlig entblößten Natur auf einige Wochen hingegeben, und in der Nähe großer Erscheinungen befunden zu haben.

Am 15. Sept. verließ ich Luz um dem Laufe des Gave de Pau entlang, mich ins Innerste des pyrenäischen Hochgebirges zu vertiefen. Drei Stunden thalaufwärts liegt das beträchtliche Dorf Jeddro, von den Franzosen Gedre verstümmelt. Hier wohnte noch Rondo, einer der Ersten, die den Weg zum Mont Perdu, auf Acmond's Ermunterung gesucht, und diesen, so wie einige andere Reisende auf dessen Gipfel geführt hatten. Rondo war nicht zu Hause als ich nach Jeddro kam, und weil ich, wegen des eintretenden heitern Wetters die Geduld nicht hatte, ihn abzuwarten, war ich sehr zufrieden im Wirthshaus des Dorfes gleich einen rüstigen Mann zu finden, der zwar nie auf dem Mont Perdu gewesen war, aber dem Gebirgskundigen Herrn von Charpentier, einem Deutschen, welcher mehr als irgend Jemand im Stande ist, eine umfassende und tief eindringende Darstellung der äußern und innern Beschaffenheit der Pyrenäen zu liefern, als Begleiter auf allen seinen Wanderungen in der ganzen Umgegend von Jeddro gedient hatte, und sehr erbötig war, mich zum Gipfel des Mont Perdu zu geleiten. Nach einem kleinen Frühstück und angestellter Beobachtung gingen wir, dem Lauf des Gave folgend, bei dem Dorfe Gavarnie vorbei, und dann einen im Ganzen sanft ansteigenden Weg über eine große Thalwiese, Prade de Gavarnie genannt, bis zur Quelle des Gave de Pau, die in der Höhe von 1662 Meter unter einer bedeutenden Schneemasse hervorrieselt, welche sich in den Grund das Amphithéatre du Marboré gelagert hat. Unter dieser Benennung versteht man einen ungeheuer weiten, senkrechten, halbwalzenförmigen Ausschnitt aus der Nordseite der Centralgebirgsmasse; sein Grund bildet den Anfang des flach abfallenden Thales, in welchem Gave de Pau entspringt; seine Wände steigen östlich, südlich, und großentheils auch westlich rein senkrecht bis zu einer Höhe von 2400 Meter an, südlich aber in vier bis fünf mächtige Stufen getheilt, deren oberste alsdann in den von seinem vielfältigen schönen Marmor so genannten Marboré oder Cilindre du Marboré übergeht. Die östliche Wand verliert sich oberhalb in die Bergkuppe Astaschjou, von deren Rande die berühmte Cascade du Mont Perdu aus einer Höhe über dem Meer von 2364 Metern herabstürzt, aber eher mit den Staubbächen der Schweitz als mit eigentlichen Wasserfällen verglichen werden darf, denn das Wasser bildet einen flachen und schmalen Strahl, der sich wegen der ungeheuren Höhe auf der Hälfte seines Falles schon in viele Adern in der Luft zertheilen muß, und so den Boden des Amphitheaters nach einem senkrechten Fall von 700 Meter oder ohngefähr 2150 pariser Fuß erreicht, um sich dann unter dem dort befindlichen Schnee zu verlieren, und am Rande desselben als Gave de Pau wieder zum Vorschein zu kommen. An der Stelle, wo das herabstürzende Wasser den Boden berührt, hat es grade die

Temperatur des frierenden Wassers, theils wegen des äußerst hohen Sturzes, und der daraus entspringenden starken Verdunstung, theils weil die ganze ungeheure Nische des Amphitheaters nicht breiter als hoch, und grad gegen Süden durch die furchtbare Masse des Marboré und seiner senkrechten Stufen des unmittelbaren Einflusses der Sonnenstrahlen von Anbeginn ihres Daseyns gänzlich beraubt ist, wodurch allein es auch möglich wurde, daß sich nicht nur in der Ecke einer jeden der genannten Stufen, sondern auch am Fuß der untersten, im Grunde des Amphitheaters, bei der geringen Höhe von 1662 Meter, der Schnee von Jahr zu Jahr erhält, wie das Eis in unsern tiefern Brunnen während der Sommermonate.

Drei Nachmittagsstunden hatte ich gebraucht, um von Jeddro bis in diese Gegend zu kommen, ging dann etwa eine Viertelstunde gegen Gavarnie zurück, von wo aus ich durch ein kleines Gehölz am rechten Thalgehänge auf den Bergrücken Mont Allant oder M. Allance stieg, welcher den Astaschjou mit dem gegen Norden gelegenen Pimené verbindet. Hier langte ich mit einbrechender Nacht an, und fand bei zwei spanischen Hirten, die in der Höhe von 1796 Meter, eine Heerde von 5000 spanischen Schaafen auf französischem Boden weideten, für diese Nacht ein etwas schmutziges und rauchiges, aber gern gewährtes Unterkommen. Des andern Tages hatte ich in Zeit von einer Stunde die Höhe des Mont Allant vollends überschritten, und befand mich auf seiner andern Seite, welche das linke Thalgehänge des bekannten Val d'Estaoubé bildet, ein hochgelegenes, aber flaches, weites und langes Thal, das vom Mont Perdu in nordöstlicher Richtung abgeht, von diesem aber noch durch einen bedeutenden Felskamm, Tuka rouja getrennt, und dadurch zugleich gegen Süden geschlossen ist. Am östlichen Ende der Tuka rouja hat das Val d'Estaoubé einen Ausgang in das spanische Val de Beoste durch den Port de Pinède, und dann an seiner östlichen Wand noch einen zweiten durch den Port biel (Port vieux). Unter dem Worte Port nämlich versteht man in den Pyrenäen den Uebergang auf einem zwischen zwei Thälern gelegenen hohen Bergrücken, besonders wenn er durch eine Vertiefung oder einen Ausschnitt im Felsen bezeichnet ist, und wenn die Thäler nicht neben einander liegen, sondern in einer graden Linie mit ihren Scheiteln an dem Felsrücken zusammentreffen, wie dies mit allen vom Hauptgebirgskamm der Pyrenäen unmittelbar auslaufenden Thälern der Fall ist, von denen immer ein nördliches einem südlichen entspricht. Der größern Ports in den Pyrenäen giebts ohngefähr zwanzig; sie heißen in der Richtung von Westen nach Osten: Port d'Anso, P. de Ponfry, P. de Cauterés, P. de Gavarnie, Brèche de Roland, Port de Pinède, P. Biel, P. de Plan, P. de la Pés, P. de Clarabide, P. d'Oo, P. de la Glère, P. de Venasque, P. de la Piccada, P. de Viella, P. de Caldés, P. de Gouailligrestada, P. de Peyrblanc, P. d'Aoula, P. de Salaou, P. d'Aourat. Alle dienen zur Vermittlung des Handels zwischen den gegenüberstehenden französischen und spanischen Thälern, aber, und zwar besonders die schwürigsten und höchsten unter ihnen, auch zur Unterhaltung eines bedeutenden Schleichhandels, besonders mit Wein, Wolle, Pferden, Schweinen. Einige derselben liegen so hoch, daß sie auf ihrer Nordseite die Schneegränze erreireichen, mit Lastthieren gar nicht, sondern nur Fußgängern gangbar sind, und auch für diese nur im Sommer, theils wegen des alle Schluchten verrätherisch deckenden Schnees, theils wegen der Kälte und der Kürze der Tage; so die Brèche de Roland, der Port de Clarabide, P. de Venasque, P. de la Piccada, P. de Caldés und der 2931 Meter hohe P. d'Oo. Dies sind die Orte, wo der Pyrenäenbewohner seine Kräfte übt, und nicht selten sein ganzes Gut und Leben auf einen einzigen seiner Schritte setzt; hier werden mehr als auf der gefährlichsten Gemsjagd Geist und Körper in beständiger Spannung erhalten, denn außer den Gefahren des unsichern Bodens, muß der Schleichhändler jeden Augenblick gewärtig seyn, von der Büchse eines lauerndern Douanier in seinen Wegen gehemmt zu werden. Daher gehen jene auch meistens bewaffnet, aber nur gegen diese, und erscheinen dem Reisenden oft wie aus den Wolken gefallen, plötzlich hinter einer Felswand hervortretend, in Einöden, wo der Naturforscher sich von der Menschheit, der bewaffneten wenigstens, weit entfernt wähnt, anfangs zum Schrecken, aber, sobald man ihre Hülfe anspricht, als gefällige, uneigennützige Wesen, die hier gleichsam ihre Heimath haben, und jeder Schlucht, jedes Felsen kundig, dem Verirrten zum Retter, dem Wißbegierigen zum Lehrer werden. — Von diesem Schlage mochte auch mein Begleiter, Antoine de Baguette seyn, dem mein Leben und Geld auf Felsspitzen und Schneebänken jede Minute zu Gebot stand, ohne Gefahr einer Entdeckung, denn ich war ohne Begleitung, ohne Empfehlung, als Einzelner im Thale erschienen, und hatte mich gleich in der ersten Stunde mit ihm auf den Weg gemacht. Felsenstege waren seinem Gedächtniß, wie seinen Fußsohlen aus vieljähriger Uebung geläufig, und so lange wir in dieser Region blieben, war ich seiner Führung gewiß. Diese begann aber zu wanken, sobald wir uns anschickten, den Felskamm Tuka rouja, welcher uns in Val d'Estaoubé vom Mont Perdu trennte, zu ersteigen; denn er ist hier unter einem Winkel von 40 Grad ansteigend, und ganz mit vergletschertem Schnee bedeckt, welcher in einer Höhe von 2409 Meter beginnt, und bis etwa 2600 Meter hinaufreicht, wo die Felsen zu steil werden, um ihn noch weiter zu tragen. Dieser Schnee ist ein unvergänglicher, seine Masse bedeutend, und mithin der Region des vorigen Schnees angehörig, wenn man mit diesem Namen die Erscheinung belegen darf, welche darin besteht, daß in einer Gegend die Wärme eines Sommers nicht hinreicht um allen im Winter gefallenen Schnee wegzuschmelzen, sondern noch ein Theil zurückbleibt, und dem neufallenden als Unterlage dient, um vielleicht erst im künftigen Jahre oder in künftigen Jahren durch die Wärme des Bodens in Wasser verwandelt zu werden, und seinen Platz der neugebildeten Schneekruste einzuräumen. Die Steilheit und eingeschlossene nördliche Lage der Tuka rouja ist übrigens ein besonders günstiges Zusammentreffen von Ursachen um diese ununterbrochene Erneuerung des Schnees hervorzubringen, mit welcher also hier, in einer Höhe von 2409 Meter wohl kaum nur der allerunterste Anfang der Schneeregion in den Pyrenäen bezeichnet werden darf.

Hier mußten wir unsere Fußeisen anlegen, ein einfaches Kreutz aus einem längern und einem kürzern eisernen Lineal zusammengesetzt, an jedem der vier Enden unten mit einem starken Stachel versehen, oberhalb auf jeder Seite mit einem Loch in der kleinern Querstange, zur Aufnahme von Riemen oder Stricken, mit denen das Ganze, jedoch ziemlich wackelnd, an den Fuß geschnürt wird. Mit Hülfe dieser Eisen und vorzüglich unsrer bespitzten Wanderstäbe, betraten wir die Schneewand sicher, umgingen auch einen fünf Schritt breiten Spalt, welcher sie grad in der Mitte theilte, und gelangten nicht ohne sichtliche Gefahr des Hinabgleitens, auf die Scheidecke des Felskammes, wo wir die ganze Nordseite des Mont Perdu in ihrer vollen Pracht vor Augen, den Lac du Mont Perdu grad zu unsern Füßen, und das spanische Val de Beoste links vor uns hatten. Jener See, von vielleicht 40 Klafter Länge und 25 Klafter Breite liegt, 2560 Meter über der Meeresfläche, in einem Kessel, welchen südlich der Mont Perdu selbst, westlich der Astachjou und nördlich die Tuka rouja umschließt; westlich ist er offen, und gestattet dem See einen Abfluß ins Val de Beoste, eine der Quellen der Cinca, welche bei Balbastro vorbei dem Ebro zuströmt, und sich durch diesen ins Mittelmeer ergießt. Gegen Westen hat der See gar keinen offenen Abfluß, das sieht man deutlich, die ganze Masse des Astachiou ist im Wege, und in so fern ist es allerdings eine Fabel daß die Cascade du Mont Perdu diesem See ihrem Ursprung dankt. Indessen strömt dieser Wasserfall das ganze Jahr, nur mit abwechselnder Stärke, auch mitten im Winter, wo kein Schnee geschmolzen wird, und es ist daher nicht unwahrscheinlich, daß der See auf dieser seiner westlichen Seite einen unterirdischen Abfluß hat, besonders da er ohngefähr 150 Meter höher liegt, als man die Cascade am obersten Rande des Amphitheaters zum Vorschein kommen sieht. Unter dieser sehr wahrscheinlichen Annahme, hätte man hier auf eine ganz einzige und erhabene Weise eine Gemeinschaft des Mittelmeers durch den Ebro und die Cinca zum Lac du Mont Perdu, 2560 Meter, oder 7881 pariser Fuß hoch, dann von diesem unterirdisch zur Cascade du Mont Perdu, welche der Gave de Pau den Ursprung giebt, und durch diese dem Adour und dem Ocean zugeführt wird.

Der ganze Kessel, in dessen Grunde der See liegt, ist ringsum, erst ziemlich sanft, dann aber gegen den Mont Perdu und die Tuka rouja steil ansteigend. Beständiger Schnee deckt seine Oberfläche, und der See selbst ist größtentheils gefroren; auch schien er mir, als ich sein Eis durchbrach, noch in seinem Grunde eine Lage desselben zu enthalten; seine Temperatur war genau 0° R. Der Schnee reicht sogar, wiewohl wegen Steilheit des Bodens mit einigen Unterbrechungen bis zum Gipfel des Mont Perdu, und daher setze ich mit Recht den ersten Anfang der Schneeregion an das Niveau des Lac du Mont Perdu, also auf eine Höhe von 2560 Meter an, denn rings herum vermag sich in geringeren Höhen kein Schnee mehr zu erhalten, wenn er nicht, wie am Marboré, der Tuka rouja u. s. f. wegen besondrer Einflüsse ungeschmolzen bleibt, und selbst an etwas höhern Punkten als die bezeichnete Höhe im Kessel des Mont Perdu bedarf es nur der geringsten örtlichen Bedingungen, um den Schnee auch dort noch zu vertreiben.

Unter den Schneemassen dieses Thals erkennt man auch ganz deutlich einen Gletscher, welcher sich vom westlichen Ende des Mont Perdu schräg in NO gegen den See herabzieht, und auf seiner Oberfläche viel

Rauhigkeiten darbietet, wegen der großen Menge von Steinen, die vom Mont Perdu herabfallen, und sich vermöge ihrer stärkern Erwärmung an den Sonnenstrahlen in ihn versenken. Hiedurch, und wegen der geringen Neigung seiner Oberfläche glaubte ich auf ihm die Westseite des Berges, und längs dieser dann, den steilen Gipfel erreichen zu können. Dies wäre zwar der weitere, indessen vielleicht auch der leichtere Weg zum Ziele. Mein Begleiter aber fand die östliche, kürzere Seite des Berges vorzüglicher, und versprach frohlockend sich in $1\frac{1}{2}$ Stunden mit mir auf dem Gipfel zu befinden. Wir umgingen also, diesem Plane zufolge, den See auf seiner westlichen Seite, und kletterten bald auf lockern Felstrümmern, bald auf Schneeabhängen hinan, hieben uns Fußtritte, da wo die Härte und Steilheit der Schneemasse es erforderte, benutzten eingestürzte Schneemassen als Brücken über Eisspalten, kurz — wir versäumten keine Anstrengung um bis zu einem Absatz zu gelangen, welchen der Mont Perdu auf seiner Nordseite bildet, und auf welchem erst die eigentliche Kuppe des Berges, in Gestalt eines senkrecht getheilten Kegels, mit der ebenen Fläche nördlich gekehrt, aufsitzt. Wer Berge bereist hat, weiß, daß keine Schnee- und Eisfläche, kein Felsabhang so schwer zu ersteigen ist, als ein Berg der mit Trümmern gedeckt, und mit Schnee unvollkommen überschüttet, mit jedem Schritte neue Gefahren bietet. Dies wurde immer mehr der Fall, je emsiger wir uns dem Ziele zu nähern trachteten, und mehr als einmal hatte Antoine den naiven Wunsch geäußert, sich lieber nicht hier zu befinden, weil er nicht wisse: comment en sortir. Aus dem Schwürigen ward endlich das Unmögliche; wir kehrten um, ohne den Gipfel zu erreichen, 265

Meter unterhalb desselben, und 3081 Meter über der Meeresfläche, bei dem heitersten, günstigsten Wetter. Es war grade Mittag; wir hatten unsere Zeit von halb sechs Uhr Morgens also gut genutzt, und waren daher nicht gesonnen von dieser Seite einen Versuch zu Ersteigung des Mont Perdu zu machen. Wir verfolgten daher genau unsern vorigen Weg, bis jenseit der Tuka rouja, am Eingang von Val d'Estaoubé, dem wir nun in seiner ganzen Längenrichtung folgten, und Abends halb sieben Uhr das Dorf Héas erreichten. Wir traten in eine der zerstreut liegenden Wohnungen desselben; es war die des Kirchendieners, der neben seiner geistlichen Bestimmung auch noch der eines Gastwirths nachging, und uns für gute Bezahlung mit Brod, Wein, Milch und Nachtlager für die gehabten Strapatzen nach Wunsch erquickte, mir auch des andern Tages den großen Schatz zeigte, welchen das Thal zur Bewundrung aller umliegenden Thäler in sich schließt, die berühmte wunderthätige Notre Dame de Héas. Am äußersten, oberen Ende des Dörfchens liegt, von Stein in Form eines Kreutzes zierlich aufgebaut, und mit einer grünen Kuppel versehen, eine kleine Kapelle, und in ihr steht eine Muttergottesgestalt, etwa ½ Meter hoch, angethan mit einem sehr breiten rothen Kleid, und einem prachtvollen Kopfputz, das Ganze hie und da mit glänzendem Gold und Silber geschmückt. Mein Wirth hob das Sinnbild der Andacht vom Altar, küßte, und reichte es mir zu gleichem Zweck. In der That wird dieses Bild für mehr als eine sinnliche Darstellung des Heiligen gehalten, es werden ihm alle wunderthätigen Eigenschaften beigemessen, welche der Katholik von seinen Heiligen nur erwartet, und wer von demselben etwas gehört hat, nennt den Namen Notre Dame de Héas nur mit einer Art von ehrfurchtsvollem Schauer.

Die sich hierauf beziehende, von jedem Bewohner dieses rauhen Felsenthales treu in der Brust bewahrte Sage ist, daß diese Gegend eine lange Zeit von Menschen bewohnt gewesen sey, ohne daß man an die Errichtung eines Heiligthums gedacht. Dann hätte sich vor etwa 200 Jahren eben dieses Bild der Mutter Gottes, das man jetzt so allgemein verehrt, im Thal gezeigt, wäre bald auf dieser, bald auf jener Felszacke gewesen, verschwunden und wiedergekehrt, bis man den Sinn dieser Erscheinung aufgefaßt, und dem Bilde eine Kapelle erbaut hätte. — Sie ward aber nur von Holz aufgeführt, und als sie daher im Jahre 1650 ganz in Verfall zu gerathen drohte, das heilige Bild von Héas aber immer an Ruf und Ansehen gewann, beschloß man diesem Kleinod eine gefeiertere Stätte in der Hauptkirche der Unterprefecturstadt Argellés anzuweisen. Es wurde zu diesem Zweck eine feierliche Prozession von vielen Geistlichen und Aeltesten der ganzen Gegend veranstaltet. Aber kaum hatte man sich eine halbe Stunde weit thalabwärts begeben, als das Bild den Händen des Priesters entschwand, und wieder in der kleinen Kapelle erschien. Auf der Stelle ward der Entschluß gefaßt, der Getreuen einen dauernden Wohnsitz an Ort und Stelle zu bereiten, und Hand gelegt an die Erbauung der noch jetzt vorhandenen niedlichen Kapelle. Das Bild bezeugte sich dankbar, und sendete den Arbeitern täglich zu einer bestimmten Stunde vier Ziegen, welche sich melken ließen, und die Leute dadurch ernährten; als die Thiere sich aber mehrten, und einmal mit zwei Jungen kamen, um die Maurer zu laben, diese aber den Frevel begingen, eins der Jungen zu schlachten, kamen die Alten nicht wieder. Ein mächtiger Felsblock eine halbe Stunde unterhalb des Dorfes, bezeichnet die Stelle, wo sich das Bild bei seiner beabsichtigten Entfernung aus dem Thale, den Blicken der Gläubigen entzog, und die in den Fels gehauene Jahrszahl 1650 bestimmt den Zeitpunkt dieser Begebenheit. Seitdem ist die Verehrung allgemein; die Priester von Jeddro und Gavarnie müssen regelmäßig nach Héas kommen, die Messe zu halten, und jeder Frevel an dem Heiligthum bestraft sich selbst mit äußerster Strenge. So habe während des Krieges mit Spanien ein Unterofficier von den hier befindlichen französischen Truppen seinen Muth und zugleich die Aufklärung seines Geistes zeigen wollen, indem er ein über der Thür der Kapelle von Héas befindliches hölzernes Bild der Notre Dame de Héas verspottete, und demselben mit frechen Worten, eine Kugel vor die Stirn schoß; worauf ihn aber sogleich tiefe Reue und die Ahndung ergriffen habe, daß ihm Aehnliches begegnen werde. Und wirklich habe sich noch am Abend desselben Tages im Port de Pinède ein Gefecht mit den Spaniern ereignet, nach welchem man den Frevler von einer Kugel in der Stirn, getödtet fand, und ihn im Val d'Estaoubé begrub, wo ich noch den seiner Tapferkeit zu Ehren gesetzten Grabstein, eine große Schieferplatte mit der Inschrift sah: Ci gît le brave Mothé à lombre de ses lauriers, il mourut en criant: courage sans-culottes, courage grenadiers, bayonnête en avant. –

Höher hinaus als das Dorf Héas wachsen keine Bäume mehr, und die Abhänge unterhalb desselben sind nur mit niedrigem Gestrüppe besetzt, das aus Erlen (Alans glutinosa), Rhododendron ferrugineum, Rosen, Heidelbeeren, Wachholder, Weiden (Salix alba, S. pyrenaica) und einigen Birken besteht. Das Erlengesträuch erreicht kaum einen Meter Höhe, hat aber noch ziemlich große Blätter; das Rhododendron trägt hier noch sehr reichhaltig Saamen, und wird bis einen halben Meter hoch; die Rosen sind gleichfalls reich an Saamen, so hoch als die Erlen, und schon in der Höhe von Héas selbst findet man ganz kleines, einen Finger hohes Rosengesträuch, das auch noch Früchte trug; dem Rhododendron ganz ähnlich, verhielt sich der Wachholder. Héas möchte also wohl für die Erle und Birke in dieser Gegend als die Gränze ihres möglichen Fortkommens festgesetzt werden können, nicht aber für Rhododendron, Rosen, Heidelbeeren und Wachholder. Eine gute Viertelstunde unterhalb Héas, aber in gleicher Höhe mit demselben, am Ausgange des weiten und warmen Val d'Estaoubé, steht auch schon ein hübscher Hain von Buchen (fagus sylvatica), Bäume von etwa 7 Meter Höhe, nebst einigen noch höhern Edeltannen, zum Beweis, daß die Rauhigkeit des Thales von Héas und sein unwirthbarer steiler Felsboden die Baum- und Strauchvegetation um ein Bedeutendes herabsetzt. Auch wachsen im Schutz der Häuser des Dorfs ziemlich große Weiden, einige Eschen von Armsdicke, einige kleine Vogelkirschen, und gleich unterhalb Héas noch ein Kirschenbaum von einer Spanne im Durchmesser. Zweihundert Meter oberhalb Héas, dem höchsten Dorfe auf der Nordseite der Pyrenäen, also bei 1750 Meter über der Meeresfläche möchte indessen auch auf dem günstigsten Boden den Bäumen jedes Wachsthum selbst in Strauchgestalt unmöglich seyn. Von Getraidegattungen baut man um Héas Roggen, Gerste uud Haber, jedoch mit großer Mühe und geringem Lohn, denn die fruchtbringende Erdschicht ist dünn, und der Boden überhaupt von Felstrümmern überschüttet, die in größern und kleinern Massen von den steilen Gehängen des Thales herabfallen. Eine solche Verwüstung zeigt sich sehr auffallend eine halbe Stunde unterhalb des Dorfes, wo an der rechten Thalwand zahllose Trümmer von Glimmerschiefern und Gneusen, die an Spatheisenstein sehr reich sind, bis zur Größe der dortigen Bauernhäuser liegen, unter welchen der vorhin Genannte mit der Jahrszahl 1650 versehene einer der größten mit Namen Caillou de la Raillée den Bewohnern der Gegend seiner Bedeutung wegen heilig ist, denn so oft Einer von Héas weggeht und diesen Stein erreicht, wendet er sich noch einmal knieend gegen die Kapelle, um dem verehrten Bilde für empfangene Wohlthaten zu danken, und es um ferneren Schutz zu bitten.

Der Bergsturz, welcher diese Massen von dem linken Thalrande herabführte, mochte sich, der Lage nach, vor etwa 200 Jahren ereignet, und die Ursache zur Entstehung eines Sees gegeben haben, den die Gave de Héas hier noch bis zum Jahr 1788 bildete, und der durch seinen Reichthum an guten Fischen der ganzen Gegend von großem Nutzen geworden war. Um diese Zeit aber ereignete sichs, daß nach einem achttägigen, unaufhörlichen Regenguß, der See sich plötzlich leerte, indem der Vorsprung von Felsstücken der ihn schloß, zusammenstürzte. Dies hatte nicht nur die Entfernung des so nutzbaren Lac de Héas, sondern auch manche bedeutende, zum Theil noch sichtbare Verwüstungen im Val de Héas, und selbst bis Jeddro hinab zur Folge.

Am 19. Sept. ward das Wetter günstig, der Himmel war ganz heiter, und ich beschloß sogleich einen zweiten Versuch zur Ersteigung des Mont Perdu zu machen. In Jeddro lebt der alte Rondo, der einzige damals noch lebende Bauer, welcher den wahren Weg zum Mont Perdu kannte. Er war einer von denen, welche durch Ramond's Eifer angespornt, diesen mit Recht sogenannten verlornen Gipfel, den man in größern Entfernungen mächtig hervorragen sieht, aber gleich aus dem Gesichte verliert, sobald man sich ihm zu nähern trachtet, aufzufinden viele vergebliche Versuche gemacht hatten, ihn endlich doch erreichten, und dann zuerst den unermüdlichen Ramond, später aber noch dann und wann einen Wißbegierigen hinaufführten. — Der alte Rondo war jetzt schon stark über 60 Jahr alt, und hatte keine große Lust mehr bedeutende Reisen zu machen. Doch wollte er den Besitz der Kunde des Weges zum Mont Perdu nicht mit sich ins Grab gehen lassen, sondern seinem Sohne als ein an Geld und Ehre einträgliches Vermächtniß übergeben. Daher, und weil Herr von Marsac, ein reicher Grundbesitzer von Toulouse, der ein paar Jahre vor mir durch Rondo auf den Mont Perdu geleitet war, mich ihm schriftlich empfohlen hatte, willigte er ein, gegen die gewöhnliche Vergütung von 6 Franken täglich, unter Begleitung seines Sohnes, die Reise noch einmal zu machen. Das war mir sehr willkommen, denn der Weg auf den Mont Perdu führt durch ein Labyrinth von Felsabhängen, einzelnen Schneeflächen, und dann wieder über große Berg-Ebenen und enge

Schluchten, ohne daß man durch irgend ein anderes Zeichen von seinem Ziele eine Ahndung bekommt, als durch die redenden Ueberreste uralter Zerstörungen, und die von allen Werkstätten menschlicher Betriebsamkeit so weit wegführenden Einöden. —

In Gavarnie machten wir die Reisevorräthe, bestehend in einem Schlauche spanischen Weins und einer hinreichenden Menge Brod und Käse, als der besten Erquickungsmittel unter den Beschwerden einer solchen Reise. Wir gingen wieder durch die Prade de Gavarnie, wandten uns aber, bevor wir die Quelle des Gave de Pau erreichten, rechts gegen die steile Felswand, die das Amphithéatre du Marboré im Westen begränzt. Wenn Rondo mir nicht vorangegangen wäre, ich hätte mir nimmermehr eingebildet, daß dort hinauf ein Pfad führen könne, so schroff steht diese Mauer da; noch viel weniger erwartet man, daß Menschen mit Waaren beladen, sichern Trittes hier oft bei Nacht und bösem Wetter, wie es die Schleichhändler thun sollen, herab und hinauf steigen könnten. Auch jetzt war der Weg nicht bequem. Ein schmaler Steg, oft kaum für eines Menschen Tritte breit genug, hie und da von kleinen Gewässern und herabhängendem Grase schlüpfrig gemacht, schlängelt sich diese steile Wand hinan, und führt den Wandrer am obern Rande derselben, bei einer Erhebung über dem Ocean von 2364 Meter ins s. g. Serradez, ein mit der Gebirgskette parallel laufendes Thal, daß im Norden von einem unbenannten, im Süden aber von demjenigen Felskamm begränzt ist, aus dessen Masse sich, wie es heißt, der wüthende Roland mit drei Säbelhieben den Durchgang brach, der nach ihm die Rolandsbresche heißt, um dann in drei mächtigen Sätzen seines Rosses Argellés ungehindert zu erreichen. Die Felswand in welcher sich dieser Ausschnitt befindet, ist etwa 45 Meter hoch, 10 Meter dick, und erstreckt sich vom Tour du Marboré nach der Richtung des ganzen Gebirgskammes in einer Länge von ohngfähr 500 Meter. Die Rolandsbresche bildet in ihr einen Ausschnitt von gemessenen 30 Metern Breite durch die ganze Höhe derselben. Sie ist 2812 Meter über der Fläche des Oceans erhoben, und hat neben sich gegen Westen noch einen ähnlichen aber kleinern Ausschnitt. Gegen Westen schließt sich das Serradez in einer Höhe von 2716 Meter durch eine Scheidecke gegen ein Seitenthal, das von einer Nebenquelle des Gave de Pau, von der Gave de la Tourette durchströmt ist, und an seinem obern Ende durch den Port de Gavarnie mit dem spanischen Val de Broto in Verbindung steht. Dies Val de la Tourette ist der regelmäßige Handelsweg zwischen Gavarnie und den benachbarten spanischen Ortschaften, während die Rolandsbresche als der gefährlichste und von den Zollbeamten nicht leicht besuchbare Uebergang von den Schleichhändlern benutzt wird. Die Spanier bringen Baumwollen- und Wollenballen aus dem Val de Broto bis zur Rolandsbresche hinauf, und lassen sie dann aus einer Höhe von 2800 Meter längs einer Schneefläche von beinahe 1000 Metern hinabgleiten, an deren Ende sie von den Franzosen empfangen werden, welche dadurch der Mühe und Gefahr überhoben sind, sie in der Rolandsbresche zu holen. Von diesem Verfahren lieferte mir auf unserm Rückwege der alte Rondo an sich selbst, ein lebendiges Beispiel, indem er sich ohne weitere Vorbereitung und Ankündigung reitend auf seinen Bergstab hockte, eine ganze lange Schneefläche vor mir hinabglitt, und mich einlud diesen Vortheil auch zu benutzen. —

Der ganze Thalgrund des Serradez, sein südliches Gehänge, und ein Theil des nördlichen, sind tief mit Schnee bedeckt, der sich auf der andern Seite auch noch weit ins Val de la Tourette hinabzieht, und hier von großen Spalten vielfach zerklüftet ist, in deren Innern mir das Fernrohr noch die fast reine, wenig vergletscherte Schneemasse zu erkennen gab. Auch auf dem südlichen Gehänge des Serradez gegen die Rolandsbresche hinauf, ist der Schnee von einem beträchtlichen Spalt in die Quere getheilt, den wir mit Hülfe unsrer Eisschuhe umgehen mußten. Diese Schneemasse ist größtentheils gegen Norden geneigt, und nach ihrer ganzen Beschaffenheit für einen unzweifelhaften Anfang der Region des beständigen Schnees zu halten, deren untere Gränze hier also auf 2464 Meter festgesetzt werden muß, 100 Meter über dem von mir in diesem Thal gewählten Standpunkt. Auch auf der Südseite der Rolandsbresche zieht sich gleichfalls eine Schneefläche von etwa 200 Meter Länge, aber kaum einen Meter dick hinab, und so weich, daß sie unseren Tritten sehr leicht wich, mithin nur ein sehr leicht angedeuteter Anfang einer Schneegränze auf der Südseite des Gebirges, dessen Höhe auf 2812 Meter gefunden wurde.

In der Rolandsbresche, wie in fast allen Port der Pyrenäen, steht man auf der Gränze zwischen Frankreich und Spanien. Wir überschritten sie, gingen die bezeichnete südliche Schneefläche hinab gegen das unter unsern Augen quer sich vorbeiziehende Val de Broto; wandten uns aber, noch lange ehe wir dessen Rand berührten, scharf östlich über ein in hohen Massen aufgethürmtes Kalksteingeschiebe, das die Kennzeichen ehemaliger gewaltsamer Verwüstungen in einem lebhaften Bilde darbietet. Jenseit desselben erreichten wir das sogenannte Millaris. Diesen Namen trägt der völlig waagrecht und in der Richtung der Gebirgskette fortlaufende Absatz an dem südlichen Abhang des ganzen Marboré- und Mont Perdu-Gebirges, der ein paarhundert Klafter breit, ohngefähr anderthalb Stunden Wegs lang, und 2421 Meter über dem Ocean hoch ist. Er hat das eigenthümliche, nicht, wie andre Bergebenen, eine gleichmäßige Fläche zu bilden, sondern aus mehrern aneinanderhängenden rein tellerförmigen sehr flachen Vertiefungen zu bestehen, deren Rand sich höchstens ein paar Meter erhebt, ohne Zweifel die Ueberreste von eben so viel Bergteichen, die sich vielleicht noch jetzt bei nasser Jahrszeit mit Wasser füllen mögen.

Der Boden dieser flachen Vertiefungen ist eben, von einzelnen kaum noch rinnenden Wasseräderchen durchzogen, und besteht aus einem sehr stark zerfallenen und zerschlemmten äußerst thonhaltigen Kalksteinschiefer, ohne alle Vegetation. An einigen Stellen aber liegt auf diesem Grunde eine dünne Schicht von Sand mit Dammerde, oder etwas der Dammerde sehr Aehnlichem gemengt, theils in größern Flächen, theils in einzelnen Haufen, wo dann hie und da die Vegetation mit etlichen Grasbündeln Fuß gefaßt hat. Bei Betrachtung dieser Lage offenbar sehr fruchtbaren Erdreichs, neben dem aller unwirthbarsten, drängte sich mir die Frage auf, ob jenes denn auch hier sein Daseyn dem Verwesen von Vegetabilien dankt, wie man zur Erklärung des Entstehens der Dammerde sonst wohl anzunehmen geneigt ist?

Es ist mir schon oft aufgefallen, daß man in den vielen Jahrhunderten, während welcher wir unsre Erdoberfläche ziemlich genau kennen, noch keine bestimmte und allgemeine Erfahrung über die Zunahme der Dicke des Bodens durch die Vegetation gemacht hat, daß unsre, seit so langer Zeit bestehenden Wiesen, Wälder und Aecker noch gar keine namhafte Erhöhung erlitten haben, — daß der Flugsand, wo er größere Landstrekken deckt, immer Flugsand bleibt, und warum er nicht schon lang urbar geworden ist, da doch von jeher Haidekräuter, Weidenbäume und andre Pflanzen darauf wachsen und verwesen, — daß felsigter Grund, in welchem sich seit Menschengedenken Bäume mit ihren Wurzeln festsetzen und in und auf ihnen verwesen, doch noch nicht den schwächsten Ueberzug von Dammerde bekommen hat. Fügt man zu diesen Bemerkungen die Erfahrung, daß die Vegetabilien bei ihrer Auflösung dem Boden außer dem Wasser und einigen andern in die atmosphärische Luft übergehenden Bestandtheilen, nicht mehr und nichts anderes zurückgeben, als was sie von ihm empfingen; daß alle erdigen, sich nicht verflüchtigenden Theile der Pflanzen sämmtlich aus der Erde gezogen sind, und bei der Verwesung ihr in derselben Menge zurückgegeben werden; so verliert wohl die Meinung, daß die Dammerde unserer Erdoberfläche durch Fäulniß von Vegetabilien entstand, viel von ihrer Wahrscheinlichkeit, und ich bin aus der Beobachtung, daß der größte Theil von Pflanzen ohne Dammerde nicht bestehen kann, zu der Voraussetzung geneigt, daß dem Entstehen eines Pflanzenreichs die Gegenwart einer

ner nährenden Erdschicht vorausging, deren Bildung nach chemischen Gesetzen eben so möglich und wahrscheinlich ist, als die Bildung des ganzen Felsgebäudes unsrer Erdoberfläche. Wenn man die einzelnen Gebirgsmassen betrachtet, wo sie die äusserste Felsschicht bilden, so sieht man sie in der Regel ihre innre Beschaffenheit ändern. Die meisten werden locker, und zerfallen endlich in einen Sand, in welchem man ihre einzelnen Bestandtheile ohne Zusammenhang neben einander liegen sieht; so der Granit, der Gneus, der Glimmerschiefer, die Grünsteine u. s. f. Man schreibt diese Veränderung gewöhnlich dem Verwittern zu. Aber wie kommts, daß an manchen Stellen, wo Luft, Feuchtigkeit, Wärme und Licht ein Verwittern hätten bewirken sollen, ein und dasselbe Gestein ohne alle Spur dieser Umwandlung dasteht, und an andern wieder ganze Flächen unsrer Erde bloß in diesem halbaufgelösten Zustande deckt, und oft bis in Tiefen hinein, zu welchen die Verwitterung, als Folge atmosphärischer Einwirkung niemals vordringt? Es müssen solche aufgelockerte Felsschichten also in dieser Beschaffenheit gebildet, erzeugt worden seyn, so gut als die festern in der ihrigen. Und wenn solche Veränderungen in der Gestaltung der Felsschichten möglich waren, warum sollten nicht auch jene Schichten von urbarer Erde Product jener allgemeinen Bildungsprozesse unsrer Erdrinde seyn, da sie ja nichts enthalten, als die Elemente der Gebirgsmassen, nur in einem ganz andern Verhältniß zu einander gefügt, und mit atmosphärischen Bestandtheilen, besonders Wasser und Kohlensäure, so innig gemengt, daß sie eben durch diesen Zusatz der Elementarmischung der Vegetabilien näher kommen, also vielmehr für eine vorbereitende Bildung dieses Naturreichs zu halten sind, als für ein Ueberbleibsel desselben? Was nach der Betrachtung solcher Gegenden, wie die vorhin bezeichnete, einen hohen Grad von Wahrscheinlichkeit gewinnt, und uns zugleich aus dem unauflöslichen Kreise führt, die urbaren Schichten unsrer Erde von einer vorhergegangenen und zerstörten Pflanzenwelt abzuleiten, welche doch selbst wieder ohne einen fruchtbaren Boden nicht bestehen konnte.

Doch — ich kehre zu meinem Pfade nach dem Gipfel des Mont Perdu zurück, und finde, daß, wer einmal den Uebergang aus der Rolandsbresche zum Millaris nicht verfehlt hat, sich schon über der Hälfte dieses Irrgartens befindet, und nur die Richtung der Hauptgebirgskette anderthalb bis zwei Stunden lang zu verfolgen hat, bis das Millaris aufhört, und sich in der allgemeinen südlichen Abdachung des Mont Perdu verliert. Man erblickt dann gleich etwas links gegen den Gebirgskamm hin, auf dem kleinern Geschiebe eine große isolirte Felsmasse, fast dreieckig prismatisch gestaltet, etwa 50 Meter hoch, und eben so dick, Tour de Golis benannt, weil die ganze Bergreihe südlich um den Mont Perdu, Golis heißen soll. Hier beschlossen wir unser Tagewerk zu enden, um uns der Nachtruhe, so gut sie gegönnt wurde, zu überlassen. Kurz vor neun Uhr waren wir aus Jeddro gegangen, gegen zwölf Uhr nahmen wir in Gavarnie unsere Vorräthe ein, um halb fünf Uhr beobachtete ich mein Barometer in der Rolandsbresche, dann zogen wir in schauerlicher Stille durch die Einöden des Millaris, und langten mit schönem Mondschein erst um halb zehn Uhr Abends an der Tour de Golis an, wo uns ein einfaches, aber durch

Ermüdung und Hoffnung gewürztes Mahl von Brod und gutem Weine labte. Von den letzten fünf Stunden gehen jedoch, wenn man die Länge der Strecke berechnen will, reichlich zwei Stunden für anderweitigen Aufenthalt ab, so daß man ohne große Anstrengung in drei Stunden von der Bresche zur Tour de Golis kommen kann. Es war der 19. Sept., und um diese Jahreszeit haben alle Hirten schon ihre Gebirgsweiden verlassen, um mit den Heerden in den wärmern Ebenen Spaniens und Frankreichs ihr Fortkommen zu finden. Der Mont Perdu mit allen Bergen die ihn begränzen, ist wegen seiner verborgenen Lage sowohl, als wegen der Unwirthbarkeit seines Bodens für die Menschen ein wahrhaft „verlorner Berg;" denn, ungeachtet seine südliche Abdachung warm genug ist, um mit Ausnahme von ein paar Vertiefungen, nirgends beständigen Schnee zu tragen, und auch noch nicht zu hoch über der Meeresfläche emporragt, um nicht bis nahe an dem Gipfel noch manche Pflanzen zur Blüthe treiben zu können, so hört doch der üppigere Graswuchs wegen Mangel an fruchtbarer Erde viel tiefer als das Millaris auf, und gestattet nicht, daß sich Sennhütten in beträchtlicher Höhe an diesen Abhängen hinaufziehen. In der Nachbarschaft der Tour de Golis war keine zu finden. Ein jeder von uns suchte sich also an dieser Felsmasse selbst eine Vertiefung, und legte sich in dieselbe, ohne daß ein Feuer die Kühle und Feuchtigkeit der Nacht von unsern Gliedern verscheucht hätte, denn weit und breit ist hier kein Baum oder Ueberrest irgend eines Brennmaterials zu sehen, und obwohl mich mein Regenmantel gegen die Feuchtigkeit meines harten Lagers schützte, so genoß ich doch keiner großen Erquickung. Desto früher aber war ich des andern Morgens bereit, den nur noch 670 Meter über meinem Nachtquartier befindlichen Gipfel zu ersteigen, der in grader Richtung nördlich, aber den Blicken noch so ganz entzogen vor uns lag, daß, wer nie auf demselben war, ihn von dort aus lang vergeblich suchen darf. Ein etwas östlich gelegenes kleines Thal wurde mir von Rondo als der wahre Weg gewiesen; er hatte aber selbst keine sonderliche Lust ihn einzuschlagen, weil dieses Thal jetzt voll glattgefrornen Schnees lag, und wir auf Rondo's dringendes Zurathen, die Eisschuhe in der Rolandsbresche zurückgelassen hatten, weil wir, wie er mich aus früherer Erfahrung versicherte, keine Hand voll Schnee mehr bis zum Gipfel des Mont Perdu antreffen würden. Wir richteten unsre Schritte also grad gegen den Gipfel, fanden aber so schroffe Abhänge vor uns, daß wir bald in östlicher bald in westlicher Richtung suchend, nach einem Verlust von zwei Stunden endlich einen Absatz oder eine Stufe des Mont Perdu erreichten, deren er auf dieser Seite zwei hat, um dann in eine mit beständigem Schnee gefüllte Thalvertiefung, deren Höhe mit dem Schnee auf der Südseite der Rolandsbresche gleich ist, hinabzusteigen, aus der man sich zur zweiten Stufe erhebt, welche eben so steil als die erste, den Zugang zum Gipfel nur durch einen Felsspalt gestattet, der 18 bis 20 Meter hoch, und so eng ist, daß ein Mensch grad darin aufsteigen kann, was nur durch eine hinreichende Anzahl natürlicher Stufen in demselben möglich wird. Im Sommer mag dieser Pfad nicht so schwürig seyn; bei dieser späten Jahrszeit aber war auf den Bergen schon frischer Schnee gefallen, und hatte bei seinem Schmelzen in der Hitze des Tages diesen Spalt dermaßen mit Glatteis ausgefüllt, daß an ein Hinaufklimmen in demselben noch weniger zu denken war, als an der steilen unbeeisten Felswand. Ich war überdies mit dem jungen Rondo allein hier; denn als wir die erste Stufe nach der Tour de Golis erstiegen, und mit ihr nach des Alten Versicherung alle Schwürigkeiten im Rücken hatten, hieß ich ihm selbst zurückbleiben, und seine Kräfte durch eine längere Ruhe schonen. Sein Sohn versuchte den Aufgang durch jenen Spalt, aber vergeblich, und war nicht übel zur Rückkehr geneigt. Hätte mich nicht vorher der Herr von Marsac, und später Herr Ramond versichert, daß Rondo den Weg zum Mont Perdu mit ihnen selbst gemacht, so würde ich an der Aechtheit des Mannes ganz irre werden, denn alle Umstände scheinen mir zu beweisen, daß er den wahren Weg ganz verfehlt oder vergessen habe. Das Wetter war günstig; manche Zeit und Kraft zu Erreichung des Ziels war hingegeben, ich konnte mich, demselben so nahe, nicht entschließen, unverrichteter Sache heimzukehren, ehe Alles versucht war, nahm daher meinen Eisstab zur Hand, und begann das Glatteis des Spalts aus dem Wege zu räumen, was zu meiner Freude viel leichter und schneller von Statten ging als ich hoffen durfte, denn die Wärme des Felsens hatte seinen Zusammenhang mit der Eisrinde so locker gemacht, daß diese bei jedem Stoß mit der eisernen Spitze in großer Massen sich löste; so stieg ich auf den Stufen des Spalts von einer zur andern, der junge Rondo folgte mir, vollendete loszueisen was ich zurückließ — als Vorsorge für den Rückweg — und so gelangten wir glücklich und bald genug zur eigentlichen, sanft gerundeten Kuppe des Berges. Hier ging es auf einem mit feinem Kalksteingeschiebe bedeckten Boden, der aber durch einen Anflug frischgefallenen Schnees Festigkeit bekommen hatte, leicht zu dem gewölbten bis dahin unsern Blicken immer verborgen gewesenen Gipfel des Mont Perdu hinan, den wir gleich nach 9 Uhr Vormittags betraten. Oefter zwar hatte ich mich auf sehr viel größern Höhen befunden, als diese; sechs Jahre und zwei Tage vorher, hatte ich den Kaukasus bis zu der Höhe von 4225 Metern, ein Jahr und zwei Tage vorher die Alpen bis 3915 Meter hoch erstiegen; aber noch nirgend war es mir, nach so manchen nicht kraftlosen Versuchen, gegönnt worden, wie hier, einen Gipfel zu erreichen, der zu den höchsten eines ganzen Gebirges gehört. Dieser Genuß ist einzig, und beruht auf dem edlen Gefühle, wie der Körper sich aus dem Reiche des kleinern menschlichen Treibens in die große Werkstätte der ungekünstelten Natur zu erheben vermag, auch mit dem Geiste sich den Fesseln alltäglicher, nothwendiger Verhältnisse und Neigungen entwinden, und ganz rücksichtslos den großen und erhabnen Eindrücken, so wie den reinern Trieben des Gemüths auf eine kurze aber desto theurere Zeit hingeben zu können.

Meine Blicke fielen zunächst auf die vor mir ausgebreitete Ebene Frankreichs; dann auf die dazwischen befindlichen Bergmassen; erstere deckte ein grauer neblichter Duft; an letzterm erkannte ich nichts als ein scheinbar regelloses Chaos, von aneinander gehäuften Bergmassen, und nur die näher gelegenen, das Mittagshorn von Bigorre, die beiden Piméné, der Astachjou, der Cilindre und Marboré zeigten sich mir in größrer Deutlichkeit. Letztere beide helfen mit dem Mont Perdu die Hauptkette krönen, und alle drei zusammen tragen wegen ihrer großen Nachbarschaft den Namen Las très Sorettas bei den Spaniern, welche sie von ihren Mittelbergen leichter zu Gesichte bekommen, und daher den französischen Namen auf sie nicht anwendbar fanden. Meinen Standort erkannte ich an seinen unmittelbaren Umgebungen gleich für den einige Tage zuvor vergebens erstrebten; ich sah die Felswand der Tuka rouja vor mir, den Astachjou gegen West, den Port de Pinède und Val de Béost gegen Osten, unter mir den Lac du Mont Perdu mit seinem östlichen Abfluß in die Cinca, das ganze Schneethal des Mont Perdu, seine Gletscher und Schneewände, welche durch frischen, diesjährigen Schnee vermehrt, sich bis über den nördlichen Rand des übrigens von allem Schnee gänzlich freien Gipfels heraufzogen; ich gewahrte endlich an meinem Standpunkt selbst einen beträchtlichen Steinhaufen, den Rondo und seine Gefährten bei ihrem ersten Besuch auf dem Gipfel zum Zeichen ihrer muthigen That gesammelt hatten.

Dann wandte ich mich gegen Süden, wo Spaniens fruchtbare Ebenen sich in einen gleichen Nebelduft als die von Frankreich gehüllt hatten, und meinem Fernrohre die Thürme von Balbastro und Saragossa entzogen; Arragoniens Berge zeigten sich mir weniger hoch gethürmt als die der französischen Seite; das Gebirge hat hier auf seiner Südseite gleich einen stärkeren Abfall, und verliert sich dann fast reihenweis geordnet in immer geringeren Abstufungen.

Nach diesem allgemeinern Ueberblick meiner Umgebungen, richtete ich meine Aufmerksamkeit insbesondere auf diejenigen Theile des Gebirges, welche mit Schnee bedeckt waren, um mich der einzelnen zur Schneeregion gehörigen Punkte zu versichern, und über die Ausdehnung und Beschaffenheit dieses wichtigen Theils des spanisch-französischen Hochgebirges ein deutliches und umfassendes Bild entwerfen zu können. Ort und Zeit waren zu dieser Untersuchung die geeignetesten. Den Ort anlangend, so übersah ich vom Gipfel des Mont Perdu fast die ganze pyrenäische Gebirgskette, wenigstens vom westlich gelegenen Mittagshorn von Pau in Val d'Ossaou, bis zur Maladetta und über die Gebirge von Notre Seigneur de Mongari hinaus; rücksichtlich der Zeit, so ist die zweite Hälfte des Monat September nicht nur die zweckmäßigste, sondern zur Auffindung der wahren Schneegränze in mittlern geographischen Breiten wohl die einzig brauchbare. Zu früh nämlich, liegt im Hochgebirge noch Schnee vom verflossenen Winter her, der nicht zur Gränze des beständigen gerechnet werden darf, weil er im Verlauf des Spätjahrs, der Erfahrung zufolge, noch schmilzt; zu spät, ist schon frischer Schnee gefallen, und stört oder erschwert doch von dieser Seite die Genauigkeit der Bestimmung. Selten wird in letzterm Sinn, desto häufiger aber in ersterm gefehlt. Darum findet man im September die wahre Schneegränze der Alpen um fast 300 Meter höher als die gewöhnliche Annahme sie bestimmt; darum fand und bestimmte Saussure im Monat Junius eine Schneegränze am Aetna, der zwei Monat später von allem Schnee völlig entblößt ist, und darum wählte ich auch für dieses Gebirge den September für diese in Bezug auf Kenntniß des Klima so wichtige Untersuchung, sicher, daß um jene Jahrszeit schon all der Schnee geschmolzen ist, der in diesem Jahre wegschmelzen kann, und daß der vielleicht schon frisch gefallene viel weniger geeignet ist, eine Verwechslung mit dem alten, durch wiederholtes Halbschmelzen und Gefrieren hart gewordnen, vergletscherten Schnee zu gestatten.

Diese Erfahrung, die ich nun schon an drei sehr verschiedenen Gebirgen zu machen Gelegenheit hatte, findet in dem jahrszeitlichen Wechsel von Wärme und Kälte auf unsrer Erdoberfläche ihren hinlänglichen Grund. Da nämlich, wo die Wärme eines Sommers nicht stark genug ist, den im Winter gefallenen Schnee zu schmelzen, erhält sich ein Theil desselben bis zum nächsten Winter, ..ird von neuem Schnee gedeckt, der im zweiten Sommer wieder nur zum Theil wegschmilzt, und bildet auf diese Art eine Masse unvergänglichen Schnees, der, wenn nicht Eigenheiten des Orts sein Daseyn in einer ungewöhnlichen Stelle bedingen, die Schneegrenze dieses Gebirges ausmacht. Damit man aber gewiß sey, daß von demselben auch so viel weggeschmolzen ist, als überhaupt wegschmelzen kann, muß man die Zeit abwarten, da die ganze Hitze des Sommers eingewirkt hat. Wie nun die Erfahrung lehrt, daß von allen 24 Stunden eines Tages um die zweite Nachmittagsstunde die Erde und die Luft ihre größte Wärme bekommt, also um $\frac{1}{12}$ der ganzen Tageszeit später, als die Zeit des höchsten Sonnenstandes, so wird unsre Erde auch in Bezug auf ihre jährliche Umwälzung nicht zur Zeit des höchsten Sonnenstandes, sondern $\frac{1}{12}$ der ganzen Dauer ihrer Umwälzung später, also nicht zu Ende des Junius, sondern zu Ende des Julius ihre größte Erwärmung erleiden. Vor dieser

Zeit wird man jedesmal noch sehr viel vergänglichen Schnee in den Gebirgen antreffen, und diese ists doch, welche man in der Regel zu Bergreisen benutzt. Ist dieser Zeitpunkt aber erst der der größten Hitze, so wird auch nach demselben noch mehrere Wochen hindurch der Schnee im Hochgebirge fortfahren zu schmelzen, und mithin die zweite Hälfte Septembers wohl für diejenige Jahreszeit angenommen werden dürfen, in welcher der Schnee in den Gebirgen mittlerer Breite eben aufhört zu schmelzen, also die Schneegränze am sichersten ausgemittelt werden kann.

Der Schnee, welchen ich von meinem Standpunkt aus nach jeder Richtung hin gewahr werden konnte, befand sich an folgenden Stellen zerstreut: der nördliche Kessel des Mont Perdu, die nördliche Seite des Cilindre nebst den Stufen des Marboré, und das ganze Serradez; ferner die Nordseite des westlich gelegenen Vignemale, dessen Höhe Herr Reboul nach dem Mittel von drei verschiedenen Winkelmessungen auf 3354,2 Meter bestimmt hat; sein Schnee mochte ohngefähr die Ausdehnung und Lage haben wie der vom Serradez; noch weiter westlich als der Vignemale zeigte sich auf der Südostseite eines Berges, vielleicht des Mittagshornes von Pau eine auf jeden Fall sehr unbedeutende Schneefläche; sodann östlich vom Mont Perdu an einem wie mir damals schien, schon auf spanischer Seite gelegenen Berge, einige Schneemassen, etwa von der Ausdehnung wie die des Mont Perdu; spätere Erfahrungen lehrten mich, daß dies das Malabettagebirge war. Auf der Südseite des Gebirges war der

Schnee sehr sparsam zerstreut, namentlich in drei Vertiefungen am Mont Perdu, Marboré, und der Rolandsbresche, außerdem aber war die ganze südliche Abdachung dieser Massen gänzlich frei von Schnee, bis zu den sämmtlichen Gipfeln hinauf. Dies sind die einzigen mit beständigem Schnee bedeckten Orte, welche man von der Höhe des Mont Perdu, soweit die Blicke tragen, gewahr werden kann. Nirgend sah ich, wie es in höhern Gebirgen zu seyn pflegt, einen von seinem Gipfel bis zu einer gewissen Tiefe hinab ununterbrochen und gleichmäßig beschneeten Berg, obgleich die Steilheit der Abdachungen, besonders auf der Südseite des Vignemale, des Mont Perdu und Marboré im allgemeinen so gering ist, daß sie kein Hinderniß zur Ansammlung von beständigem Schnee abgeben kann.

Mein Puls schlug auf dem Gipfel des Mont Perdu 110 Mal in jeder Minute, und vier Tage zuvor, bei meinem ersten Versuch diesen Berg zu ersteigen, hatte ich in derselben Zeit grad 100 Schläge gezählt. Beides ist auch verhältnißmäßig für die Erhebung der Standorte eine zu starke Beschleunigung; die Ursache davon werde ich bei Gelegenheit der Beobachtungen des Pulses auf der Maladetta auseinanderzusetzen suchen. Der Puls des jungen Rondo schlug auf dem Gipfel des Mont Perdu 100 Mal in der Minute, während er in Jeddro, dem Aufenthalt des jungen Mannes gewöhnlich 87 schlägt, und der meinige nur 73 zählen ließ. In diesen wie in allen früher und später noch von mir angestellten Untersuchungen dieser Art, fand ich den Schlag des Herzens mit dem der verschiedenen Adern in vollkommner Harmonie.

Den Beschluß meines ohngefähr zweistündigen Aufenthalts auf dem Gipfel machte die Aufnahme der Richtung einiger der vorzüglichsten Berge und Thäler um den Mont Perdu mittelst der Magnetnadel, zur Berichtigung der Pyrenäenkarte. Die zur Höhenbestimmung des Berges erforderlichen Beobachtungen hatte ich bald nach meiner Ankunft auf dem Gipfel angestellt, und fand am 20. Sept. um halb zehn Uhr Vormittags bei einer Temperatur von 1°,4 R., das Barometer auf 511,6 MillM. oder 18 Zoll, 10,9 Lin. Par., also ohngefähr nur zwei Drittheile von der Höhe desselben an der Meeresfläche. Dies giebt nach der von mir befolgten Rechnungsmethode eine Erhebung des Gipfels des Mont Perdu über der Fläche des Oceans von 3346,3 Meter oder 10301 Par. Fuß. — Um eilf Uhr verließen wir diesen Standpunct, vereinigten uns mit dem zurückgelassenen Rondo dem Vater, und zogen uns, Tour de Golis zur Linken lassend, jetzt nicht mehr durch die Mitte des Millaris, sondern hart am Abhange des Gebirgskammes hin, langten zwischen zwei und drei Uhr in der Rolandsbresche, um 6 Uhr in Gavarnie an, und verfügten uns durch ein vortrefliches Mahl und spanischen Wein gestärkt noch denselben Abend glücklich nach Jeddro.

Um von der Beschaffenheit dieser Centralgebirgsmassen ein Bild zu liefern, so gut ich es aufzufassen vermochte, beginne ich die einfache Aufzählung der hier anstehend vorkommenden Gebirgsarten und ihrer Schichtung mit den Felsmassen in welchen sich das Thal von Argellés gegen die Hauptkette hin öffnet. Hier findet man zuerst, in der Höhe von etwa 600 Meter über der Meeresfläche, einen dunkelgrauen, kalkhaltigen Thonschiefer, mit SSWlichem fast senkrechtem Einschießen, dem sehr ähnlich, welcher zwischen Fonderie und Aldudes im Thal von Baigory bei ohngefähr 300 Meter Erhebung, aber mit einer viel stärkern Neigung, und mit andern Gebirgsarten wechselnd schon vorkam. Diesem Gestein folgt in mächtigen Schichten thalaufwärts, mit gleichem Einschießen, und sein Hangendes bildend, ein schwarzer bituminöser Mergelschiefer, mit äußerst feinen Glimmerblättchen durchstreut, und Schwefelkies auf der Oberfläche. In diesem Schiefer finden sich sehr beträchtliche Lager eines zelligen Quarzes mit Eisengangarten und fein eingesprengtem Bleiglanz; auf ihn schichtet sich dann in bedeutender Mächtigkeit, ein mit Quarz sehr innig gemengter grauer Thonschiefer, welcher oberhalb Luz (759 Meter über der Meeresfläche), das Liegende eines sehr kristallinischen grau und weiß bandförmig fein gestreiften, bald dunklern, bald hellern ziemlich lockern Sandsteins bildet, der sich an mehrern Punkten des Gebirges auf eine unzweideutige Weise immer als das nämliche Gestein zu erkennen giebt. Im Thal zwischen Luz und Jeddro (1043 Meter) schichtet sich auf ihn und wechselt öfter mit ihm, ein fast ganz schwarzer, reiner Thonschiefer.

Geht man über Jeddro und Gavarnie hinaus in das Amphitheater des Marboré, so sieht man hier die Kalksteinbildungen unter den mannigfaltigsten Formen erscheinen. Der schiefrige, blättrige Kalkstein, welcher die westliche Wand des Amphitheaters ausmacht, zeigt bei einem Streichen von West nach Ost, ein beinahe ganz senkrechtes Einschießen der Schichten, durch deren blättrige Ablösung allein das Erklimmen dieser sonst so schroffen Felswand möglich geworden ist. Die östliche Mauer dieser majestätischen Schlucht steigt grad empor, so daß an ihr der Wasserfall ununterbrochen von seiner ganzen Höhe herabstürzen kann; auch ihre Schichten scheinen ein senkrechtes Einschießen zu haben, hie und da nur, besonders gegen den obern Theil hin, von rosenartigen Windungen unterbrochen. Die südliche Wand des Amphitheaters, die nördliche Abdachung des Marboré selbst, ist eben so schroff abgefallen, als die östliche, nur unterbrochen von mehrern ungeheuern aber auch senkrechten Felsstufen. Der Felsen in welchem sich die Rolandsbresche befindet, ist nichts als eine westlich verlängerte und senkrecht hervorragende Kalksteinschicht des Marboré, von etwa 45 Meter Höhe und 10 Meter Dicke. Eine reichhaltige Sammlung aller der verschiedenartigen mehr oder weniger derben, meist hellgrauen Kalksteine des Marboré findet sich im Grunde des Amphitheaters als Geschiebe zusammengehäuft. Der Kalkstein des Mont Perdu ist dunkelgraublau, dicht, hie und da von feinern auch gröbern Kalkspathadern durchzogen, und an vielen Stellen durch die deutlichen Ueberreste seiner ehemaligen Verbindung mit dem schwarzen Thonschiefer bezeichnet, der sich zwischen Luz und Jeddro als wechselnde Felsart mit dem Kalkstein gezeigt hatte. An solchen Stellen findet man den Kalkstein häufig an seiner Oberfläche von bedeutenden Furchen durchzogen, deren Tiefe bis einen Fuß, und deren Weite oft bis fünf Zoll reicht, vielleicht eine Folge der ausgespülten, hier häufig vorkommenden Kalkspathadern. Auffallend waren mir eine große Menge von Hervorragungen oder Auswüchsen dieses Kalksteins, welche sie nuß= faust= und kopfgroß auf der Oberfläche desselben zeigten, oft nur durch ei=

nen dünnen Stiel derselben Masse mit ihr verbunden sind, und zuweilen, jedoch seltner, einen Ueberzug von grauem mit Millaporiten besetzten Feuerstein haben, häufiger aber von einem röthlichen Sandstein umhüllt sind, dessen Bindemittel, ein rother Thon, wie vom Feuer verbrannt, scheint. Man sieht dergleichen Massen auch in Kugelform frei herumliegen, in ihrem Innern mit concentrischer Schichtung jenes sandigen Mittels, besonders am obern Ende von Val d'Estaoubé. Ich bin nicht im Stande diese Erscheinung auf irgend eine Weise herzuleiten, vermuthe aber, daß sie bei genauerer Erforschung des in so vieler Hinsicht merkwürdigen Felsgebäudes der Pyrenäen, einst ihren Platz finden könnte. Merkwürdig ist es auf jeden Fall, daß der sandsteinähnliche Ueberzug jener Kugeln und Knorren dem bei St. Jean de Luz am Meeresufer anstehenden Sandstein mit ockrigem Bindemittel sehr ähnlich ist, während das Liegende dieses Sandsteins von St. Jean de Luz, ein sehr thonhaltiger, lichtgrauer, dünnblättriger Kalksteinschiefer, sich mit allen seinen Charakteren auf der Südseite des Mont Perdu, in dem oben beschriebenen Millaris, in einer Höhe von 2421 Meter, auf das sprechendste übereinstimmend wieder vorfindet, und hier die auf dem festern, dunklerm Kalkstein des Mont Perdu von seiner Südseite her geschichtete Felsmasse ausmacht. In vorliegender Profilansicht eines Querdurchschnittes von dem eben beschriebenen Theil des Hochgebirges, mit Hinweglassung der einzelnen Wiederholungen, ist mit der Höhe von etwa 600 Metern jenseit Argellés begonnen, und ununterbrochen mitten durch die Centralmassen bis auf die nächsten sich wieder tiefer senkenden Schichten der

Südseite fortgefahren, und der Uebergang des anfangs schon sehr senkrechten Einschießens zu der ganz aufrechten Stellung der Schichten auf dem Hauptgebirgskamm gezeigt.

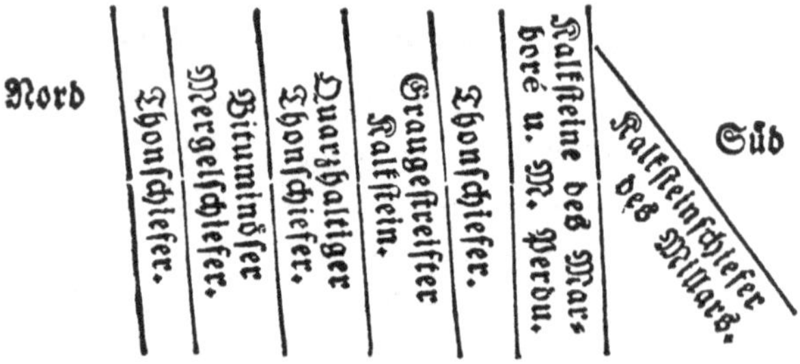

Welch ein verschiedenartiger Anblick ist es aber, wenn man das Val d'Estaoubé hinabsteigend, in das Thal von Héas tritt, und aus der ganzen mächtigen Kalksteinbildung des Amphitheaters, des Marboré, des Mont Perdu sich plötzlich unter den aufgehäuften Trümmern der s. g. Urfelsbildungen, der Glimmerschiefer und Gneuse befindet, in einem Thal, welches sich unmittelbar in das der Kalk- und Thonschieferformation ganz angehörige Flußgebiet von Gavarnie, Jeddro und Luz öffnet! Wenn die Thalgehänge selbst, in der Nähe von Héas noch eine Fortsetzung der Kalksteine und Thonschiefer des Mont Perdu sind, so erkennt man doch eine halbe Stunde unterhalb Héas an den dort angehäuften zum Theil sehr großen Blöcken der verschiedenartigsten Glimmerschiefer und Gneuse von dem mannigfaltigsten Korn und Mengungsverhältniß zum Theil auch mit dem Spatheisenstein und andern metallischen Fossilien, daß das linke Gehänge zwischen Héas und Jeddro, von welchem diese Massen herabgekommen sind, einer viel ältern Bildungszeit angehört, also aus

einer

einer viel größern Tiefe unsrer Erdrinde emporragt, als diejenige Zeit, und diejenige Tiefe, welcher die ganze Umgegend ihren Ursprung dankt.

Auf einem so ungleichen, von schroffen Felswänden und Einödden unterbrochenen Boden, wie die Umgebungen des Mont Perdu sind, erfordert die Untersuchung der Vegetationsstufen doppelte Vorsicht, um das Zufällige und Besondere nicht mit dem Nothwendigen und Allgemeinen zu vermengen.

Was zunächst die Gränzen der Bäume betrifft, so durfte ich mich nicht an das plötzliche Verschwinden der Waldungen beim Eintritt ins Amphithéatre du Marboré halten, wo theils die Schroffheit der Abhänge, theils die im Thal herrschende Kühlung der Baumvegetation hinderlich ist; sondern von dem Abhange aus, welcher mich zum Serradez hinaufführte, übersah ich die ganze Umgegend, und fand daß die Tanne, Pinus sylvestris, an verschiedenen Punkten noch ziemlich hoch vorkommt, daß sie sich aber hier allmählig, ohne zu verkrüppeln, verkleinert, und endlich mit einer Höhe von 6 bis 7 Meter die äußerste Gränze ihres möglichen Fortkommens erreicht. Das Serradez und sein steiler Felsabhang hat zwar keine Bäume, aber durch Uebertragung der Höhe mittelst des Niveau konnte ich jene Gränze des möglichen Gedeihens der Tanne auf dieser Nordseite des Gebirges zu 2100 Meter über der Meeresfläche bestimmen. Rhododendron ferrugineum und gemeiner Wachholder, erreichten ihre höchste Gränze bei 2300 Meter. Auf dem Mont Perdu selbst, welcher nach den vorhandnen Ueberresten und dem Zeugnisse Ramond's bis zu seinem Gipfel hinauf, von der Südseite her, einige Pflanzen mit kenntlichem Geschlecht trägt, namentlich ein Hornkraut (Cerastium) fand ich bereits nichts mehr von blühenden Gewächsen vor; aber in der Rolandsbresche, 2812 Meter über dem Meer, und unmittelbar um sie herum, standen in voller Blüthe: Pyrethrum alpinum β., minimum Anthemis montana; Malva sylvestris, Ranunculus glacialis, alle aber von ihrer gewöhnlichen Beschaffenheit außerordentlich abweichend.

Das Pyrethrum fällt sogleich auf, durch die ganz vollkommen, kaum um etwas Merkliches verkleinerte Blüthe; denn der Durchmesser des Strahls beträgt über $2\frac{1}{2}$ Centimeter. Dagegen sind die grünen Blätter, deren untere nach dem System grad bei dieser Spielart halbgefiedert und glatt seyn sollen, hier nur mehr handförmig, fünflappig und rauchhaarig, und alle von außerordentlicher Kleinheit; kein einziges erreicht die Länge von 7 Mill. Meter. Nicht minder auffallend ist an allen auf dieser Höhe vorkommenden Exemplaren dieses Gewächses, die besondere Schlaffheit und das bleiche Ansehen der Oberhaut des Stengels, so daß sie für diesen viel zu weit scheint, und ihn nur locker umhüllt. Dieser membranöse Bau geht auch in die Blattstiele über, und von ihnen sogar auf einige der kleinsten Blättchen.

Anthemis montana zeigt seine Blüthen in fast gewöhnlicher Größe, von reichlich $2\frac{1}{2}$ Centimeter im Durchmesser, und auch sonstiger, ganz vollkommner Entwicklung. Dagegen stechen die, äußerst verkrüppelten Blätter sehr ab; die längsten derselben erreichen kaum 18 Mill.Meter, und der sonst viel höhere Stengel, erhebt sich nicht über 6 bis 7 Centimeter vom Boden.

Ranunculus glacialis zeigt hier in der Rolands-bresche wie um den Lac du Mont Perdu bei 2512 Meter, und durch das ganze Serradez, überall eine ganz auffallend vollständige Entwicklung seiner Blüthen ohne die geringste Beeinträchtigung; dagegen an den Blättern die größten Abweichungen. Je höher die Region ist, in welcher die Pflanze gefunden wird, desto kleiner werden die grünen Blätter, ihre Oberhaut ist wie zusammengeschrumpft, uneben, gar nicht ausgespannt, und manche Blättchen nebst ihrem Blattstiel mehr eines grünlich gelben Membran ähnlich, als einem wahren Blatte. Der Stengel, welcher an den tiefer stehenden Exemplaren fünf bis sechs Centimeter hoch wird, erreicht an den höher stehenden kaum noch anderthalb, und seine Oberhaut umhängt ihn schlaff und welk.

Weiter unterhalb von der Rolandsbresche, wo das Serradez in der Region von 2716 bis 2364 Meter hinab, keinen Schnee mehr trägt, setzt sich auch die oben genannte Vegetationsweise nur in einer größern Anzahl von Arten fort. So z. B. der gewöhnliche Löwenzahn (Leontod. tarax.), mit ganz vollständiger und ausgewachsener Blüthe, von beinahe drei Centimeter im Durchmesser; die Blätter dagegen kaum von vier Centimeter, also ohngefähr $\frac{1}{4}$ ihrer sonstigen Länge; bei Héas, also ohngefähr 1000 Meter tiefer als im Serradez haben sie schon die Länge von 7 bis 8 Centimeter; aber nur an den in der Höhe des Serradez vorkommenden Exemplaren zeigt sich die schlaff an dem Stengel liegende Oberhaut; auch werden die Blätter an den höchsten Punkten des Serradez blos runcinato-deatata statt rein runcinata wie sie es schon bei Héas sind, so daß ohne die deutlich zu beobachtenden Uebergänge hinlänglicher Grund vorhanden wäre, eine neue Art des Löwenzahn anzunehmen.

Phyteuma haemisphaericum hat selbst an den höchsten Standorten noch Blüthköpfchen von $1\frac{1}{2}$ Centimeter im Durchmesser; um gar nichts länger sind auch die grünen Blätter zusammt ihren Blattstielen, die oft beide zu einer gleich breiten, schmalen, hellgrünen Membran ineinander verschmolzen gefunden werden, so daß hier die eigentliche reine Blattform sich schon fast ganz zu verlieren beginnt. Auch ist die Oberhaut wieder schlaff und bleich. Am untern Theile des Serradez sind die Blüthenköpfchen zwar schon um ein paar MilliMeter größer, aber die grünen Blätter haben durch diese ihnen günstige Veränderung des Standortes eine fünf- und sechsfache Länge gewonnen, und bei ihnen Blatt und Blattstiel auch schon bestimmter geschieden.

An allen Pflanzen jener hohen Regionen ist die Wurzel sehr stark.

Dies sind Veränderungen, welche sich nicht zufällig an der einen oder andern der genannten Pflanzen zeigen; sie gelten als bestimmte Kennzeichen für Alle, und es würde ermüden, wenn ich sie bei jeder wiederholen wollte, wie ich sie aus meinem von dort mitgebrachten Herbarium nachweisen kann; ich begnüge mich daher mit der Aufzählung ihrer Namen: Hieracium prunellaefolium, Antirrhinum alpinum, Myosotis alpina, Thymus alpinus, Silene inflata, Galium pyrenaicum, Lotus corniculatus, Campanula caespitoja Scop., Crysimum barbarea, Aconitum vulgare Dendl. β., pubescens, Geranium cinereum,

Scabiosa columbaria, Arenaria ciliata, Statice armeria, Trifolium pratense, Lepidium alpinum, Saxifraga Stellaris: weniger deutlich zeigten sich jene Veränderungen bei Erinus alpinus, Arenaria pubescens, Silene acaulis, Dryas octopetala. Nur eine Pflanze, Malva sylvestris, von welcher ich in der Rolandsbresche ein paar Exemplare fand, scheint von der allgemeinen Regel in so fern eine Ausnahme zu machen, als sie gleichzeitig mit den verkrüppelten Blättern, auch um vieles verkleinerte Blüthen zeigte; indessen bin ich, wegen noch anderweitiger Abweichungen im Bau dieser Pflanze sehr in Zweifel, ob es wirklich die Malva sylvestris der Ebene ist, was mir nicht auszumitteln möglich war, da ich die Uebergangsbildungen an ihr nicht zu beobachten Gelegenheit hatte.

Das Eintreten solcher Veränderungen in den Pflanzen mit der Erhebung ihres Standorts war mir nicht befremdend; ich hatte sie schon im kaukasischen Hochgebirge auf eine Art erkannt, daß mir über die Beständigkeit derselben kein Zweifel übrig blieb, und ich den Satz feststellen zu können glaubte; daß nicht ein allgemeines Kleinerwerden oder Verkrüppeln der ganzen Pflanze, sondern bloß ein Zurückbleiben der grünen Theile, mit ungehinderter Entwicklung der Blüthe und Wurzel, wahrer Character der Pflanzen hoher Regionen sey, und daß man nicht da, wo eine gewisse Art nicht mehr vorkommt; sondern da wo sie unter den genannten Metamorphosen verschwindet, die Gränze ihres äußersten Vorkommens, den obern Rand ihrer Region annehmen dürfe. Diese Beobachtung trägt sich zum Theil auf die Bestimmung des allgemeinen Characters der s. g. Alpenpflanzen über, welcher zwar allgemein bekannt, aber wohl nicht so allgemein" erkannt und entwickelt ist. Sobald man nämlich in den Gebirgen eine gewisse mittlere Höhe erreicht, bei welcher schon die Baum- und Strauchregion verschwindet, und mit ihr eine große Anzahl von andern Kräutern, so erscheinen die noch übrig bleibenden, deren Fortkommen das Klima der höhern Gebirge nicht hinderlich ist, gern in größern Massen zusammengedrängt; man sieht ganze große Flächen mit Exemplaren einer und derselben Pflanzenart bedeckt, und untersucht man diese einzeln, so zeigen sich an ihnen die vorhin genannten Veränderungen auf eine minder hervorstechende, jedoch hinreichend auffallende Weise, überall die sehr großen, und lebhaft gefärbten Blüthen, gegen die zusammengedrängtere und kleinere Blattfläche, zugleich mit kräftiger Entwicklung der Wurzeln.

Ich habe es versucht *), diese Veränderungen, deren Beständigkeit auf eine Allgemeinheit der Ursache hinweiset, nach den Grundsätzen der Pflanzenphisiologie aus der veränderten Ortsbeschaffenheit herzuleiten, und zu zeigen, wie aus der Erhöhung des Standortes, und der damit verbundnen Verdünnung der atmosphärischen Luft, eine Schwächung des Lebensgeschäftes der Blätter, welches in abwechselnder Aufnahme und Aushauchung von Kohlenstoff und Sauerstoff beruht, nothwendigerweise hervorgehen müsse; wie dagegen die Blüthen, deren Hauptgeschäft das Aushauchen von Stickluft ist, durch die Erhebung ihres Standortes hierin, und also auch in ihrer ganzen Entfaltung auf keine

---

*) S. Reise in die Krim und den Caucasus von M. von Engelhardt und Fr. Parrot. 2. Th. pag. 92. seq.

Weise gestört werden können. Ich habe gezeigt, wie außer der Abnahme der Luftwärme nach der Höhe des Standorts über der Meeresfläche, auch noch besonders die Abnahme derselben mit der Erhebung über dem Boden auf dem die Pflanze wächst, zu beachten sey, wie sich aus dieser doppelten Einwirkung das so außerordentliche Verkrüppeln der Stengel der Pflanzen in höhern Regionen erklären läßt; — und halte die nun im Hochgebirge der Pyrenäen eingesammelten Beobachtungen für keine geringe Stütze jener Ansichten. —

Ich verließ diesen Theil des Gebirges, um den zweiten Centralpunkt desselben noch vor Eintritt der winterlichen Jahrszeit zu besuchen. Ueber Luz und Barrège erreichte ich den bekannten Tourmalet, fand die Höhe des Punkts an welchem der Weg über denselben führt, auf 2151 Meter über der Meeresfläche, und kam nach dem niedlichen Dörfchen Grip, an dem obersten Anfang des berühmten Val de Campan, in welchem etwas weiter unten das besuchte Bagnères de Bigorre liegt, für dessen Characteristik als Ort der Erheiterung ich nichts Passenderes anführen kann, als daß es im Munde der empfindsamen Gäste ein kleines Paris ist. Nach einem wegen eintretenden Nebels vergeblichen Versuch auf den Pic du Midi de Bigorre zu kommen, dessen Gipfel man von Grip aus, in fünf bis sechs Stunden ersteigt, verließ ich diese sonst so anlockende Gegend, und eilte über die Hourquette de St. Jean nach Vallee d'Aure, in dessen Grunde man die Kantonstadt Arreau, schon von der Höhe aus erblickt, und von hier an, das Thal des Louron aufwärts über Bordérés und Loudinvielle, ein Thal, welches merkwürdig ist, durch den einst von seinen Bewohnern gefaßten großartigen Entschluß, die Pyrenäen an der Stelle wo der Port de la Pés über sie wegführt, zu durchbohren, und mittelst einer breiten unterirdischen Straße des Thal de Louron mit dem gegenüberstehenden spanischen Val de Gistan in Verbindung zu setzen, und dadurch eine unmittelbare Handelsgemeinschaft zwischen Spanien und Frankreich zu gründen — ein Unternehmen, das wohl einzig in der Weltgeschichte dastände, und wahrscheinlich nur aus Mangel an gehöriger Sachkenntniß verunglückte, indem die Felsmassen einstürzten, als die Arbeit schon ziemlich weit vorgerückt war, und nur eine Gallerie von etwa 60 Meter Länge, 10 Meter Breite und fast gleicher Höhe, durch den harten, beinahe senkrecht stehenden Schiefer gebrochen, als Zeugen übrig ließen, was vereinigte Kräfte auch mit geringen Mitteln vermögen. Aus diesem Thal wandte ich mich östlich über den Port de Peyrsourde, durch das Dorf Cazeau, und erreichte am 25. Sept. Bagnères de Luchon, nachdem ich von Luz aus drei und einen halben Tag gewandert war.]

Bagnères de Luchon ist der Ort, von welchem aus man die Ersteigung der Malabetta, als zweiten Mittelpunkt des pyrenäischen Gebirges am schicklichsten unternehmen kann; auch ich bestimmte ihn mir dazu, obgleich vor mir der Gipfel des Berges, von Bagnères aus eben so wenig als von irgend einer andern Seite her erreicht worden war. Es befand sich in Bagnères nur ein Mann, ein Schreiner seines Handwerks, von welchem man sagte, er kenne den Weg zu Malabetta, und führe die Reiselustigen dahin. Es war der alte Barreau, dessen Bekanntschaft ich mir sogleich verschaffte, und mit welchem ich die Ersteigung des Berges verabredete. Da er aber Lust bezeigte, die Kirchmesse des morgenden Sonntags nicht zu versäumen, mir auch das Wetter zu meiner Unternehmung nicht ganz geeignet schien, verschob ich sie noch, und begab mich einstweilen mit Herrn Paul Boileau, Apotheker und Maire, einem guten Pflanzenkenner und wahrem Gastfreunde für wissenschaftlich gebildete Fremde, auf einen ziemlich isolirten Berg, von dessen Spitze man das Malabetta-Gebirge eben so deutlich und vollständig übersehen kann, als es heißt, daß man den Mont Perdu vom Pic du Midi de Bigorre erblickt. Jener Berg heißt Pic de Baccanéra, ist 2228,7 Meter hoch, und wird reitend von Bagnères aus, leicht in fünf Stunden erstiegen. Die Nebel hatten sich in die Ebenen Frankreichs gesenkt, und enthüllten mir das ganze Hochgebirge in seiner vollen Pracht. Ich sah die Malabetta mit ihren zwei Gipfeln grad vor mir, mit ihrer ununterbrochenen Schneefläche, deren Breite in senkrechter Richtung von oben nach unten, ich auf 300 Meter schätzte; ich sah wie sich gegen Abend der Gebirgskamm allmählich senkte, hier den Namen Crabioules bekommt, und noch beständigen Schnee, aber in keiner zusammenhängen Fläche mehr trägt; ich erkannte in weiter Ferne gegen Westen noch zwei bedeutende Schneeberge, wahrscheinlich den Mont Perdu und Vignemale, — so günstig ist dieser Standpunkt zur Uebersicht der Hauptkette. Ich fertigte auch von hier aus eine sehr genaue Zeichnung derselben an, mit ganz bestimmter Angabe aller Felsenvorsprünge, und eines jeden mit beständigem Schnee bedeckten Raumes. Dies ist die eine der beigefügten Zeichnungen, für deren

Genauigkeit ich einen sichrern Bürgen habe, als alle Zeichentalente die ich besitzen könnte. Ich bediente mich nämlich zur Erhaltung getreuer Umrisse eines geometrischen Mittels, welches darin besteht, daß ein kleiner Rahmen 8 Centimeter lang und 6 Centimeter breit, durch schwarze Kreutzfäden, die alle am Rahmen mit Zahlen bezeichnet sind, in ein Gitter abgetheilt wird; daß man einen Bogen Papier, auf welchen gezeichnet werden soll, durch Bleilinien in Gitter von ganz gleichem Verhältniß als jene theilt; daß man das Gitter zwischen das Auge und die zu zeichnende Gegend hält, den Augenpunkt bestimmt, und das Gitter alsdann auf ein Stäbchen oder den Spazierstock in derjenigen Entfernung befestigt, daß wenn das Ende desselben gegen den Rand des Auges fällt, der Augenpunkt noch der vorige bleibt. Wie sich nun die Umrisse der Gegend von Gitter zu Gitter ziehen, trägt man sie in die ähnlichen Gitter des getheilten Papiers, indem das jedesmalige Wiederansetzen des Steckens gar keine Schwierigkeit macht, wenn man sich nur gemerkt hat auf welches Kreutz einer der ausgezeichnetern Punkte der Landschaft fällt. Diese Methode ist etwas langsamer als mittelst des bloßen Augenmaßes, aber, wegen ihrer großen Zuverlässigkeit und leichten Tragbarkeit der kleinen Vorrichtung bei weitem vorzüglicher.

Der 28. September begann mit einem heitern Morgen, und sobald die Frühmesse gelesen war, bereiteten wir die Abreise vor; ein Schlauch Wein, ein großes Brod, etwas Fleisch, Käse, und die Fußeisen, das war unser ganzes Gepäck. Mein Begleiter hatte als Fußbedeckung die s. g. Avaren, d. h. ein Stück Leder, das vorn und hinten eingefaltet, einen Rand bildet, von welchem die Zehen und der Absatz des Fußes umfaßt werden, und das mittelst Riemen über der Fußplatte und über die Knöchel geschnürt wird, ganz nach Art derjenigen Sandalen, welche die liefländischen Bauern tragen und Pasteln nennen. Was mir von der Tüchtigkeit meines Begleiters einen schlechten Begriff beibrachte, und mein Vertrauen auf ihn sehr schwächte, war der Umstand, daß er sein Pferd mit sich nahm, wenngleich nur bis zur letzten Hütte, an welcher unser Weg vorbeiführen sollte.

Nachdem ich an der Kirche in Bagnères, meinen beständigen barometrischen Standpunkt für diesen Ort, beobachtet hatte, machten wir uns um acht Uhr Morgens auf den Weg, nach dem Thal der Pique, einer Nebenquelle der Garonne. In dritthalb Stunden hatten wir die einzige und letzte Wohnung erreicht, die man auf diesem Wege zur Maladetta vorfindet; es ist das s. g. Hospice de France, ein geräumiges, mit Schiefer gedecktes Haus, dessen größten Theil eine große gewölbte Stube einnimmt, in welcher sich die handeltreibenden Spanier, wenn sie mit ihren Waaren aus dem Port de Venasque oder dem Port de la Piccade kommen, aufhalten, und in der Mitte des Fußbodens ein Feuer anzünden. Ein Franzose ist der Wirth, und erfrischt den Reisenden mit Wein, Brod, Milch, auch wohl mit Fleischspeisen und Gemüse. Er wohnt hier 1429 Meter über der Meeresfläche, noch von dichten Waldungen umgeben, in welchen sich ziemlich viel Hochwild, zuweilen auch sogar Bären und Wölfe zeigen sollen.

Vom Hospice de France gelangt man über zwei Punkte des Gebirges auf die spanische Seite: östlich über den Port de la Piccada, diesen bestimmte ich mir für den Rückweg, südwestlich über den Port de Venasque. Ein steiles Felsenthal zieht sich vom Hospiz fast grad in südlicher Richtung zum Gebirgskamm hinauf, und heißt, besonders an seinem mittlern Theile, wegen des rauhen Felsbodens Scala; ein kleiner Bach stürzt sich dieses Thal hinab, und nimmt vom linken Gehänge noch eine Quelle auf, welche aus einer Grotte mit Namen Trou de la Scala hervortritt. Auf diesem Wege zeigte sich mir die oberste Gränze der Fichte, Pinus abies, sehr bestimmt bei 2100 Meter Höhe, als wo dieser Baum schon sehr klein ist, jedoch ohne alle Verkrüpplung, und dann höher hinauf gar nicht mehr vorkommt.

Bei ohngefähr 1900 Meter Höhe geht man bei drei Seen vorbei, deren einer eine kleine Insel in seiner Mitte hat. Diese ganze Gegend bis über den Port hinaus, fand ich frei von allem Schnee bis auf die geringste Spur, obgleich er von der Mitte Octobers bis zur Mitte Aprils so stark fällt, und selbst im Thal noch so hoch liegt, daß die Leute im Hospice de France nicht selten gezwungen sind, durch die obern Fenster ihres Hauses in das Innere desselben zu gelangen. Der Port de Venasque, in welchem sich Frankreich und Spanien begränzen, ist ein ziemlich tiefer, aber für beladene Lastthiere eben nur hinlänglich breiter Ausschnitt in dem ganz scharf kammförmig hervorragenden Thonschiefer. Sobald man zu ihm hervorgetreten ist, sieht man den Gebirgskamm sich wieder steil gegen Süden abdachen, sich aber nicht sogleich in die spanischen Thäler verlieren, sondern die ganze Masse der Malabetta sich noch dazwischen lagern, und alle Blicke nur auf sich ziehen. Sie bildet also nicht wie der Mont Perdu und Marboré einen Punkt in der Hauptkette selbst, sondern sie liegt abgesondert von ihr, gegen Süden, wiewohl nur durch ein mäßiges Thal getrennt, das sich als eine fast waagrechte Fläche in der Richtung der Kette hinzieht, gegen Osten, durch die Pica Fourcanada und den Montardón, welche die Maladetta mit der Hauptkette verbinden, geschlossen, im Westen aber gegen das Thal von Venasque offen ist. An diesem letztern Ende befindet sich das s. g. Hospice d'Espagne, auch eine Art Wirthshaus, wie man mir sagte, zugleich aber der Aufenthalt spanischer Wächter gegen verdächtige Menschen. Ich vermied es wohl mich diesem Sitze der Gastfreundschaft zu nähern, und zog mich durch den obern Theil des Thals, wo es Plan d'Aïgouaillettés genannt wird, (der untere heißt Plan d'Estanés), zu dem gegenüberstehenden Gehänge der Maladetta hin, als mein Führer, an dem ich schon seit der Uebersteigung des Port de Venasque eine große Wachsamkeit bemerkt hatte, mich plötzlich mit einer Art von Schrecken auf einige spanische Hirten aufmerksam machte, welche ihre Viehherde grade von dem Abhang in das Thal trieben, dem wir uns näherten; er rieth mir, mich mit ihm unter den großen Tannen von Plan d'Aïgouaillettés verborgen zu halten, bis die Hirten den Abhang verlassen, und sich in ihr Nachtlager begeben hätten. Furcht hatte sich meiner auf Bergreisen noch selten bemeistert, aber vor Hirten noch niemals, um so neugieriger ward ich, von meinem Begleiter Aufschluß über sein sonderbares Verhalten zu bekommen; da erzählte er mir denn sehr umständlich das Schicksal, welches Herr von Marsac ein Jahr zuvor bei seinem Versuch zur Ersteigung der Maladetta gehabt, und das mir schon aus Herrn von Marsac's eignem Munde in Toulouse bekannt geworden war. Er reisete nämlich in Begleitung von sechs Personen, unter welchen auch Barreau gewesen, zur Ersteigung der Maladetta auf dem nämlichen Wege ab, den ich genommen, erreichte das Plan d'Estanés und ermangelte nicht im spanischen Hospitz einzusprechen, auch die dasigen Hirten und Wächter aus seinem reichlichen Vorrath an Wein und andern Lebensmitteln zu erfreuen. Des andern Morgens früh machte er den Versuch, den Gipfel der Maladetta zu erreichen, ward aber auf dem Rückwege von einer starken Escorte bewaffneter spanischer Soldaten sammt allen Gepäcks und Begleitern in Empfang genommen, und nach Venasque geführt; die Hirten hatten bei diesem Verrath hülfreiche Hand geboten, und Barreau, der damals zwar, allein von allen, der Verhaftung entschlüpft und auf den französischen Boden zurückgekehrt war, hatte doch nicht Lust, diesen Versuch noch einmal zu machen, und daher seine wohl angebrachte Vorsicht. Es ist indessen auch wahr, daß Herr von Marsac durch seine vielen Begleiter, durch das große Gepäck, durch das unnöthige Auskramen von Landkarten und besonders durch seine starke Bewaffnung bei diesem mistrauischen Volke sehr auffallen mußte, auch es sehr versehen hatte, sich nicht mit einem Paß versorgt zu haben, und daher nur mit Hinterlassung bedeutender Opfer ohne weitere Versendung ins Innre des Landes und Belangung vor höhere Tribunäle, aus Venasque entlassen wurde.

Sobald die Hirten, ohne uns bemerkt zu haben, abgezogen waren, machten wir uns auf den Weg, und erstiegen in südwestlicher Richtung ein etwas steiles Granitgeschiebe, an dessen obern Rande diese Seite der Maladetta einen fast ganz horizontalen Absatz bildet, welcher von Gras dicht bewachsen ist, in seiner Mitte einen Bach führt, zwei hübsche Seen hat, deren größ- rer etwa 10 Klafter im Durchmesser, Lac de Türmaou heißt, und gegen Plan d'Estanes hin durch eine bedeu- tende Granitwand begränzt ist. Hier langten wir schon um vier Uhr an, nachdem ich doch manche Stunde auf Beobachten und Einsammeln verwendet hatte; aber die Ersteigung des Berges forderte für sich einen Tag, und daher beschlossen wir hier zu übernachten. Dieser Stand- punkt, des Niveau des Lac de Turmaou, hat eine Er- hebung über dem Meere von 2281,3 Meter, und be- zeichnet hier zugleich die äußerste Gränze der Baum- vegetation, denn die Tannen hören schon etwas unter- halb desselben gänzlich auf; nur fand ich auch hier, wie schon in manchen andern Gebirgen die deutlichen Spuren, daß die Baumvegetation sich ehemals weiter hinauf erstreckt haben muß; denn es lagen um diesen Standpunkt, in dessen Höhe sich nirgend auch nur die Spur eines lebenden Baumes zeigte, die halbverwesten Ueberreste sehr bedeutender Baumstämme, und zwar in hinreichender Anzahl, um der Vermuthung zu begeg- nen, daß sie von Menschen hier heraufgeführt seyen; auch hatte noch nie ein Reisender hier übernachtet, die Hirten haben ihre eignen Nachtquartiere weiter unten im Thal, und überdies bemerkte ich nicht, daß jemals ein Feuer in jener Gegend angemacht worden sey. Dem sey wie ihm wollte; ich trug mir unter Beistand meines Begleiters noch vor Einbruch der Nacht eine große Menge solcher Stämme herbei, und machte vor einer durch die Felsblöcke gebildeten Grotte ein großes Feuer an, bei dessen Hellung wir unsre Kräfte durch ein köstliches Mal erfrischten, und in dessen erwärmender Nähe wir die Nacht hindurch Kühlung und Feuchtigkeit von unsern Gliedern scheuchten, indem wir abwechselnd ruhten und schürten. Je finstrer die Nacht ward, desto höher ließ ich die Flamme lodern, sicher durch die Felswand vor den mistrauischen Blicken der Spanier; der dunkle Himmel blitzte von Millionen der klarsten Sterne, und die Luft stimmte durch Ruhe und milde Kühlung in die wohlthätigen Eindrücke, welche meine ganze Lage auf mich machte. Um 9 Uhr Abends ging der Mond auf, beleuchtete die majestätische Schneefläche der berüchtigten Maladetta, an deren Fuß ich weilte, zeigte mir jene Schneeschlucht, jeden Felsenkamm bis zum äußersten scharfen Gipfel hinauf, und erfüllte mein ohnehin erheitertes Gemüth mit der Hoffnung, daß ich des andern Tages wohl keinen vergeblichen Versuch wagen würde. Nachdem ich so an der Gränze zwischen der Baumregion und dem ewigen Schnee eine der schönsten Nächte meines Lebens vollbracht, begann ich mit der Morgendämmerung um fünf Uhr die Ersteigung des Berges.

Eine Stunde lang zogen wir uns über ein rauhes Granitgeschiebe hinweg, welchem Barreau mit Unrecht den Namen einer Moraine gab, weil die wahre Moraine immer nur das Werk eines Gletschers ist, welcher die Felsmassen an seinen Rändern vor sich herschiebt und aufhäuft, jene Felsen aber sich als schmaler Kamm bis zum Gipfel der Maladetta hinaufziehen, der ganz von Schnee befreit ist. Weil diese nördliche Abdachung der Maladetta sehr gleichförmig ist, nimmt

der

der unterste Rand ihrer Schneemasse auch eine ziemlich grade, ununterbrochene Richtung, und dieser erste Anfang der Schneeregion findet sich nach meiner Messung bei 2682,5 Meter *) über der Meeresfläche. Der Schnee war im Innern schon ziemlich stark vergletschert, ohne jedoch wahres Gletscher-Eis zu bilden, und am Rande durch eine Menge Längenspalten zerklüftet, weiter hinauf aber durch Querspalten getheilt, und zwar, wie mein Begleiter behauptete, in diesem Jahr stärker und zahlreicher, als er es jemals gesehen. Der größte dieser Spalte theilte den Gletscher grad in seiner Mitte der Quere nach, in einer Länge von etwa 300 Schritt, 7 bis 8 Meter breit, und, so weit man hinabsehen konnte, 8 bis 9 Meter tief. Ich umging diesen Riß an dem östlichen Ende; eine dünne Lage frisch gefallenen Schnees erleichterte uns und unsern schlecht geschärften Fußeisen das Fortkommen, und so erreichte ich auf dieser im Ganzen nur unter etwa 25 Grad ansteigenden Schneefläche ihren obersten Spalt, welcher nahe am Felsenkamm der Maladetta sich durch die ganze Länge des Gletschers hinzog, und überschritt ihn auf einer Schneebrücke. Ueber demselben sind nur

*) Es möchte vielleicht auffallen, daß diese und alle ähnliche Höhen, bei welchen es wahrlich nicht einmal auf ganze Meter ankommt, doch bis auf die Zehntel-Meter, und nicht in runden Summen angegeben werden. Allein ich gebe auch nicht vor, daß z. B. an diesem Theile des Gebirges die Gränze des beständigen Schnees sich grad bei 2682,5 Meter und kein Zehntel drüber oder drunter befinde, sondern ich mache diese und ähnliche Angaben so wie die Rechnung sie mir liefert, und überlasse es dem Leser sich die Summen nach Belieben zu runden —

noch einige Meter Gletschermasse, und dann beginnt der schroffe von Felstrümmern aufgethürmte Rücken der Maladetta, auf welchem sich kein Schnee erhalten kann.

Da sich mein Begleiter im Ganzen zaghaft bewies, vielleicht schon die Folge seines beträchtlichen Alters, und mir kein großes Vertrauen abgewann, so hatte ich mich durch Umgehung der Spalten auf der östlichen Seite allmählig von ihm entfernt, um den Gipfel von daher zu ersteigen. Bald aber fand ich in den gar zu steil angehäuften Felsmassen ein für den Einzelnen unübersteigliches Hinderniß zum weitern Fortkommen, ging wieder hinab, und wandte mich nach dem westlichen Ende des Berges, wohin sich unterdessen in stiller Gemächlichkeit der alte Barreau verfügt hatte. Hier überschritten wir das andre Ende des Spalts, kamen in die nackten Felsen, und drängten uns dann durch einen engen Paß bis zu einer Stelle, die mir mein Begleiter frohlockend als das versprochene Ziel unsrer Reise kund gab. Es ist dies der s. g. Standpunkt des deux hommes, bezeichnet durch zwei starke Felszacken, und in der That das Ziel aller bisherigen Reisen zur Maladetta. Die Erklärung meines Führers konnte ich mit keinen bessern Gründen entkräften, als daß ich die Beschaffenheit des Gipfels auszuspähen suchte, um einen Zugang ausfindig zu machen, wenn es von diesem Punkt aus einen geben sollte; aber wohin ich meine Blicke wandte, so fielen sie auf schroffe nur mit Hülfe von Leitern allenfalls ersteigliche Felstrümmer, und fast schien mir die Sage von der Unerreichbarkeit des Gipfels keine leere Ausflucht allzusehr geschonter Kräfte. Ich näherte mich ihm indessen auf dem höchsten Rande des Gletschers, da wo dieser an die fast senkrechte unbeschneete Krone der Maladetta gränzt, und nachdem ich dort etliche und zwanzig Schritt gemacht hatte, zeigte sich ein wenngleich sehr enger Durchgang unter den Trümmern; ich wußte noch nicht wo hinaus er mich führen würde, doch drängte ich mich mühsam hindurch, denn im Loch war kaum Platz für den Umfang meines Körpers, und befand mich dann zu meiner Freude auf der südwestlichen Kante des Berges, wo die Felsmassen weniger schroff auf einander gehäuft sind, und sich mir eine Möglichkeit eröffnete, den Gipfel zu erklimmen. Barreau war mir indessen still und willig gefolgt; nun aber nahm ich seine Schultern in Anspruch, um mich auf den nächsten Felsen zu erheben, zu welchem ich ihm dann durch Hinreichen mit der Hand verhalf, und so gelangten wir von Fels zu Fels endlich zum höchsten, welcher etwa drei Meter groß auf den übrigen ruht, und den wahren Gipfel der Maladetta abgiebt. Also hat sich mir auch der zweite, bisher wegen seiner Unerreichbarkeit wenig gekannte Mittelpunkt der Pyrenäen, die berüchtigte Maladetta, zugänglich gezeigt, und dies übertraf meine schon so manchesmal getäuschten Erwartungen sehr angenehm. Ich genoß hier zum zweitemal alle Reize eines über ein ganzes Gebürge erhabenen Standpunkts, labte mich an dieser reinen heitern Luft, an dem behaglichen Gefühl Zeit und Kraft mit lohnendem Erfolg an die Erreichung eines schönen Ziels gesetzt zu haben. Ich ließ mich auf diesen Felstrümmern nieder, zu ruhiger Beschauung der vor mir ausgebreiteten Welt, sorglos, ob eine jener Massen die mich trugen, vom Zahn der Zeit geschwächt, mich mit dem Gipfel der

Maladetta und allen Gefühlen die in mir lebten, nicht von meiner Höhe hinab in die Tiefe unaufhaltsamer Vernichtung reißen würde.

Meine Blicke zunächst gegen Frankreich gewandt, sah ich unmittelbar vor mir die Hauptgebirgskette, wie sie westlich unter dem Namen Crabioules mit einer beträchtlichen Erhebung beginnt, sich dann etwas senkt, um zwischen ihren felsigten Zacken die Port de Venasque und de la Piccada zu bilden, und dann den mächtigen Halbkreis zu beschreiben, dessen Gipfel die Quellen der Garonne umzingeln. Wo dieser Halbkreis im Westen beginnt, schließt sich an ihn die Maladetta durch den Montardon und die Pica fourcanada; der Zwischenraum zwischen ihr und dem Port de Venasque, Plan d'Aigouaillettés und Plan d'Estanés genannt, ist gegen Westen offen, und senkt sich plötzlich in das Thal von Venasque, welches von der Essera durchströmt ist. Südlich gekehrt erkannte ich, wie von der Höhe des Mont Perdu, jenen schnellern Uebergang der höhern Gebirgsmassen in die kleinern Berge, und die reihenweise Abstufung der letztern bis in die Ebenen von Terraza und Pobla; ich sah wie von dem Gipfel, auf dem ich stand, ein gewaltiger Felsenkamm sich südlich etwa 1000 Schritt weit hinzog, und mit einem hohen Gipfel endigte, Pic Nettou genannt, welcher nach allen Schätzungen, sowohl vom Port de Venasque, als dem hohen Gallinerou in Spanien, und meinen dermaligen Standort noch 50 bis 60 Meter höher als die Maladetta emporragt, mithin etwa 20 Meter höher ist, als der Mont Perdu, und 3365 Meter über der Meeresfläche steht. Er war mir für den Augenblick nicht erreichbar, wenigstens nicht unter Beistand meines einzigen, ziemlich unbeholfenen Begleiters; wer sich aber die Freude machen will, diesen um etwas höhern Punkt zu ersteigen, der wende sich gleich vom Lac de Türmaou stark östlich, über den Felskamm hinweg, welcher sich von der Spitze der Maladetta durch ihre ganze nördliche Schneefläche hinabzieht, und richte seine Schritte grad auf den kleinern rauhen Felskamm, der vom Pic Nettou bis auf etwa die Hälfte der Schneeregion herabreicht, und er wird sicher sein Ziel nicht verfehlen. Ich sah endlich wie sich auf dem südöstlichen Abhang des Pic Nettou, so wie auf der Südseite der Maladetta eine Masse schwach vergletscherten Schnees herabzog, indem sie 50 Meter vom Gipfel an gerechnet begann, und sich bis 250 Meter unterhalb desselben zu der Vertiefung hinabzog, in welcher sich der Lac de Grigugno, auf drei Seiten von hohen und steilen Felswänden umgeben, befindet. Durch diese Lage vor der starken Einwirkung der südlichen Sonnenstrahlen geschützt konnte sich der Schnee auf der Südseite des Gebirges, also schon in einer Tiefe von 3060 Meter, von einem Jahre zum andern erhalten, und einen, wiewohl unbedeutenden Anfang der Schneeregion bilden. Außerdem erblickte ich, soweit das Auge und das Fernrohr reichte, auf der Südseite nur am Mont Perdu und Marboré-Gebirge einige kleine Schneeflecke, die jedoch nirgend die Gipfel erreichten, und nirgend ganze Bergabhänge deckten, sondern sich grad so verhielten, wie ich es bei der Erzählung von meiner Reise auf den Mont Perdu beschrieben. An der ganzen Nordseite der Pyrenäen zeigte sich mir bei der genauesten Musterung des meinen Blicken ganz aufgedeckten Gebirges nur der Vignemale, der Mont Perdu, die Clabicules, die Malabetta und Pic Nettou mit Schneemassen versehen, welche bei der Untersuchung der Schneegränze in Betracht kommen können. Denn in östlicher Richtung hinaus, sieht man auf den Bergen des Département des Pyrenées orientales, nur einzelne kleine Schneeflächen in ein paar Vertiefungen, und selbst der Canigou, ein Berg von 2789 Meter Höhe am östlichen Ende des Gebirges, trug der spätern Jahrszeit ungeachtet, doch noch nicht einmal Schnee.

Wenn ich zum Gipfel der Malabetta, die Höhe des äußersten Felsens von 3 Meter setze, so beträgt die Erhebung dieses Berges über der Meeresfläche 3309,6 Meter. Mein Puls schlug hier, nachdem ich mich wohl eine Stunde lang ausgeruht hatte, 103 mal in der Minute, und wenig Tage darauf zählte ich 70 in Bagnère de Luchon. Dies Verhältniß ist ganz dem Verhältniß der Höhe beider Standpunkte angemessen, und harmonirt vollkommen mit dem Gesetz über die zunehmende Häufigkeit des Pulses bei wachsender Höhe des Standpunkts, welches als Mittel aus sämmtlichen Beobachtungen, in verschiednen Gebirgen, und zu sehr verschiedenen Höhen an dem Kreislauf meines Körpers angestellt, hervorgeht. Mein Puls, welcher in der Höhe der Meeresfläche im Durchschnitt 70 angiebt, zeigt bei 1000 Meter Erhebung 75, bei 1500 Meter 82, bei 2000 Meter 90, bei 2500 Meter 95, bei 3000 Meter 100, bei 3500 Meter 105, bei 4000 Meter 110 Schläge in jeder Minute. —

Wie sehr ich mich auf die Genauigkeit meiner Beobachtungen und des daraus gezogenen Verhältnisses verlasse, so bin ich doch weit entfernt dasselbe für ein allgemein gültiges zu erklären, und behaupte sogar daß es als solches wohl nur auf sehr wenig Personen passen wird, und zwar aus folgenden Gründen: einmal ist die ursprüngliche Zahl der Pulsschläge in dem gewohnten Aufenthalt bei wenig Menschen genau dieselbe so daß also schon deswegen ein Puls von 60 an der Höhe des Meeres, bei 2000 Meter Erhebung nicht auf 90 wie der meinige, sondern nur auf 77 steigen würde; daher ist der Blutumlauf alter Leute der Beschleunigung durch den höhern Standpunkt viel weniger unterworfen, als bei Jünglingen. Zweitens ist die ursprüngliche Reizbarkeit des Herzens und der Adern sehr verschieden; so daß zwei Personen bei der gewohnten Höhe des Wohnorts eine ganz gleiche Häufigkeit des Pulses haben können, und durch die Erhebung auf einen höhern Standpunkt, die eine doch größere Vermehrung desselben erleidet, als die andere. Drittens kommt es sehr darauf an, in welcher Höhe über der Meeresfläche Jemand aufgewachsen ist, oder doch längere Zeit gelebt hat. Dem Bewohner der Ebene ist das Erheben auf eine Höhe von 3 — 4000 Meter hinreichend, die Häufigkeit seines Blutumlaufes um die Hälfte und drüber zu steigern, während der Gebirgsbewohner in demselben Fall nur eine Beschleunigung von einem Viertel oder Drittel erfährt. So zeigte der Puls des 60jährigen Barreau bei der Erhebung aus Bagnères de Luchon (674 Meter) zum Gipfel der Maladetta (3309,6 Meter), nur eine Zunahme des Pulses von 60 auf 85 in jeder Minute, während der meinige von 70 auf 103 stieg; und eben so zeigte der Puls bei dem kaum 25jährigen Rondo dem Sohn, durch die Erhebung aus Jeddro (1043 Meter) auf dem Gipfel des Mont Perdu (3346 Meter) ein Steigen von 87 auf 100, während der meinige unter ganz gleichen Umständen von 73 auf 110 Schläge in der Minute heranwuchs. Daher nimmt man auch an den Bewohnern sehr hoher Dörfer, wie z. B. Héas (1550 Meter) kaum eine nahmhaft größere Häufigkeit des Pulses wahr, als an den Bewohnern der tiefern Thäler, wie mich dies Beobachtungen lehrten. Viertens endlich, giebt es einen bei dergleichen Untersuchungen noch gar nicht beachteten, scheinbar geringfügigen Umstand, ohne dessen Beseitigung man nie zu bestimmten Resultaten kommen wird, nämlich der Umstand, ob die Person, an welcher der Puls gezählt wird, steht, sitzt oder liegt. Denn wenn man auch die Vorsicht braucht, diese Untersuchungen nicht gleich nach Erreichung des Gipfels, wo das Blut sich ohnedies in größrer Wallung befindet, anzustellen, so ist die Häufigkeit des Pulses doch auch nach völliger Erholung, selbst bei dem ruhigsten Leben in unsern Wohnzimmern, nach der verschiedenen Haltung unsres Körpers sehr verschieden, so zwar, daß zwischen dem ruhigen Sitzen, und dem einfachen Stehen ohne alle Bewegung ein Unterschied von 10 bis 20 Schlägen in einer jeden Minute eintritt. Dies hängt von dem physischen Gesetz ab, daß die Häufigkeit des Pulses mit den jedesmaligen Maaß von Muskelanstrengung im Körper überhaupt, in gradem Verhältniß steht. Nun aber ist das Stehen, auch das ganz ruhige, immer von nahmhafter Muskelthätigkeit begleitet, während im Sitzen nur wenige Muskeln zur Hervorbringung des Gleichgewichts wirksam zu seyn brauchen. Dies ist so wahr, daß das bloße waagrechte Hinhalten eines einzigen Armes den Puls um 5 Schläge und drüber in jeder Minute beschleunigt. Auf dieser wichtigen Lehre beruht auch die ganze Kunst, mit welcher manche Personen Aufsehn erregen, nach Willkühr die Häufigkeit des Pulses, bis zu dem höchsten Grade der Fieberwallung zu vermehren, durch das bloße Anspornen einiger der Hauptmuskel des Körpers, ohne grad eine Bewegung zu machen. Auf dem Gipfel des Mont Perdu, wo uns keine Felsen zum Sitzen einluden, sondern im Gegentheil der Boden von einer dünnen Lage frisch gefallenen und halbgeschmolzenen Schnees durchfeuchtet war, stellte ich die Beobachtung des Pulses, an mir sowohl als an meinen Begleiter, stehend an, und daher die unverhältnißmäßige Vermehrung seiner Schläge auf 110 in der Minute, eine Frequenz welche für meinen Blutumlauf einer Höhe von 4000 Meter entspricht.

Nur wenn man alle diese Umstände gehörig erwägt, aber dann auch nicht ohne einen bedeutenden Grad von Zuverlässigkeit, lassen sich einige allgemeine Resultate über den Einfluß der Berghöhen auf den Blutumlauf machen, und kann derselbe vielleicht sogar als ohngefährer Maaßstab der Höhe eines Standpunkts betrachtet werden, ein Maaßstab der jedoch für Jeden durch eigene Erfahrungen erst ausgemittelt werden muß, weil sich a priori hierin nichts bestimmen läßt.

Nachdem ich zu Berichtigung der Gebirgskarte, die gegenseitige Lage der nächsten und entferntern Hauptpunkte des Gebirges mittelst der Magnetnadel erkannt hatte, verließ ich diesen Standpunkt, den noch nie ein menschlicher Fuß betreten, und der auch bis dahin für unzugänglich gehalten worden war, so daß die Nachricht: die Maladetta sey erstiegen, längst vor mir in Toulouse ankam, und allgemeine Theilnahme erweckte.

Mein Begleiter fand den von mir gewählten Weg zum Gipfel wegen des engen Joches, und wegen des steilen Gletscherabhanges, der wenig Schritte abwärts von unserm Pfade, seiner ganzen Länge nach von dem Spalt begränzt wurde, nicht mehr gerathen, und zog sich von der südöstlichen Seite des Gipfels auf bloßem Granitgeschiebe bis zu dem Standpunkt des deux hommes hinab, wo wir zusammentrafen, während ich die vorige Richtung auch für den Rückweg, wiewohl beinahe zu meinen Schaden, beibehalten hatte; denn als ich den obersten Rand des Gletschers wieder betrat, wich plötzlich unter meinen Füßen die dünne Schicht jüngst gefallenen Schnees, und führte mich dem Spalt zu, bis mein Eisstock und das vorsichtig beibehaltene Gleichgewicht mich aufhielten, sonst hätte mich nur ein gewagter Sprung über den Riß, vor dem Hineinstürzen retten können.

Wir waren bald wieder die große Schneefläche der Maladetta hinabgeschritten, gingen durch Plan d'Estanés auf den südlichen Abhang der Hauptkette über wandten uns aber dann statt links gegen den Port de Venasque, rechts zum Port la la Piccada, der nur 15 Meter höher liegt als jener, und weniger genau bezeichnet, denn es ist bloß eine mit Gras bewachsene Berghöhe, auf welcher die Wege von drei Thälern zusammenkommen, nämlich von Süden her, der Weg den ich eben machte, von Nordost aus dem Val d'Aran, von Nordwest aus dem Val de la Pique. Diese letztere Richtung wählte ich jetzt, indem ich mich etwas links wandte, und bald zu einem durch den um mehrere Klafter hervorragenden Thonschiefer bezeichneten Ort kam, welcher wegen der senkrechten Stellung der

Schichten nur einen engen und rauhen Durchgang gewährt, daher den Namen Piccada trägt, und ihn dem ganzen Port zu dem er gehört, mitgetheilt hat. Man zieht sich eine bedeutende Strecke auf dem begraseten Bergrücken fort, und steigt dann fast grad zum Hospice de France hinab. Wir waren um fünf Uhr vom Lac de Türmaou ausgegangen, erreichten nach manchem Zeitverlust um neun Uhr den Gipfel, verließen ihn nach einer Stunde, erreichten das Hospiz noch bei Tage, und trafen um 8 Uhr Abends in Bagnères de Luchon ein. Es ist daher sehr wohl möglich, wenn man sich nicht viel aufhalten, und etwa um drei Uhr Morgens ausgehen will, auch vom Hospice de France aus, die Maladetta oder den Pic Nettou bis zu ihrem Gipfel zu ersteigen, und des nämlichen Tages wieder ein bequemes Nachtlager in ersterem zu finden; denn zwei Stunden braucht man von dem Hospiz bis zum Port de Venasque, vier Stunden von da bis zum untern Rand des Gletschers, und drei Stunden bis auf den Gipfel. —

An den Thalgehängen des Plan d'Estanés zeigt sich die Verbindung zwischen dem Granit der Maladetta und den späteren Felsbildungen sehr deutlich. Der Port de Venasque nämlich, so wie der Port de la Piccada und wahrscheinlich der ganze zwischen beiden gelegene Felskamm besteht aus fast schwarzem Thonschiefer, dem ganz gleich, welcher zwischen Luz und Jeddro, im Thale des Gave de Pau so mächtige Schichten bildet. Sein Einschießen ist fast senkrecht, und sein Streichen im Durchschnitt von Ost nach West. Auf der Südseite des Port, aber noch an dem Gehänge des Gebirgskammes wechselt er mit etwas schiefrigem

Kalkstein, welcher in der s. g. Penna blanca zahlreiche Abänderungen in bandförmig grau und weiß gestreiften, auch fast ganz kristallinischen, dem Marmor ähnlichen Kalkstein zeigt, wie man sie zum Theil sehr ähnlich schon zwischen Luz und Jeddro vorfindet. An diese Schichten legt sich die Grauwacke, welche fast den ganzen noch übrigen Theil des Abhanges bis zum Grunde von Plan d'Estanés einnimmt. Sie ist erst schön dunkel stahlgrau, derjenigen vollkommen gleich, welche zwischen Pierrefitte und Luz vorkommt; dann aber wird sie dunkelaschgrau, und verbindet sich mit dem Thonschiefer, welcher wohl den Grund dieses Thales einnimmt, dessen linkes Gehänge sich dann erhebt, und von hier aus bis zum Gipfel der Maladetta nichts als Granit ist, von einerlei Beschaffenheit, ziemlich fein und gleichmäßig an Korn. Diese ganze mächtige Bergmasse besteht aber, wenigstens an ihrer Oberfläche, aus lauter eckigten Trümmern, zum Theil von außerordentlicher Größe, und nur am westlichen Ende zeigt er sich anstehend; ja selbst der Gipfel der Maladetta ist nichts als ein ungeheurer Haufen großer Granitblöcke.

Diesen Beobachtungen einen größern Umfang zu geben, auch über die Schneegränze auf der Südseite dieses wichtigen Theiles der Pyrenäenkette entscheidende Untersuchungen anzustellen, schickte ich mich zu einer Reise ins spanische Gebiet an, bei welcher ich, ohne die Maladetta selbst zu ersteigen, sie in einem gewissen Bezirk ganz zu umgehen, und dabei zu einer vollständigern Kenntniß derselben zu gelangen hoffte. Gern wäre ich an die Ausführung dieses Planes gleich des andern Tages meiner Rückkehr von der Maladetta gegangen; aber ein unglücklicher Zufall, der mir im Laboratorium des Herrn Paul Boileau mit Knallluft begegnete, zwang mich, zur Erhaltung meines Gesichts, fünf Tage lang fast unthätig in Bagnères zu verweilen, und erst am 5. Oktober konnte ich es wagen diese Reise zu beginnen, die zum Theil an Beschwerden, der eben gemachten nicht viel nachgab. Herr Boileau war selbst begierig die Umgebungen seines Wohnortes näher kennen zu lernen, und bot mir seine Begleitung an, was ich doppelt gern annahm, da er vermöge des Handels mit rohen Arzneimitteln fast allen Apothekern in den jenseitigen spanischen Ortschaften wenigstens dem Namen nach bekannt war, und daher auf ihre Gastfreundschaft rechnen konnte, — ein Mittel, ohne welches man in den spanischen Pyrenäen kaum fortkommen kann, da es nirgend, selbst nicht in den Gouvernementsstädten Wirthshäuser giebt, und die dortigen Spanier auch nur mit Hülfe des Gastrechts Reisen unternehmen. Herr Boileau begleitete mich nicht gleich von Bagnères aus, sondern, da ich über den Port d'Oo nach Venasque wollte, zog er es vor, auf dem kürzeren und leichteren Wege über den Port de Venasque zu gehen, von welchem aus der Weg durch das genannte Plan d'Estanes, westlich um die Maladetta herum, und dann grad in das Thal der Essera hinab, in welchem Venasque liegt, führt. Als besonderen Begleiter hatte er mir den jungen Martre empfohlen, rüstig an Geist und Körper. Dieser weckte mich am 5. October morgens gegen drei Uhr, und sogleich machten wir uns auf den Weg. Unterdessen trübte sich der vorher reine Himmel, und Martre erhob schon einige Bedenklichkeiten für den Uebergang des Port d'Oo, der vielleicht der höchste, wenigstens gewiß einer der schwürigsten von allen Ports der Pyrenäen ist. Er kannte diese Schwürigkeiten, denn er hatte durch denselben eine Zeitlang Handel getrieben, und wagte auf diese Veranlassung einmal diesen Uebergang sogar im Monat November, wiewohl mit vielfältiger Lebensgefahr, denn selbst im Sommer wird dieser Port nie mit Lastthieren überschritten, und im Winter gar nicht, so felsig sind hier die Pfade, und so trügerisch der Schnee, wenn er die Schluchten deckt.

Wir folgten den Quellen des Bächlein Lys, welches sich oberhalb Bagnères mit der Pique vereinigt, bis zum Dorfe Cazeau, wo ich schon bei meiner Reise nach Bagnères gewesen war. Damals bestimmte ich die Höhe von jenem über diesem auf 842,58 Meter; jetzt fand ich die nämlichen Puncte um 343,67 Meter von einander abstehend, also nur einen Unterschied von 1,1 Meter. Diese große Uebereinstimmung darf jedoch nicht verleiten, der barometrischen Messung, auf ungleichzeitige Beobachtungen hin, ein voreiliges Vertrauen zu schenken. Ich habe früher gezeigt, wie eine Bestimmung des wechselseitigen Niveau zweier Standpunkte nur dann genau ausfallen kann, wenn sie in einer Zeit angestellt wird, während welcher das Quecksilber im Barometer, vermöge seiner stündlichen Veränderungen, um eben so viel steigt als fällt. Dies ist nun in den beiden angeführten Höhenbestimmungen des Dorfes Cazeau gar nicht der Fall. Am 25. Sept. beobachtete ich Nachmittags um zwei Uhr in Cazeau, und zwei Stunden drauf an der Kirche von Bagnères; in dieser Zeit ist der Barometerstand, zufolge der oben angeführten Beobachtungen, im Fallen begriffen; nothwendig also muß der Unterschied der Logarithmen beider Barometerstände, und mithin die zu bestimmende Höhe zu klein ausfallen. Am 5. October beobachtete ich morgens um halb drei Uhr an demselben Standpunkt in Bagnères, und um vier Uhr an dem von Cazeau, eine Zeit während welcher der Barometerstand in der Regel gleichfalls im Sinken begriffen ist; das Quecksilber stand also in Cazeau zu tief, und dies giebt einen zu großen logarithmischen Unterschied, also einen zu großen Höhenunterschied beider Standpunkte. Die andere Messung fiel dagegen zu klein aus; der Unterschied beider Messungen hätte sich also verdoppeln, und auf ohngefähr 10 Meter steigen sollen, statt dessen beschränkte er sich auf 1,1 Meter. Diese Uebereinstimmung harmonirt nicht mit den Grundsätzen meiner Messungsmethode, läßt sich aber sehr leicht aus der Witterungsveränderung erklären, welche schon am frühen Morgen während der Messung am 5. Oct. eintrat; denn bei dem klarsten Himmel und ruhiger Luft beobachtete ich in Bagnères; aber auf halbem Wege nach Cazeau fing jener an, sich zu beziehen, und erregte sogar in meinem Begleiter Besorgnisse wegen Eintritt einer sehr ungünstigen Witterung; darum ist es rathsam, so wenig vor Sonnenaufgang als nach Sonnenuntergang barometrische Höhenbeobachtungen anzustellen; nur bei der Bereisung hoher Gipfel ist man zuweilen gezwungen zur Ersparniß von Zeit eine Ausnahme von dieser Regel zu machen; will man jene daher so genau messen, daß man das Resultat mit dem einer Winkelmessung vergleichen, und ihm an die Seite stellen könne, so kann man sich der gleichzeitigen Beobachtungen in kleinen Abständen der Standpunkte doch nicht entheben. Mir war bei meiner Wandrung durch das spanische Gebiet eine Höhenbestimmung der Standpunkte hinreichend, welche bis zu einer Genauigkeit von 10 bis 15 Meter reicht; aber von der Hauptmessung des Oceans mit dem Mittelmeer, welches von meinem Zug über den Port d'Oo meiner Reise zur Maladetta, zum Mont Perdu ganz unabhängig ist, habe ich sorgfältig alle Mißgriffe über die Zeit und den Ort der Beobachtung ausgeschlossen, soweit dies in meiner Macht stand. Hier geizte ich nicht mit den Stunden, sondern rastete lieber, wenn eine bedeutende Witterungsveränderung, sey es zum Angenehmen oder Unangenehmen, bevorstand; denn es lag mir daran, den stündlichen Wechsel des Barometers auf die Höhenbestimmung der einzelnen Stationen, der, wie vorhin gezeigt worden, einen Fehler von mehrern Metern hervorbringen kann, und muß, in seiner ganzen Kraft und Regelmäßigkeit in die Hauptmessung eingreifen zu lassen, weil die volle Genauigkeit dieser Methode auf der Gegenwart und gegenseitigen Aufhebung dieser Fehler beruht.

Von Cazeau wandten wir uns stark links, und erreichten bald Oo, das letzte Dorf, und der letzte beständige Wohnsitz von Menschen auf diesem Wege, obgleich nicht viel höher gelegen als Cazeau. Hier erst begann es zu tagen, und nun wurden unsre Schritte sichrer. Jenseit Oo kommt man an einem großen, zu Ehren der heiligen Catharina errichteten Kreuz vorbei, an dessen Stelle ehedem eine Kapelle gestanden haben soll, die aber, wie die Sage geht, plötzlich in den Boden sank und verschwand, als eines Tages die Geistlichen von Oo wegen schlechten Wetters die Messe darin zu lesen verabsäumten. Alle Bewohner von Oo, also auch mein Begleiter, der aus dem Orte gebürtig ist,

un-

unterlassen nicht, so oft sie diesem Kreuz vorbeigehen, knieend ein Gebet zu verrichten für das Wohl des Dorfes und für ihr eignes. Nach einem tüchtigen Gang von dritthalb Stunden erreichten wir den letzten, auch nur für die Sommermonate bestimmten Wohnort, eine Schäferhütte, welche von Spaniern gepachtet und bewohnt, und eben deshalb auch im Innern recht unreinlich war. Die Zierde dieses Aufenthalts ist der See Seculejo, von etwa einer halben Stunde im Umkreis, schön durch seinen klaren Spiegel, von hohen, meist rauhen, nur schwach mit Gras bewachsenen Felsen eingefaßt. Ein herrlicher Staubbach wirft sich von Süden her in diesen See, und tritt wieder an seinem nördlichen Ende als Quelle der Lys reißend hervor. Der See ist reich an Forellen, die wegen ihres Wohlgeschmacks in der ganzen Gegend, besonders von den Badegästen in Bagnères sehr gesucht sind. Was aber an diesen Fischen mehr auffällt als die Zartheit ihres Fleisches, das ist ihre Gegenwart überhaupt in einem See von 1529,5 Meter Höhe über der Meeresfläche, zu welchem sie keinen andern Zugang haben, als den Bach Lys, der einen äußerst reißenden Fall hat, und an mehrern Stellen Wasserfälle von zwei bis drei Metern bildet, über welche man die Forellen hat wegspringen sehen.

Nachdem wir in der Schäferhütte aus unsern Vorräthen und denen der Schäfer ein geselliges Frühstück zu uns genommen hatten, ließen wir den See zur Rechten, und erreichten bald einen zweiten Lac de Saounsat, und bald einen dritten: Lac de Spingo 1901,8 Meter über der Meeresfläche. Noch 200 Meter höher hinauf, also bei 2100 Meter fand ich hier die äußerste

Gränze der Tannen, in nicht verkrüppelten, aber kleinen Bäumen. Endlich kamen wir auf einem steilen und felsigten Pfade an den vierten See, den s. g. Lac glacé, so genannt, weil er das ganze Jahr über gefroren ist. Seine Oberfläche befindet sich bei 2684 Meter über der Oberfläche des Meeres, ist ohngefähr von gleicher Ausdehnung als der Lac Seculejo, und größtentheils, besonders gegen Süden, wo der Felsenkamm des Port d'Oo, der Pic Quairat, der Pourtillon, der Montarké und der Seuil de la Vacca eine hohe Scheidewand gegen die Mittagssonne bilden, dick befroren, an seiner nördlichen Hälfte aber offen. Von jener südlichen Seite zieht sich auch ein bedeutender Abhang beständigen Schnees an dem Seuil de la Vacca bis zu dessen Gipfel hinan, und bildet also mit dem Niveau des Lac glacé bei 2684 Meter in dieser Gegend den untersten Anfang der Region des beständigen Schnees.

Bis daher war der Pfad anfangs vom Lac Seculejo aus sehr kenntlich, als ein gut gebahnter Felsenweg, außerdem aber, besonders höher hinauf durch kleine Steinhaufen bezeichnet, welche sich von Zeit zu Zeit an demselben zeigen, und das löbliche Werk der dasigen Wandrer sind, die es für ihre Pflicht halten, so oft sie solchen Steinhaufen vorbeigehen, sie durch einen Stein zu vermehren, wohl wissend, von welchem unschätzbaren Werth ein jeder Wegweiser demjenigen ist, der sich aus Unkunde der Gegend, oder bei winterlicher Jahreszeit in diesen Einöden verirrt, die nicht etwa ein einfaches Flußthal darstellen, sondern eine beständige Abwechslung von Erhöhungen und Vertiefungen, in welchen man sich gar leicht von seiner wahren Richtung verlieren kann. Jenseit des Lac glacé aber hört der Pfad und seine Zeichen auf, und hier bewährte sich meines Begleiters genaue Kunde des Bodens, die mich sicher in dem Labyrinth der Felsenthäler leitete, und nicht wankte, selbst wenn sein weiches Gemüth von Besorgniß um die hinterlassene Gattinn heftig ergriffen ward. Man läßt den See zur Linken, und zieht sich an einer Schneefläche sanft hinauf, die sich zwischen jenem und den Steinmassen von Las Pujeolas befindet; so erreicht man den Port d'Oo, an welchem sich der Schnee bis nahe an die Scheidecke zieht, und berührt auf einer Höhe von 2931,5 Meter die Gränze von Spanien und Frankreich. Der Uebergang ist schmal, von Granittrümmern gebildet, welche sich westlich gegen Las Pujeolas, östlich gegen Seuil de la Vacca erheben. Nebel deckten alle Berge rings herum, daher weilte ich nur so lang als ein kleines Mittagsmahl (es war grade zwölf Uhr) es erheischte, und stieg dann vom Kamm der Pyrenäen in die spanischen Thäler hinab. Auf dieser Südseite hatten wir noch eine kleine Schneefläche zu übergehen, welche wie die auf der Südseite der Rolandsbresche befindliche aus weicher, vergänglicher Masse besteht, und, wiewohl bis zu einer Tiefe von 2702 Meter über der Meeresfläche hinabreichend, doch kaum zur wahren Gränze des beständigen Schnees gezählt werden darf, zumal da auf dieser ganzen Südseite kein einziger selbst von den viel höhern Punkten des Gebirgskammes eine Spur von Schnee zeigt. Diese kleinen Schneemassen auf der Südseite des Port in den Pyrenäen danken ihr Vorhandenseyn wohl weniger der großen Erhebung als vielmehr den beständigen, und zum Theil sehr kalten Luftzügen, welche dort herrschen, und an denen man auf der Reise zu einem Port in der Regel die Nähe desselben im voraus empfindet.

Die zuletzt durchzogenen Strecken, besonders die zwischen 1500 und 1900 Meter anstehenden Felsmassen bieten nichts dar, als Glimmerschiefer aber von unzähligen Abwechslungen in Farbe und Gefüge, vom blendend weißen, bis zum dunkeln Stahlgrau, durchgängig von großer Festigkeit. Von da an ohngefähr beginnt die Granitformation, und reicht bis zum Port d'Oo hinauf, wo diese Felsart hellblau von Farbe, sehr fein von Korn, und von größrer Festigkeit ist, als die gleichnamigte von der Maladetta; auf der Südseite des Port setzt dieser Granit noch eine bedeutende Strecke fort, wird grünlich von Farbe, und trägt große Massen von Geschiebe eines sehr vielfältigen Feldspathfelsens mit kleinen Kristallen von Hornblende. Wenn man nun einen Blick auf die Charte dieses Theiles des Gebirges wirft, vorzüglich in Hinsicht der allgemeinen Streichungslinien von WNW nach OSO, und erwägt, daß an der Maladetta der Granit im Plan d'Aigouallettes grade auch bei etwa 1900 Meter über der Meeresfläche hervortritt, und sich dann bis zu den südlich gelegenen Gipfeln erhebt, so kann man kaum zweifeln, daß das Erscheinen dieser so ähnlichen Felsmassen an diesen beiden Punkten von einer und derselben Ursache abzuleiten sey. —

Auf der Südseite des Port d'Oo zeigte sich mir wieder die obere Grenze der Tannen durch ihren kleinen aber schlanken Wuchs ziemlich bestimmt bei der Höhe von 2247 Meter über der Meeresfläche; alsdann senkt sich der Abhang in ein von Westen nach Osten auslaufendes Thal, Val d'Astos genannt von dem hoßen Astosgebirge, welches dem Port d'Oo südlich gegenübersteht, wie die Maladetta dem Port de Venasque, und, wie es mir von der Höhe der Maladetta erschienen war, eine mächtige Gebirgsebene bildet, die auf ihren nördlichen Abhängen einige nicht unansehnliche Massen beständigen Schnees trägt. Ich konnte keine Zeit auf die Ersteigung dieser gewiß äußerst interessanten, und besonders wegen ihrer großen Flächenausdehnung in den Pyrenäen einzigen Gebirgsmasse, verwenden, und folgte dem stark bewachsenen Wiesenthal, an dessen Ausgang gegen Venasque die Abhänge näher zusammentreten, und die Gebirgsmassen wieder in ihrem Innern bloßgelegt zeigen. Hier, bei einer Höhe von etwa 1500 Metern befindet man sich wieder in den ausgedehnten Kalkstein- und Thonschieferschichten mit südlichem Einschießen, und nahe zu von der äußern Beschaffenheit wie am Mont Perdu. Merkwürdig war mir eine von diesen Schichten des Thonschiefers, von etwa 20 bis 25 Meter Mächtigkeit, welche durch viele tausend kleiner, tiefer, aber abgesonderter Risse von Fingerslänge und kleiner, wie geflammt, zerklüftet ist, alle Risse etwas schräg, aber fast in einer und derselben Richtung, wie wenn die ganze Masse einmal von beiden Seiten her durch irgend eine Kraft verschoben worden wäre.

Indem wir aus diesem engen Flußbette in die große Thalweitung der Essera traten, sahen wir auch schon in weiter Entfernung zu unserem großen Vergnügen Herrn Boileau mit seinem Begleiter von dem westlichen Abhang der Maladetta in das nämliche Thal herabsteigen, so daß wir fast zu gleicher Zeit Abends um fünf Uhr in Venasque eintrafen. Unser erster

Eintritt war beim Apotheker des Orts, der' uns mit allen Zeichen wahrer Gastfreundschaft aufnahm. Alsbald aber verfügten wir uns zum Gouverneur des Thals, um uns seine schriftliche Erlaubniß und seinen Schutz zur weitern Fortsetzung unsrer Reise im spanischen Gebiet zu erbitten. Der Arzt des Ortes, vielleicht der Einzige in der Stadt, welcher der französischen Sprache mächtig war, begleitete uns dahin, und diente als Dollmetscher, da ich von der spanischen Sprache gar nichts, und Herr Boileau nur einige Worte verstand. Der Gouverneur empfing uns freundlich; bezeigte aber, was mir auffallend war, weder großes Interesse an unserer Reise, noch große Neugierde über den Zweck unsrer Gegenwart bei ihm. Er hatte Gäste, theils Geistliche, theils Weltliche aus dem Ort, alle an Kartentischen und neben Weinflaschen mit dem beliebten Manilla beschäftigt. Bei unserm Eintritt erhoben sie sich zum Gruß, schlugen die Aermel ihrer langen, schwarzen Mäntel gravitätisch zurück, und nahmen uns eine kurze Weile in Augenschein, worauf sie sich wieder zu ihrer stummen und dennoch leidenschaftlichen Unterhaltung niederließen. Unterdessen war die Gemahlinn des Gouverneur beschäftigt Herrn Boileau bald mit wirthschaftlichen Angelegenheiten zu unterhalten, bald ihm die Schönheit der kastilischen Mundart, der Sprache des Hofes und aller Vornehmern überhaupt, zu rühmen, während dessen uns ein Thee gereicht ward. Der Gouverneur erkundigte sich bei mir nach meiner Herkunft, und nach manchen andern Dingen, die nicht zu meinem Zwecke gehörten, bis ich ihm endlich ein theilnehmend verwundertes Lächeln durch die Nachricht abgewann, daß ich gesonnen sey, des andern Tages den benachbarten hohen Berg Gallnérou zu ersteigen, und dabei auf der Stelle mittelst eines bloßen Wetterglases die Höhe desselben über Venasque und über der Meeresfläche zu bestimmen, mit dem Versprechen ihm das Resultat dieser Unternehmung mitzutheilen. Hierauf sprach ich ihm von meinem fernern Aufenthalt im spanischen Gebiet, und wies ihm meinen Paß vor, welcher das Empfehlungsschreiben des spanischen Consuls in Bayonne enthielt. Dies erklärte er für vollkommen hinreichend zu Erreichung meiner Absichten, und ließ nur Herrn Boileau einen eignen Paß zur Reise nach Viballer ausfertigen, wohin wir uns zunächst zu richten willens waren. Seine freundliche Einladung zum Abendessen mußten wir ablehnen, denn ich sehnte mich sehr nach Ruhe, die ich mir seit drei Uhr Morgens, und nach dem ermüdenden Zuge über den Port d'Oo noch nicht gegönnt hatte. Nach einem frugalen Abendessen beim Apotheker begab sich Herr Boileau bei ihm, ich mich bei einem Verwandten desselben in einem andern Hause zur Nachtruhe.

Diese Wohnungen in Venasque sind meistens von Thonschieferplatten aufgeführt, einen Stock hoch, in welchem der Hausherr wohnt, während der untere Raum den geringern Theilhabern der Haushaltung und zu Viehställen bestimmt ist. Von allen Gemächern, die ich sah, waren die des Gouverneur und die des Arztes die einzigen, welche noch von einigem Wohlleben zeugten, die übrigen sind meist ohne Bewurf und Bekleidung, die Fensteröffnungen statt der Glasscheiben mit bloßen Laden zu schließen, die Hausgeräthschaften ohne Ordnung darin aufgestapelt, und das Ganze mit dem deutlichen Gepräge von mangelhafter Wirthschaftlichkeit von Seiten der Hausfrauen. Indessen habe ich keine Ursache das Betragen meiner Gastfreunde oder vielmehr derer meines Begleiters sowohl in Venasque als in allen übrigen spanischen Ortschaften, die wir besuchten, auf irgend eine Weise zu tadeln; sie theilten mit uns ihr Bestes, und ohne die Hülfe dieses Gastrechtes hätte ich nur durch den Schutz der Behörden Fortkommen finden können. Davon belehrte mich ein auffallendes Beispiel, das sich wenig Tage vor meiner Abreise aus Bagnères de Luchon mit dem jungen Vicomte de Ch. zutrug, welcher wider den Rath seiner Bekannten, ohne Empfehlung, kaum mit einem gewöhnlichen Führer zu Fuß nach Venasque gegangen war, dort gegen Abend ankam, und, nachdem er lange vergeblich nach einem Wirthshause gefragt hatte, endlich in ein Haus gewiesen ward, wo man aber seiner Bitte um ein Nachtlager, die er durch das Versprechen einer guten Bezahlung unterstützte, mit bittrem Spott und einem Bund Stroh begegnete, das man ihm im Vorhof des Hause zu Füßen warf. Wenn auch nicht zu leugnen ist, daß an dieser Behandlung Mißtrauen und Haß gegen die französische Nation einen großen Antheil hatte, so ist doch so viel gewiß, daß in einem Lande, wo keine, für Jeden der zahlt, zugängliche Wirthshäuser, auch nur dem Namen nach, im Gebrauch sind, das Reisen ohne das Gastrecht äußerst beschwerlich seyn muß.

Der Gallinérou ist ein isolirter Berg östlich von Venasque, aber so nahe an dieser Stadt, daß man in zwei Stunden leicht bis zu seinem Gipfel kommen kann, obgleich wir ihrer drei darauf verwendeten, weil uns der Doctor, ein ältlicher Mann, zu Pferde begleitete. Von dem Gipfel aus, welcher sich 2762,4 Meter über der Meeresfläche erhebt, hatte ich eine meinen Erwartungen vollkommen genügende Ansicht von der Südseite der Maladetta in ihrer ganzen Ausdehnung; ich ermangelte nicht so genau als möglich durch das Gitter eine Zeichnung davon zu entwerfen, welche von der Gestaltung dieser Berge, und besonders der Schneegrenze ein sehr getreues Bild liefert. Man überzeugt sich, daß die Südseite der Maladetta allerdings schon zum Theil der Region des beständigen Schnees angehört, indem die ganze große Bergfläche zwischen ihr und dem Pic Nettou in einer beträchtlichen Ausdehnung mit Schnee gedeckt ist, der sich, nach seiner ganzen Beschaffenheit zu urtheilen, und nach der Aussage aller Bewohner dieser Gegend, nie verliert. Ich konnte mich aus der muthmaßlichen Stelle an welcher sich der Lac de Grigugno befindet, überzeugen, daß der Schnee nicht tiefer hinabreicht, als bis etwa zum Niveau desselben; und wenn ich aus dieser Profilansicht, wie sie auf der beigefügten Tafel gegeben ist, die Tiefe bis zu welcher sich der Schnee hinabzieht, nach dem von mir gemessenen Höhenunterschiede des Standpunkts des deux hommes und des Gipfels berechne, so findet sich diese allerunterste Gränze des beständigen Schnees auf der Südseite der Maladetta bei 3047 Meter über der Meeresfläche, was mit der vom Gipfel der Maladetta selbst aus, gemachten Schätzung auffallend genau übereinstimmt.

Ohne wieder nach Venasque zu gehen, nahmen wir unsern Rückweg vom Berge gleich südlich, und erreichten Abends um sieben Uhr das Dorf Kastechon, wo wir wieder beim Apotheker des Orts ein angenehmes Unterkommen fanden. Diese Art zu reisen ward mir jedoch wegen des damit verknüpften Zeitverlustes bald sehr lästig; denn die Gastfreundschaft forderte, daß wir Morgens das Haus nicht ohne eine Bewirthung verließen, und da diese meistens in Gesellschaft der Hausgenossen gereicht ward, kamen wir nie dazu, uns vor acht Uhr auf den Weg zu machen. Vom Dorfe, wo wir übernachtet hatten, wandten wir uns südöstlich, und traten in eine mit der Hauptkette parallel laufende, breite und 6 bis 7 Stunden lange Thalweitung, die nur von geringen Unebenheiten durchschnitten, sehr stark bebaut ist, jedoch fast ohne alle Baumvegetation, und eine mittlere Erhebung von 1485 Meter hat. Das höchste Dorf auf diesem Strich ist Zambalérl, dessen Kapelle sich 1494,2 Meter über der Meeresfläche befindet, also noch 50 bis 60 Meter tiefer als Héas am Mont Perdu. Gegen drei Uhr Nachmittags sahen wir die sich noch weit längs der Kette fortziehende Fläche von einem großen Thal durchschnitten, das sich grad vom Hochgebirge quer durch dieselbe wegzieht, Val de Boë heißt, und das Flüßchen Ribagorçana der Cinca zuführt. In diesem Thale liegt Vidalier, der Hauptort des Kreises, eine hart an der Gränze von Arragonien und Katalonien, schon in letzterer Provinz gelegenen Stadt, die wir Abends um 7 Uhr erreichten. Das ganze bis daher durchzogene Längenthal ist eins derjenigen, durch welche beim Anblick des Gebirges von einem hohen Standpunkt, die reihenweise Vertheilung der Bergmassen auf der Südseite der Pyrenäen in die Augen springt; in ihm ist Sandstein von den verschiedensten Formationen die herrschende Gebirgsart; größtentheils ist es ein fester, rother Sandstein mit eingestreuten Glimmerblättchen, wechselnd mit einem Urfelskonglomerat, dessen Kerne, meist abgerundete Massen von Quarz, in einem thonigen, festen, stark eisenschüssigen Sandstein liegen, so daß das Ganze dem Conglomerat des Mendibelse bei Laragea auffallend ähnlich ist. Auch findet sich auf dieser Strecke beim Dorfe Reananoë ein Gypsbruch mit sehr schönem Fasergyps.

Von Vidalier gingen wir im Thal von Boë aufwärts und befanden uns bald wieder in den Schichten von Kalkstein, mit südlichem Einschießen, welcher in Absicht auf Farbe, Consistenz, Bruch und seiner ganzen äußern und innern Beschaffenheit dem Kalkstein von Val d'Estaoubé und der Tuka rouja aufs vollkommenste gleicht, und bis in die Nähe der s. g. Heremitage durchsetzt, wo 1490 Meter über der Meeresfläche, der Granit auftritt, von einem gleichmäßigen, ziemlich feinen, festen Korn. Dieser Uebergang ist, zufolge einer fast allgemeinen Beobachtung in den Pyrenäen durch das Hervorsprudeln warmer Schwefelquellen bezeichnet, welche gleich neben der Einsiedeley am rechten Thalgehänge in einzelnen kleinen Hütten aufgenommen, und von manchem Leidenden mit Vortheil als Bad oder Trank benutzt werden. Sie heißen Caldés, wegen ihrer Wärme; die wärmste von ihnen hatte 38°,3 R., ein spezifisches Gewicht von 1,0002 auf 14°R. reducirt, die kühlste hatte 16°,0 R. und nach derselben Reduction ein spezifisches Gewicht von 1,0006. Keine derselben zeigte, nach den vorläufigen sehr sorgfältigen Untersuchungen des Herrn Boileau freie Säure oder freies Alkali; alle enthielten Schwefelwasserstoffgas, schwefelsaure und salzsaure Salze, mit Ausnahme einer einzigen, von 36°,2 R. und 1,0005 spezif. Gewicht, welche gar keine Spur von Schwefelbestandtheilen zeigte. —

Bis Vormittags zehn Uhr verweilten wir an diesen Ort, dem letzten beständigen Wohnsitz von Menschen, einzig und allein den Reisenden zur Erleichterung, besonders für die über das Gebirge handeltreibenden Spanier von den Dorfschaften der benachbarten Thäler angelegt. Ein sehr geräumiges Gebäude von Stein bietet den Fremden in einer reichlichen Anzahl kleinerer Gemächer einen willkommnen Aufenthalt, und drei langbärtige sogenannte Eremiten mit ihren Familien werden hier zum Empfang und zur Pflege der Gäste unterhalten; eine Bestimmung von der wir aber, weil man uns für Franzosen nahm, wenigstens in Absicht auf die Nahrung nicht viel Erfreuliches wahrnahmen, da man uns kaum etwas Oel zur Wassersuppe, Wein und einige Eier verkaufen wollte.

Wir folgten durch ein rauhes Felsenthal dem Waldstrom, der hier den Namen Rio del Tor führt, und aus einem schönen großen See, Estan de Tor, reich an guten Forellen, seinen Ursprung nimmt. Diese ganze Gegend ist noch mit mächtigen Edeltannen, kleinen Birken und Eichen bewachsen; aber höher hinauf sieht man nur noch die Tanne, bei 2196,5 Meter erreicht auch diese nur 7 Meter Höhe, und mag sich 50 Meter weiter wohl ganz verlieren. Bei der muthmaßlichen Höhe von 2600 Metern findet man auf den benachbarten Bergen schon einige namhafte Massen beständigen Schnees, jedoch nur in einzelnen gegen die Sonne geschichteten Vertiefungen. An einem zweiten See, Estan negro oder

Estan sovrator vorbei, führt der Weg in östlicher Richtung nach dem Port de Peyrblanc oder de Paillaressa; ich wandte mich aber nördlich, ließ auch den Port de Caldés etwas rechts liegen, und gelangte bei sechs andern Seen vorbey, deren höchster, Gouailligrestada genannt, wohl eine halbe Stunde Weges lang und 2451 Meter über der Meeresfläche erhaben ist. Von diesem erreicht man in einer Viertelstunde den Port gleiches Namens, bei einer Höhe von 2504,9 Meter, aus röthlichem Granit, mit sehr mächtigen Lagern von Quarz, und steigt denn auf der nördlichen Abdachung des Gebirges ziemlich steil und auch wieder in der Nachbarschaft einiger Seen herab, deren einer, die Estagnetta d'Artiés bei 2262,3 Meter zugleich auch die obere Gränze der Tannen auf dieser nördlichen Seite bezeichnet. Sieben Viertelstunden braucht man um vom Port bis in das herrliche Val d'Aran zu kommen, das zwar auf der Nordseite der Pyrenäenkette liegt, aber soweit es hinabreicht, bis in die Nähe von St. Béat, zu Katalonien, also dem spanischen Reiche gehört. An dem höchsten Punkte desselben liegt das Dorf Artiés, wo wir einen sehr freundlichen Eintritt hatten. Der Apotheker des Orts, von unsrer bevorstehenden Ankunft benachrichtigt, entbot uns in Begleitung seines Sohnes eine halbe Stunde vor dem Orte schon seinen Gruß und den Weinschlauch; näher am Orte selbst empfingen uns sogar zwei Geistliche, und im Hause des Apothekers fanden wir Alles zum bestmöglichen Empfang in Bereitschaft. Der Gouverneur dieses Thals, Don Antonio de Gispert, ein Franzose von Geburt, ward durch die Revolution von 1789 aus seinem Vaterlande gestoßen und weihte sich ganz dem Interesse der spanischen Nation; er erwarb sich durch Verdienste ihr Vertrauen, und gelangte zu seinem dermaligen sehr ansehnlichen Posten, Militärgouverneur des reicher Val d'Aran zu seyn, das sich von den Quellen der Garonne und dem Montardou bis zum s. g. Pont du Roi erstreckt, und 32 Ortschaften in sich begreift. Hier lebt er als ziemlich unbeschränkter Herr, hat einen Verwaltungs-Rath, aus sechs Abgeordneten oder Consillieri des Thales bestehend für die Civilgeschäfte, nebst einem Richteramt zur Seite. Wir besuchten ihn des andern Tages in seinem gewöhnlichen Wohnsitz, Viella, eine Stunde unterhalb Artiés, und wurden ganz bei ihm aufgenommen in seiner nach allen Regeln des feinern Geschmacks eingerichteten Wohnung, indem er sich selbst durch zwanglose Aufmerksamkeit als Kenner des Gastrechts beurkundete. Den Tag drauf wurden wir von ihm und dem alten Arzt Don Manuel nach Artiés zur Untersuchung der dortigen Mineralquellen zurückbegleitet, ein Geschäft, welches dem Gouverneur von Wichtigkeit für den Wohlstand seines Thales schien, indem er, für den Fall eines günstigen Resultats, bereit war, sogleich alle Anstalten zur Einrichtung bequemer Badehäuser zu treffen.

Es zeigen sich diese Quellen am linken Thalgehänge einige hundert Schritt unterhalb Artiés, grad an der Verbindung des Granit mit dem Kalkstein, welcher dem von der Penna blanca an der Südseite des Port de Venasque vollkommen gleicht. Aus dem Schutt von altem Gemäuer und Felstrümmern tritt die Hauptquelle hervor, mit einer Temperatur von 34° R. und einem spezifischen Gewicht von 1,0005 wenn man die

Wärme auf 14° R. reducirte. Die Prüfung mit Reagentien wies aus, daß theils freier, theils an Alkali gebundner Schwefelwasserstoff, nebst einigen salzsauren und schwefelsauren Salzen die wirksamsten Bestandtheile dieses Wassers ausmachten, und somit von ihm ähnliche Heilkräfte zu erwarten ständen, als von den Heilquellen in Bagnères. Dies erregte allgemeine Theilnahme unter den Anwesenden; denn der Gouverneur, einige Geistliche und viele Dorfälteste wohnten der ganzen Untersuchung mit größter Erwartung bei, und auf die Nachricht, daß die Quelle nichts Böses, dagegen viel Gutes, und manches Eigenthümliche enthielte, faßten sie den Entschluß, ohne Zeitverlust an die Bearbeitung dieses für ihr ganzes Thal sehr wichtigen Schazzes zu gehen. Auch die Alterthumskunde wird ohne Zweifel einigen Gewinn davon ziehen, denn unter dem Schutt von altem Gemäuer fanden wir eine sehr schön bearbeitete Marmortafel, an welcher das Wort *BION* deutlich zu lesen war, und aus der Tiefe ragte ein kegelförmig zugespitzter Marmor hervor, der gewiß zu einem antiken Denkmal gehört. Nach Beendigung der ganzen Untersuchung der Quellen, ließen die Dorfältesten durch den Gouverneur auf die bescheidenste Weise bei uns anfragen, ob wir für die gehabten Bemühungen ein Geschenk an Geld annehmen würden, weil sie in der Meinung standen, daß nur sie, nicht wir einen Vortheil von der nach Artiés gemachten Reise gehabt hätten. Ein frohes Mittags- und Nachtmahl, das uns diese dankbaren Leute gaben, ward von uns mit Freuden angenommen, und zeigte mir das schöne, freimüthige, und doch nie die Schranken der Ehrerbietung verletzende Verhältniß, in welches Obrist Gispert diese so kräftigen Menschen zu sich gesetzt hat, selbst noch als die katalonische Weinflasche den Kreis der Tafel vielmal durchlaufen hatte.

Am 12. October verließen wir Artiés; der Gouverneur begleitete uns noch eine gute Strecke über Viella hinaus, wo er sich mit einem herzlichen Abschiede von uns trennte, und wir eilten, da sich dichte Nebel auf den Bergen zusammen gezogen hatten, auf dem kürzesten Wege über den s. g. Pourtillon nach Bagnères de Luchon zurück. Die Quellen dieses Orts, deren sechs im Bezirk von ein paar Meter aus dem Felsen hervortreten, sind schon oft in Absicht auf ihre Bestandtheile untersucht worden, jedoch noch nicht so daß man eine genaue Angabe der Mengenverhältnisse machen kann. Das spezifische Gewicht, dessen Bestimmung in den frühern Untersuchungen immer vernachläßigt worden war, ist bei fünf von diesen Quellen ganz gleich, nämlich 1,00024; nur bei der Source froide beträgt es 1,00008 *); ihre Temperatur ist 18°,7 R., während die andern von 26 bis 47°,4 haben. Das wiederholte Sieden dieser verschiedenen Wässer ändert nichts in ihrem specifischen Gewicht, dagegen steigt es durch Stehen an der Luft innerhalb 36 Stunden von 1,00024 auf 1,00054; nach 48 Stunden aber hört diese Wirkung

*) Alle diese Gewichtsbestimmungen machte ich mit einem sehr empfindlichen Gewichts-Areometer, unter der Vorsicht, daß das Wasser immer in wohl verkorkten Flaschen geholt wurde, weil das bloße Stehen an atmosphärischer Luft eine bedeutende Veränderung ihres specifischen Gewichts hervorbringt, und die angegebenen Zahlen sind überall für die gleichmäßige Temperatur von 14° R. berechnet worden. —

kung auf, zum Beweis, daß sie nicht der Verdunstung des Wassers, sondern der chemischen Einwirkung der Luft zuzuschreiben ist, weshalb denn auch das bloße Verkorken schon hinreicht diese Mineralwasser mit unverändertem spezifischen Gewicht zu erhalten.

Im Thal von Bagnères bedient man sich eines Pfluges, welcher dem im Ganzen leichten, aber sehr unebenen Boden vollkommen entspricht, und gewiß in manchen andern Ländern Nachahmung verdienen möchte. Er besteht in Allem aus neun Stücken, und findet sich dreißig mal verkleinert auf einem der beiliegenden Blätter abgebildet. Die lange vorwärts gerichtete Stange dient zum Anspann von zwei Zugthieren, und hat daselbst mehrere Löcher um durch sie die Richtung der ganzen Stange und mithin der daran befestigten Pflugschaar mehr oder weniger waagrecht stellen zu können; ihr dickerer abwärts gebogener Theil hat ein großes Loch zur Aufnahme der Pflugschaar. Diese ist von Holz, schmal, und liegt waagrecht auf dem Boden, ihre Spitze ist mit Eisen gedeckt. In der nämlichen Oeffnung steckt von hinten her das untere Ende der Handhabe, durch einen Keil außerdem mit der Pflugschaar, und verhindert seitwärts auszuweichen, durch zwei dünne zu beiden Seiten eingesetzte Stecken. Ein Wurfbrett auf jeder Seite, kaum ein Decimeter hoch, sehr dünn und platt, legt sich neben der Pflugschaar an, so daß die hintern Enden durch einen Quersteckеn in der Pflugschaar um dritthalb Decimeter auseinander gehalten werden. — Dies ist der Pflug, wie er nicht nur im Val de Luchon, sondern mit einigen Abänderungen im ganzen Gebirge, auf der spanischen wie auf der französischen Seite, vom Mont Perdu bis zu der Küste des Mittelmeers im Gebrauch ist. Im Roussillon und in den ebenern Theilen des Gebirges, wo der Boden lehmiger und fester zu seyn scheint, fügen sie das s. g. Messer hinzu, das sehr schräg vorwärts gerichtet ist, und mit seiner Spitze beinahe mit der Spitze der Pflugschaar zusammentrifft. In Katalonien machen sie letztre sehr breit, und in manchen Gegenden ist das Stück an welchem der Pflug gezogen wird, gabelförmig, so daß man sich nur eines einzigen Zugthiers zu bedienen braucht. Der große Werth dieses Pfluges besteht theils in seiner außerordentlichen Leichtigkeit, theils darin, daß er die Erdschollen recht gut immer auf die nämliche Seite umwirft, ohne daß man nöthig habe, den Weg um das ganze Feld zu machen, so oft man umkehrt; dies wird dadurch bewirkt, daß der Pflüger mittelst der Handhabe den Pflug immer schräg auf diejenige Seite neigt, gegen welche er die Erdschollen umgestürzt haben will, und also nur bei jedem Rückwege auf die entgegengesetzte Seite zu neigen hat. Zu dem Ende ist die Sohle der Pflugschaar auch nicht platt, sondern halbcylindrisch.

Unbeständigkeit der Witterung bewog mich die Fortsetzung meiner Reise um ein paar Tage zu verschieben, und mich erst am 17. October Mittags wieder auf den Weg zu machen; denn diese sich entwickelnde Veränderung im Zustand der Atmosphäre ists, was der Genauigkeit meiner Nivellirmethode am gefährlichsten ist, vielmehr als das schlechteste, aber entschiedene Wetter. Man macht oft während des Regens die genauesten Höhenmessungen mittelst des Barometers, ist aber in der Regel bedeutenden Irrthümern ausgesetzt, sobald man in einer Zeit beobachtet, während welcher sich der

Himmel zu einer günstigen oder ungünstigen Veränderung anschickt. Wenn man an beiden Punkten, deren Höhe gegen einander bestimmt werden soll, gleichzeitig beobachtet, und ihre horizontale sowohl als senkrechte Entfernung nicht groß ist, hat dieser Umstand weniger zu bedeuten, weil dann beide Barometer an derselben Veränderung der Atmosphäre Theil nehmen. Bei meiner Methode hingegen kommt zu der Entfernung der Beobachtungen im Raum, noch eine Entfernung in der Zeit; und in der Zeit von einer bis zwei Stunden kann sich an einem Punkt vieles in der Atmosphäre verändern, wovon an dem andern noch nichts vorgegangen war. Daher zog ich es vor, meine Reise lieber um einige Tage gegen den Winter hin zu verlängern, als das Resultat des ganzen Nivellements einem Mangel an Genauigkeit auszusetzen. Herr Boileau begleitete mich abermals, vorzüglich um die Bäder von Ussat und Ax kennen zu lernen. In einer Stunde erreichten wir St. Béat, und des andern Tages gingen wir über den Col de Menté, einen vom Hochgebirge auslaufenden Gebirgsast, durch das Dorf Ger und die Stadt St. Lary bis zu dem Dörfchen Argine. St. Béat liegt nur 531,4 Meter über der Meeresfläche, zeichnet sich durch den Besitz eines sehr schönen aber leicht verwitternden, schneeweißen Marmors aus, welcher ganz in der Nähe bricht; er kommt mit grau und blau gestreiftem Kalkstein vor, welcher dem von Artiés, von der Penna blanca, und dem zwischen Luz und Jedbro sehr ähnlich ist, und steigt bis zum Col de Menté, 1377,5 Meter hinauf, wo man noch eine Menge der größten Buchen vorfindet, was nicht zu verwundern ist, da ich sie an andern Orten bei 1600 Meter Erhebung noch die Höhe von 6 bis 7 Meter erreichen sah. Bei Ger, 898,2 Meter, eine Stunde vom Col de Menté, steht ein dunkelgrauer Kalkstein an, ganz durchsäet mit kleinen walzenförmigen Entrochiten. Von hier bis St. Lary findet man Grünsteine von mancherlei Korn und Gefüge, deren oberste Schichten sehr locker, und oft ganz zu Sand und Erde wie zerfallen sind — nicht wohl die Folge einer gewöhnlichen Verwitterung, sondern des späteren, unvollkommnern Niederschlages der Massen. Ein schwarzer Thonschiefer, dessen Stücke in meiner Sammlung mit denen von Pierrefitte und Luz wie von einem Felsen geschlagen scheinen, zeigte sich mir hier nur als Geschiebe, aber doch in solcher Menge, daß man ihn gewiß in der Nähe anstehend finden wird.

Von Ger steigt man durch ein hübsches Thal zu einer Anhöhe, Ecourette de Kabirou genannt, 1190,8 Meter hoch hinan; und hier konnte ich mich über die Art und Weise der in den Pyrenäen so allgemein beliebten Jagd der Holztauben durch den Augenschein belehren. Auf solchen Anhöhen sieht man nämlich zwischen hohen Stangen Netze von acht bis zehn Meter Höhe und 16 bis 20 Meter Länge aufgehängt, die mit dem untern Rande den Boden berühren. Die Jäger sitzen in der Nachbarschaft versteckt in dem Gipfel hoher Bäume, oder in einer Art Nest zwischen drei sehr hohen oben gekreuzten Stangen. Sobald ein Zug Tauben, welche gern immer einen und denselben Bergpaß durchstreifen, angeflogen kommt, geben ihm die Jäger von mehrern Seiten her die Richtung auf die Netze, theils durch Rufen und Schreien, theils durch das Werfen großer Holzstücke; die Vögel suchen auszuweichen, und ohne des Garns zu gewahren, deren oft mehrere nebeneinander aufgehängt sind, fliegen sie grad darauf los; in diesem Augenblick läßt ein besonders dazu auf einem Baum versteckter Wächter, ein Seil fahren, und das ganze große Netz legt sich zusammen; die Jäger eilen herbei, und mit Stöcken erschlagen sie denn in einem einzigen Fang oft mehrere Hundert dieser, wegen der Schmackhaftigkeit und Zartheit ihres Fleisches sehr beliebten Thiere.

Unsere Tagereise am 19. October führte uns über Castillon, eine ansehnliche Bezirksstadt nahe am Ausgange des Thales, welches von den vier Stunden entfernten Port d'Orlo herabführt, dessen Besuch in geologischer Hinsicht gewiß eine reiche Ausbeute liefern würde, weil er sich grade da befindet, wo durch eine eigenthümliche Revolution der ganze Gebirgskamm eine sehr starke und S förmige Krümmung macht. Dies ist wohl der Grund, warum man schon eine kleine Stunde von Castillon, beim Dorfe Orglont, in der geringen Höhe von ohngefähr 500 Meter der Meeresfläche wieder Granit anstehend findet, ziemlich feinkörnig, fast gneisartig geschiefert, aber in den mehr oberflächlichen Schichten auch sehr locker, und ganz an der Oberfläche zu wahrem Sande zerfallen. Er reicht in dieser Beschaffenheit bis zum Col de Corre, 1397,5 Meter hinauf, dem nächsten gegen Ost gelegenen vom Hochgebirge auslaufenden Kamm, sobald man aber seine Scheidecke überschritten hat, zeigt sich auf der Ostseite desselben Kalkstein als anstehende Felsmasse.

Vom Dorfe Oust, wo wir Nachmittags ankamen, hat man die schönste Ansicht des Mont Vallier, welcher durch seinen isolirten, kegelförmigen Bau vor allen seinen Nachbarn hervorragt, und nach des Herrn Vidal's letzter Messung 2835,8 Meter hoch ist. Dessen ungeachtet trägt er keinen beständigen Schnee, und selbst in dieser späten Jahreszeit war er erst seit einigen Tagen mit einer ganz dünnen Lage frischgefallenen Schnees bedeckt. Sein Gipfel ist noch nicht erstiegen, möchte auch nicht so leicht zu erreichen seyn, würde aber einen der schönsten Standpunkte für eine Ansicht der Pyrenäenkette gewähren. Ueber Massat und den Bergrücken Col de Port genannt, dessen westliche Seite Granit, die östliche Kalkstein ist, wie am Col de Corre erreichten wir am 20. October die Stadt Saurat. In der Nähe derselben sah ich in den dortigen Eisenhütten das s. g. katalonische Gebläse zum erstenmal im Großen ausgeführt. Das Prinzip dieser Vorrichtung ist die Verdichtung der Luft durch den Fall des Wassers, in einem Behälter, aus welchem das Blasrohr in die Feueresse führt. Ein langer Kanal leitet zu dem Ende das Wasser aus den Bergen schon mit einem namhaften Fall zur Eisenhütte; hier ergießt es sich aus einem kleinen Wasserbehälter in ein viereckiges, hölzernes, senkrecht stehendes bretternes Rohr von 4 Decimeter im Quadrat, und 8 Meter Höhe. Dies Rohr senkt sich in den Deckel eines großen hölzernen, aber luftdichten Kastens, in dessen Mitte eine Schieferplatte eingesenkt ist, auf welche der Wasserstrahl herabstürzt und sich bricht. Vom obern Viertel des senkrechten Rohrs geht etwas schief auf jeder der vier Seiten ein kleineres gleichfalls hölzernes Rohr von etwa anderthalb Decimeter im Quadrat bis über die Höhe des obern Wasserspiegels hinaus. Bei seinem Sturz durch das große Rohr, reißt das Wasser nun durch diese vier Nebenrohre Luft mit sich in den Kasten hinab, wo sie sich anhäuft, eine starke Verdichtung erleidet, und durch das doppelte Luftrohr mit großer Kraft in die Kohlenglut getrieben wird; diese beiden Luftrohre entspringen aus dem obern Theil des Luftkastens, und vereinigen sich in der Esse unter einem spitzigen Winkel; aus dem untern Theile des Kastens fließt das in ununterbrochenem Strahl zuströmende Wasser zum Theil schon während der Wirkung des Gebläses aus, wird aber in größrer Menge von Zeit zu Zeit abgelassen. — Der starke Fall des Wassers, welcher zu dieser Vorrichtung nothwendig ist, beschränkt ihre Anwendbarkeit nur auf höhere Gebirge; ob außerdem die Anfertigung und Unterhaltung des luftdichten Kastens, so wie die oft sehr langen Zufuhrkanäle des Wassers nicht vielleicht die größern Kosten eines Blasebalges, und die Anlage von Wasserrädern zu dessen Bewegung aufwägen mögen, werden Sachkundige entscheiden. So viel wenigstens ist gewiß daß das Bergwerkswesen, wie es in den Pyrenäen betrieben wird, noch großer Verbesserungen bedarf, oder, falls die Gruben nicht ergiebig sind, das Ganze eher aufgegeben werden müsse. Die Regierung hat diesen wichtigen Zweig der Staatsverwaltung nicht genug unter ihrer Leitung, so daß eines Theils durch das Verpachten der Bergwerke an Privaten wegen Mangel an Mitteln oder Unkunde mancher Schatz unentdeckt oder unbenutzt bleibt, oder gar zu Grunde geht, und der Pächter mit ihm; andern Theils aber die Waldungen, wegen gleichzeitiger Mangelhaftigkeit der Forsteinrichtung so herunter kommen, daß der Holzmangel schon an mehrern Orten sehr fühlbar ist, da doch die Pyrenäen, nach dem Zeugniß alter Leute, und der weniger bewohnten und bebauten Thäler, einen großen

Ueberfluß an den schönsten Wäldern gehabt haben müssen. Zwei Sechstel des ganzen Gebirges ohngefähr sind Weiden, zwei Sechstel Wiesen und Felder, ein Sechstel öder Felsboden, und gleichfalls nur ein Sechstel ohngefähr noch Waldung; und selbst dieser verhältnißmäßig geringe Antheil ist wegen schlechter Forstwirthschaft so ungleich vertheilt, daß nicht die Hälfte von diesem Sechstel den Bewohnern oder der Regierung zu Nutze kommt.

Zwischen Saurat (692,4 Meter über der Meeresfläche) und Tarascon (486,8 Meter), steht ein dunkelgraubrauner, sehr feiner, sandsteinartiger Stinkstein an, und wechselnd mit ihm ein Conglomerat eckigter Stücke desselben in einem weißen, festen Gestein, das sowohl mit Salpetersäure ein wenig braust, als auch am Stahle Feuer giebt. Eine gute halbe Stunde von Tarascon aufwärts an der Arrièges liegt das Dorf Ussat, 504,2 Meter über der Meeresfläche, und in dessen Nähe sprudeln aus Kalkstein Mineralquellen mit der Eigenthümlichkeit eines sehr großen spezifischen Gewichts von 1,00183 für 14° R., bei einem völligen Mangel an Schwefel; die wärmste an den zwölf vorhandenen, durch den schönen Grandboden hervordringenden und in Schieferplatten gefaßten Quellen, hatte nicht mehr als 28°,4 R. Doch gehören diese Bäder zu den besuchtesten der Pyrenäen, indem das große, schöne Badehaus in diesem Jahre über 800 Gäste beherbergt hatte.

Endlich am 22. October erreichten wir Ax, nachdem wir von Bagnères aus mit einigen kleinen Unterbrechungen fünf Tage auf diese Strecke verwendet hatten. Hier trennte sich Herr Paul Boileau von mir um in Bagnères seinen Geschäften, als Apotheker und

Maire wieder nachzugehen. Ihm danke ich die vielfache Unterhaltung auf den gemeinschaftlich unternommenen Wandrungen, so wie die Leichtigkeit und Sicherheit meiner Reisen im spanischen Gebiet. Wenig Orte sind wohl so reich an heilsamen Mineralquellen als Ax, und selten findet man sie von so außerordentlich hoher Temperatur, so daß einige von ihnen deshalb nicht als Heilmittel, sondern bloß als fast siedendes Wasser zum Abbrühen und Waschen gebraucht werden. Da ich von den wichtigsten dieser Quellen das spezifische Gewicht und die Temperatur sehr genau und überall mit denselben Instrumenten gemessen habe, möchte eine Angabe der Resultate nicht überflüssig seyn. Das spezifische Gewicht ist auch hier auf die Temperatur des Wassers von 14° R. berechnet worden:

Bains de Teïx.

No. 1.	20,0 R.	1,00058	spez.	G.
- 4.	36,3 -	1,00058	-	-
- 5.	43,0 -	1,00042	-	-
Pyramide . . .	50,4 -	1,00042	-	-
Source bleue . .	38,2 -	1,00042	-	-
Piscine	51,4 -	1,00040	-	-
St. Roc	47,0 -	1,00025	-	-
Grand bassin . .	29,5 -	1,00042	-	-
Source chaude .	42,5 -	1,00028	-	-
Étuve	64,1 -	1,00058	-	-

Bains Couloubret.

Montmorency .	24,3 R.	1,00042	spez.	G.
Bain fort	35,5 -	1,00042	-	-
Ruisseau	39,3 -	1,00042	-	-

Bains de l'hospital.

Les canons . .	61,0 R.	1,00039	spez. G.
Possignol . . .	60,9 -	1,00040	- -
En face de l'hopit.	32,3 -	1,00050	- -
Das Wasser der Ariège . .		1,00042	- -

Dies ist kaum die Hälfte von den in und unmittelbar neben Ax vorhandnen Mineralquellen; einige sprudeln sogar auf dem Grunde der Arriège, den man an mehrern Stellen beim Baden brennend heiß gefunden hat. Alle sind schwefelhaltig, doch weniger als die von Bagnères de Luchon, und alle enthalten eine freie Säure. Ein großer Theil von ihnen tritt aus einem durch Kalksinter, verbundenen Granitgeschiebe, von der nämlichen Beschaffenheit, wie sich ein paar tausend Schritt oberhalb der Stadt, deren Erhebung über dem Meere 747,8 Meter beträgt, der Granit mit großen schwarzen Glimmerblättern anstehend zeigt, und das ganze Thal der Arriège auskleidet. Er wechselt höher hinauf in demselben, oberhalb dem Dorfe Espitalette, 1458,8 Meter über der Meeresfläche, mit sehr dichtem, graugelbem Gneis — dessen Streichen von NW nach SO mit fast senkrechtem Einschießen — beide zusammen machen den Col de Puymoren aus, einen Uebergangspunkt des Gebirgskammes, in der Höhe von 1937,7 Meter. Auf der südlichen Seite tritt man dann gleich in das sehr öde, oberhalb französische, unterhalb spanische Val de Carol über, an dessen Eingang man seitwärts bald das Dorf Porté findet, das höchste von allen, deren Erhebung bis jetzt in den Pyrenäen bestimmt worden, 1627,4 Meter über der Meeresfläche und 77 Meter höher als Héas am Mont Perdu, aber mit Portés nicht zu verwechseln, welches 106 Meter tiefer in dem nämlichen Thale liegt. Eine Viertelstunde von la Tour beginnt schon Grauwacke, als anstehende Felsmasse, mit nordöstlichem Streichen, und wechselt auf einem Felsrücken jenseit des Dorfes mit Kalkstein, auf welchem dann wieder lauter Granit in einer Strecke von mehrern Stunden Länge folgt, größtentheils zertrümmert, so daß der Vegetation hier nur wenig Platz gegönnt ist, und die vielen Dorfschaften dieser Gegend wohl schweren Unterhalt finden. Das Dorf Fargusone ist gleichfalls eins der höchsten in den Pyrenäen, es hat 1596,5 Meter; und nahe an demselben liegt noch höher das Dorf Boulquera, bei 1620,7 Meter über der Meeresfläche, also 70 Meter höher als Héas auf der Nordseite des Mont Perdu, welches bisher für das höchste in den Pyrenäen gehalten worden. Hier überschritt ich wieder den Wasserscheider des Gebirges, und fand auf der Nordseite desselben in der Höhe von 1587,6 Meter die Festung Mont Louis. Auf diesem Bergrücken, welcher die Quellen der Segre und Teta scheidet, ist Granit von unzähligen Abwechslungen in Korn, Farbe und Festigkeit die herrschende Gebirgsart. Unterhalb Mont Louis, im Thal der Teta wird er durch Gneis und Glimmerschiefer verdrängt, die eben so sehr wechseln als der Granit, und Gebirgsschichten von einer Stunde Mächtigkeit bilden. Bei Fonpadrose, 1037 Meter über der Meeresfläche, wechselt der Gneis mit Grauwacke, und weiter hinab mit dem blau und grau gestreiften Kalkstein, dem zwischen Luz und Jeddro vorkommenden ganz gleich. Auch beträchtliche Lager von blaugrünlichem Quarz kommen hier in ihm vor. So herrscht dagegen tiefer hinab bis Serdignan, 533,9 Meter hoch, vorzüglich ein dunkelstahlgrauer Glimmerschiefer in sehr mächtigen Schichten; der Hauptgebirgszug nimmt aber eine mehr südöstliche Richtung, zwischen der Tech und dem Illobregal auf der spanisch-französischen Gränze, während die Thalgehänge der Teta wellenförmig auslaufen, bis sie sich südlich von Prades noch einmal mächtig erheben, und nördlich von der Hauptkette den Canigou bilden, einen isolirten regelmäßig gestalteten Berg, dessen Höhe sich nach den Messungen von Cassini auf 2789 Meter beläuft. Es war seit ein paar Tagen mit einer ganz leichten Decke frisch gefallenen Schnees versehen, denn die Gränze des beständigen Schnees hatte ich längst aus dem Gesichte verloren; diese zeigt sich nur an den Centralpunkten des Gebirges, und zwar wesentlich verschieden auf seiner nördlichen und südlichen Seite; auf jener schwankend zwischen 2400 und 2700, im Durchschnitt also bei 2550 Meter über der Meeresfläche; auf dieser, der südlichen, durch einige schwach angedeutete Spuren in der Höhe zwischen 2600 und 3000 Meter.

Auch in Hinsicht der Vegetationsstufen war mit der Annäherung zur Ebene den Forschungen ein Ziel gesetzt; nur die größern Gebirgshöhen eignen sich, auffallende Veränderungen im Bau der Gewächse mit der Erhebung ihres Standortes hervorzurufen; auf den Höhen des Serradez, der Rolandsbresche, des Port de Venasque, des Port d'Oo, des Val de Boë u. a. hatte ich sie kennen gelernt, und zugleich die Gränzen des möglichen Fortkommens, besonders auch an einigen ausgezeichneten und allgemeiner verbreiteten Baumgattungen bestimmt, und namentlich die Fichte Pinus sylvestris, auf der Nordseite des Gebirges sehr allgemein bei 2100 Meter, auf der Südseite bei 2250 Meter, die größte Höhe ihres Standorts erreichen sehen; die Birken verkleinerten sich schon bei 1800 Meter zu einem Gestrüppe von kaum eines Meters Länge; Eichen fanden sich bei 1600 Meter noch hochstämmig und stark; Buchen erreichten bei derselben Höhe noch die Größe von 6 bis 7 Meter; Feldfrüchte; namentlich Gerste und Hafer wurden auf der Nordseite nur bis 1600, auf der Südseite bis über 1700 Meter hinaus, gebaut.

Das Gestein, dessen Gattungen und Anordnung ich, so weit es meine Zeit und meine Kräfte gestatteten, untersucht, entzog sich gleichfalls meinen Blicken unter der vom Pfluge bearbeiteten Erdschicht, und so näherte ich mich, je weiter vom Gebirge und seinen Schätzen, desto mehr dem öden Meeresufer. Nur ein Gegenstand von allen, die mich beschäftigt hatten, blieb mir, und fesselte bis zum letzten Augenblick meine Aufmerksamkeit. Das Barometer welches mich auf dieser ganzen Reise getreu begleitet, und unter den mancherlei Rauhigkeiten meiner Pfade, keinen Schaden genommen, mußte noch in der letzten Stunde meines Verweilens in diesen Gegenden beobachtet werden. Es geschah dies zum letztenmal, nachdem ich über Perpignan und Canet das Ende meiner Reise erreicht hatte, hart am Ufer des Mittelmeeres, zwei Meter über dem Wasserspiegel, bei heftigem Nordostwinde, aber heiterem Himmel, am 27. October Nachmittags 4 Uhr. Sieben Wochen früher hatte ich an einem ruhigen Morgen die erste Beobachtung zwei Meter über dem Wasserspiegel des Oceans zur Zeit einer schwachen Ebbe angestellt; dies war der Anfangspunkt einer ununterbrochenen Reihe von barometrischen Beobachtungen, die sich alle zwei Stunden wiederholten, entweder von 6 Uhr Morgens bis 5 Uhr Uhr Abends, oder von 7 Uhr Morgens bis 6 Uhr Abends, und zwar so, daß ich jeden Morgen die erste Tagesbeobachtung genau auf demselben Punkt machte, an welchem Tags zuvor die letzte angestellt war. Dies ging so regelmäßig vor sich daß ich auf meiner ganzen siebenwöchentlichen Reise, in welcher nur wenig Rasttage vorkamen, keinen Schritt gethan habe, der nicht in jener Reihe von Beobachtungen begriffen wäre. So wie ich nun, zufolge der oben gemachten Betrachtung, nach Beendigung der ersten Tagereise mit Zuverlässigkeit berechnen und festsetzen konnte, daß der Standpunkt in Baigory 168,59 Meter über dem Wasserspiegel des Oceans liegt, eben so kann ich auch annehmen, daß die Sennhütte des alten Marc 507,46 Meter höher liegt als Baigory, mithin 776,05 Meter über der Meeresfläche; und auf gleiche Weise folgt, daß der Endpunkt meiner nächsten Tagereise, das Ufer des Soison beim Dorfe Tardits 543,31 Meter tiefer liege, als Marc's Hütte, also 234,74 Meter über dem Wasserspiegel des Oceans. Auf diese Weise fortfahrend erreiche ich in ununterbrochener Reihe das Ufer des Mittelmeers, und muß, durch Summiren der einzelnen Höhenunterschiede nach der eben angedeuteten Weise für diesen letzten Standpunkt auch eine gewisse Höhe gegen die Fläche des Oceans erhalten. Da aber beide Meere, nach allen Erfahrungen, eine gleiche Höhe haben, so müßte ich, falls meine Verfahrungsweise und die Berechnungsmethode keinem Irrthum unterworfen wäre, am Mittelmeer wieder auf dieselbe

Höhe, d. h. auf Null-Erhebung zurückkommen, wie ich von Null-Höhe am Ocean ausging. Daß beide Meere ein gleiches Niveau haben, läßt sich kaum bezweifeln, da sie durch die Meerenge von Gibraltar in unmittelbarer Verbindung stehen, und hier kein Fall des Wassers von einem der beiden Meere ins andere stattfindet; denn die Nachrichten der Schiffer, nach welchen die Schiffe bei Durchseeglung der Meerenge eine Strömung anzeigen, lauten sowohl für eine westliche als für eine östliche, je nachdem man sich mehr an die europäische oder mehr an die afrikanische Küste hält; und was in der Tiefe des Meeres vorgeht, ob und wie es da strömt, weiß niemand zu sagen. Auf jeden Fall ergeben sich aus diesen Erfahrungen nur ganz örtliche Bewegungen des Wassers, und keines Weges ein Fall, der auch nur einige Klafter betrüge. Außerdem aber hat die Cassinische Triangulirung von der Küste des Mittelmeers nach der des Oceans erwiesen, daß, wenn ein Unterschied in der Höhe beider Meere stattfindet, er die Größe von 4 Meter, als der Gränze des möglichen Irrthums in seiner ganzen Messung, nicht übersteigen kann. Ich nehme also an, daß beide Meere gleich hoch stehen, und mache dies zu einem Probierstein für die Genauigkeit meiner Messung, welche gleichfalls beide Meere durch eine zusamenhängende Kette von Beobachtungen verbindet; denn auf dieser Probe allein beruht das Vertrauen das ich in meine neue Messungsweise setze, und für sie in Anspruch nehme; — ja, es lag mir daran, die gegenseitige Höhe beider Meere viel genauer zu bestimmen, als es mir für die Messung der Schneegränze, für die Erkenntniß von Pflanzenregionen, für geognostische Angaben erforderlich scheint, und deshalb isolirte ich diejenigen Streifzüge, welche ich an vielen Orten im Gebirge machte, und bei welchen ich immer wieder an den Punkt zurückkam, von welchem ich ausgegangen war, ganz von der Reihe der Beobachtungen, welche zur gegenseitigen Höhenbestimmung beider Meere diente; so z. B. verließ ich gleich in Balgory meine Hauptrichtung um den Ahady zu ersteigen, kehrte aber nach Balgory zurück, um von dort aus das Nivellement der beiden Meere fortzusetzen, so daß sich die Höhenmessung des Ahady, als eine besondere Messung, zwar auf jenes gründet, es aber von sich unabhängig läßt. Eben so machte ich es mit einer kleinen Ausflucht nach dem Pic du Midi de Pau, nach Barrèges, so auch mit der zwiefachen Bereisung des Mont Perdu, für welche Luz aus dem Nivellement der Meere den Anhaltpunkt giebt; so, mit der Ersteigung der Maladetta, welche mit Bagnères de Luchon, einem Standpunkt aus der großen Messung, begann und sich schloß. Dieser Vorsicht bediente ich mich nicht sowohl zur Vermeidung großer Höhen, denn auch die Messung beider Meere zieht sich beständig nahe am Gebirgskamm hin, und enthält Höhen von mehr als 1800 und 1900 Meter, sondern deswegen, weil man bei der Bereisung des Hochgebirges nicht so ganz Herr ist, Ort und Stunde der Beobachtung zu halten, auch das Wetter nehmen muß, wie es ist, und auf dem Gipfel eines hohen Berges nicht wohl eine eintretende wichtige Veränderung desselben abwarten kann. Um die aus dieser Ursache hervorgehenden Irrthümer der Messung zu vermeiden, machte ich das Nivellement beider Meere zu einer Arbeit für sich, wiewohl die meisten Punke desselben auch

ih-

ihren besonderen Werth in Bezug auf Vegetation, Schneegränze, Geognosie oder Topographie haben. Die Zahl aller auf meiner Pyrenäenreise gemachten Höhenmessungen beträgt 159, worunter einige, wie Baigory, Eaux chaudes, Barrèges, Héas, Grip, Bagnères de Luchon, Caseau, doppelt gemessen vorkommen. Von dieser Zahl gehören 79 dem Nivellement der Meere an; und stelle ich diese, nach der oben angegebenen Weise zusammen, so finde ich, nach einer langen Reihe auf- und absteigender Stationen, die letzte, die Küste des Mittelmeers um 4,1 Meter tiefer, als die erste, die Küste des Oceans, und eben so auch den Wasserspiegel beider Meere selbst, weil beide Küstenstandpunkte in gleicher Erhebung, d. h. beide zwei Meter über der Wasserfläche gewählt worden waren.

Wenn ich erwäge, daß diese Messung für sich allein, ohne die Nebenreihen im Gebirge, 17 Tage dauerte, daß sie Höhen von 1800 und 1900 Meter in sich begreift, und daß sie, was viel mehr sagt, eine Strecke von über 50 Meilen gradlinigter Ausdehnung mißt, und diese Länge in 80 Stationen getheilt ist, deren jede doch einem, wenngleich geringen Fehler unterworfen seyn muß, so ist es wohl nicht zu viel gesagt, daß das Barometer noch keine stärkere Probe seiner Tüchtigkeit zu Höhenmessungen aller Art abgelegt hat.

Auf diese Messung hin, entwarf ich die beigefügte Profilzeichnung des nivellirten Landstrichs, mit Ausschluß aller Nebenmessungen, welche die Ansicht nur verwirrt hätten. Die gebrochene Linie stellt die Reihe der Standpunkte dar, beginnt beim Wasserspiegel des Oceans mit Nul, zieht sich über zahlreiche Bergrücken und Thäler fort, und endet mit —4,1 Meter unterhalb des Wasserspiegels des Mittelmeers, als dem ganzen Fehler im gesammten Resultat dieser Arbeit. Wollte ich aber die einzelnen Höhenunterschiede bemerkbar machen, ohne dem Blatt eine übermäßige Länge zu geben, so durfte ich nicht bei dem natürlichen Verhältniß der Höhen und Entfernungen der Standpunkte bleiben, sondern mußte letztre um ein bedeutendes verkürzen, was hier bis auf $\frac{1}{63}$ geschehen ist, so daß diese Zeichnung, wenn sie bei derselben Höhe, 63 Mal länger wäre, den Gebirgsdurchschnitt in seinem wahren Verhältniß darstellen würde; die senkrechten Höhen sind 20,000 Mal kleiner, als die wirklichen, so daß, wenn man sich diese 20,000, und die Längenausdehnung des Ganzen 1,260,000 Mal größer denkt, Alles nicht nur im wahren Verhältniß, sondern auch in der wahren Größe dastehen würde; nur müßte die Entfernung der einzelnen Standpunkte dann auch genauer bestimmt werden, während sie in der Zeichnung um der Kürze willen gleich angenommen sind.

Die überraschende Genauigkeit obigen Resultats ist zwar zum Theil in einer Ausgleichung von Fehlern durch die große Anzahl summirter Messungen zu suchen, gewiß aber hauptsächlich in der Einrichtung der Instrumente, namentlich dem Freistehen des Barometerrohrs, dem Pendel zu seiner senkrechten Stellung, und vor Allem in dem zu barometrischen Höhenbestimmungen besonders geeigneten Thermometer, so wie endlich in der strengen Befolgung der oben angegebenen Regel über die Beobachtungszeiten. Von dem großen Einfluß dieses letztern Umstandes überzeugt man sich durch Prüfung der Nebenmessungen im Gebirge, welche auch von einem Punkt ausgingen, und auf denselben also auf die nämliche Höhe zurückgeführt wurden, wie der Anfang und das Ende des großen Nivellements. Diesem nach finde ich bei meiner Reise von Baigory über den Ahady und zurück, daß ich mit der Rechnung um 10,5 Meter zu tief herabkomme; bei der Reise von Jeddro zum Mont Perdu und zurück, giebt mir die Rechnung letztern Ort nur um 3,8 Meter zu hoch an; die Messung von Gavarnie über die Rolandsbresche zum Gipfel des Mont Perdu und nach Gavarnie zurück, schließt sich bis auf einen Fehler von 0,2 Meter; in der Messung von Grip nach einer Höhe am Pic du Midi de Bigorre und zurück, komme ich mit der Rechnung in Grip um 14 Meter zu tief herab; die Messung von Bagnères de Luchon nach der Baccanéra und zurück schließt sich bis auf 4 Meter; die von Bagnères nach dem Gipfel der Maladetta und zurück bis auf 11,3 Meter; die von Bagnères durch das spanische Gebiet während 8 Tage ununterbrochener Messung, und nach Bagnères zurück, fehlt um 20,4 Meter; hier war ich aber auch weniger auf eine sorgfältige Auswahl der Beobachtungszeiten bedacht, weil der Zweck der Reise durch das spanische Gebiet nicht die äußerste Genauigkeit in den einzelnen Höhenbestimmungen erheischte. Im Allgemeinen zeigen aber eben diese Fehler wie richtig die Grundsätze der von mir befolgten Messungsweise sind, da sie nicht leicht ohne Besorgniß vor Irrthümern vernachläßigt werden dürfen. Das Wesen dieser Methode besteht in der Ungleichzeitigkeit der barometrischen Höhenbeobachtungen. Der Werth der gleichzeitigen ist allgemein anerkannt; allein frühere Arbeiten hatten mir die Unmöglichkeit gezeigt, mit Bestimmtheit auf sie rechnen zu können, wenn ihre horizontale Entfernung mehr als zwei geographische Meilen beträgt, weil die Witterung auf die geringe Entfernung von drei Meilen oft noch so ungleich ist, daß dadurch eins der Barometer um ein paar Millimeter zu hoch oder zu tief zu stehen kommt, während das andere nichts von dieser Veränderung im Druck der Luft erfährt und anzeigt. Diesem zu begegnen, müssen die Beobachter sich nie über zwei geographische Meilen weit von einander entfernen, und bei der Nivellirung längerer Strecken sich also zu verabredeten Stunden und Minuten folgen, der Nachfolgende immer den Standpunkt des Vorgängers zu rechter Zeit erreichen, um beobachten zu können, wann dieser schon eine Station weiter gleichfalls mit der Beobachtung beschäftigt ist. Einen solchen Plan befolgte ich mit Herrn von Engelhardt auf der kaukasischen Landenge, wo wir durch ein barometrisches Nivellement das schwarze und das kaspische Meer mit einander verbanden, und die Entfernung von dritthalbhundert Stunden auf diese Weise zweimal einer Messung des gegenseitigen Niveau unterwarfen.

Diese Methode erfährt in der Ausübung mancherlei Schwürigkeiten, besonders auf ungebahnten, oft auf unbetretenen Berghöhen. Dennoch kann sie auf keinen Fall dadurch ersetzt werden, daß in einer gewissen mittlern Entfernung von allen zu messenden Punkten ein Barometer aufgestellt bleibt, und stündlich beobachtet wird, damit dann die hier und im Gebirge gleichzeitig gemachten Beobachtungen in der Rechnung zusammengestellt werden können. Ich kann für diese Verfahrungsweise ein Beispiel liefern, indem Herr Professor Marqué-Victor in Toulouse ein Barometer besaß, welches zwar nicht zum Reisen eingerichtet ist, aber für den einmal gewählten Ort alle Genauigkeit darbietet, deren die Barometer heutiges Tages nur fähig sind. Weite des Rohrs, Auskochung des Quecksilbers, Standort, Genauigkeit der Scala, Richtigkeit des Thermometers, Alles ist mit Fleiß besorgt, und nichts läßt hier einen Wunsch übrig, so wenig als die Geübtheit und Ausdauer des Beobachters; — kurz, es werden nirgend genauere, und an wenig Orten in Europa so genaue Barometerbeobachtungen angestellt als Herr Victor schon damals seit Jahr und Tag, und zwar stündlich in Toulouse größtentheils selbst gemacht hatte. Er theilte mir sein Tagebuch mit der Freigebigkeit eines wahrhaften Gelehrten mit, und erlaubte mir jeden Gebrauch von demselben zu machen. Vor meiner Abreise ins Gebirge verglich ich mit seinen Instrumenten die meinigen, nach Beendigung der Reise kehrte ich wieder nach Toulouse zurück, verglich sie wieder, und brachte den Unterschied bei den Beobachtungen des Hrn. Victor in Rechnung; ich reducirte auch alle seine Höhen auf die Temperatur 0° R., und seine hundertheilige Thermometerscala auf die achtzigtheilige, berechnete dann aus den gleichzeitigen Beobachtungen die Höhen im Gebirge über oder unter Toulouse, fügte dazu die Zahl von 153,05 Meter, als der Erhebung des Standpunktes in Toulouse über dem Meer, welche durch den Lauf des Mittagskanals bis auf einzelne Centimeter genau bekannt ist, und erhielt auf diese Weise eine zweite Reihe von Höhenbestimmungen für alle meine Standpunkte im Gebirge. Diese Angaben finden sich in der letzten Columne der Tabellen; und wenn man den Vergleich mit der sechsten anstellt, fällt sogeich der große Unterschied in die Augen. Es zeigt sich dabei zuvörderst, daß alle über Toulouse berechneten Höhen viel zu klein sind, und daß dieser Fehler bis nahe an hundert Meter gehen kann, wie z. B. am 28. Sept. mit der Höhe des Lac de Turmaou der Fall ist, welche nach dieser Berechnung 97 Meter zu klein ausfällt, so wie mit der gleich darauf folgenden, wo der Fehler 95,7 Meter beträgt, während die meisten Messungen Fehler von 40 bis 50 Meter, und 36 Stationen Fehler von 60 Meter und drüber enthalten. Diese großen Unregelmäßigkeiten in den Unterschieden beider Messungen können unmöglich von einer beständigen Ursache abgeleitet werden, sondern rühren offenbar davon her, daß das Barometer in Toulouse von Zeit zu Zeit Veränderungen der Witterung erfuhr, welche sich an dem Beobachtungsort im Gebirge nicht ereigneten, oder umgekehrt, und den Gang beider Instrumente disharmonisch machten, wie sich dies aus dem Gang der Barometer und Thermometer unmittelbar nachweisen läßt, so daß Unterschiede von zwei Millimeter und drüber stattfinden.

Außer den hieraus entspringenden und zufälligen Abweichungen der zweiten Höhenmessungsweise von der erstern, findet sich aber noch eine andre, welcher eine allgemeine Ursache zum Grunde liegen muß, nämlich der Fehler, daß die Höhen nach dieser zweiten Berechnung durchgängig zu klein sind, und nur die letzten fünf Stationen am Mittelmeer eine Ausnahme davon machen. Eine Verschiedenheit der Barometer kann nicht der Grund seyn, denn diese war, wie sie sich vor und nach der Reise zeigte, in Rechnung gebracht worden. Aus irgend einem andern Grunde muß also entweder das Barometer in Toulouse immer zu tief, oder das im Gebirge immer zu hoch stehen, damit die geringern logarithmischen Unterschiede möglich werden, welche den zu kleinen Höhen der zweiten Messungsweise zum Grunde liegen. Daß das Barometer in Toulouse immer zu tief stehe, dafür läßt sich gar keine zureichende Ursache auffinden; wohl aber eine dafür, daß es im Gebirge immer einen zu hohen Stand beobachtet, wenn man annimmt, daß es im Gebirge an gravitirender Masse fehlt, daß sich unter den Pyrenäen beträchtliche hohle Räume befinden, welche Ursache sind, daß das Quecksilber im Barometer leichter wird, und einen höhern Stand behauptet, um dem Druck der Atmosphäre das Gleichgewicht zu halten. Diese Vermuthung gewinnt noch ein größeres Gewicht, wenn man von den zahlreichen neuern trigonometrischen Höhenbestimmungen des Herrn Reboul in den Pyrenäen, was möglich ist, mit den über Toulouse gemachten barometrischen Messungen, zusammenstellt und findet, daß jene gleichfalls alle Höhen viel größer liefern als diese, namentlich die des Mont Perdu um 94,6, die der Rolandsbresche um 233,6, die des Pic Nettou um 181,3 Meter. Da nun diese Messungen vom unmittelbaren Einfluß der Schwere frei sind, so bestätigt dies allerdings die Vermuthung von dem beständig zu hohem Stande des Barometers im Gebirge wegen Mangels an anziehender Masse, oder der Gegenwart von Höhlen tief im Innern desselben. Zudem geht aus der Ansicht der Gebirgsstructur der Pyrenäen klar hervor, daß Schichten von einer und derselben Natur sich in gar verschiedenen Höhen vorfinden, und also ein Heben und Einsinken der Gebirgsmassen stattgefunden haben muß, Veränderungen, welche nach der Ansicht der Geologen, nicht wohl anders als durch die Einwirkung unterirdischer Feuerheerde hervorgebracht seyn können; was Wunder also, daß man die Folgen dieser vulkanischen Einwirkung, die Gegenwart beträchtlicher Höhlungen, an einem Instrumente wahrnimmt, welches für den Wechsel der Anziehung unsers Erdballs so empfindlich ist, als das Barometer. Daß die Pyrenäen keine Vulkane haben, auch keine bestimmte Anzeige geben, jemals welche gehabt zu haben, könnte wohl nur einen schwachen Scheingrund gegen die Annahme von Höhlungen vulkanischen Ursprunges abgeben, da ja nicht jede derselben nothwendiger Weise mit den Producten ihrer Verbrennungen zu Tage zu kommen braucht.

Dem sey indessen wie ihm wolle; der auffallend und durchgängig hohe Stand des Barometers im Gebirge der Pyrenäen führt es nothwendigerweise mit sich, daß jede Höhenmessung, welche sich auf diesen Barometerstand, verglichen mit einem andern, sehr entfernten gründet, Fehlern unterliegt, die nicht wohl zu berechnen sind, und von welchen meine Messungsweise, mittelst eines einzigen Barometers, frei ist, weil sie nur auf Gebirgsbeobachtungen beruht, und es dann gleichgültig ist, wie hoch oder wie tief im Ganzen das Barometer steht. Also sind die Höhenbestimmungen, welche mittelst zweier sehr weit von einander befindlichen gleichzeitig beobachteten Barometer gemacht werden, unzuverlässig, sowohl wegen beständiger Unterschiede im innern Bau der Erdrinde, als auch wegen des unbeständigen Einflusses der Witterung. —

Einen zweiten Vergleich mit meiner Messungsmethode liefert die Berechnung der im Gebirge gemachten Beobachtungen mit einem als unveränderlich betrachteten Stand des Barometers und Thermometers an der Meeresküste. Wenn man die Angaben vergleicht, welche von der mittlern Barometerhöhe an mehrern solchen Orten gemacht und bekannt worden sind, so findet man eine solche Verschiedenheit unter denselben, daß man im Grunde kein großes Vertrauen in eine Berechnung setzen kann, welche sich auf einen allgemeinen mittlern Barometer- und Thermometerstand am Meeresufer gründet. Die Schuld liegt gewiß viel seltner an der Genauigkeit der Beobachtung, als theils an der Verschiedenheit des Durchmessers der angewandten Barometerröhren, theils an der Ungleichheit der Scalen; denn selbst heutiges Tages, da man doch auf allen Sternwarten Europens Normalmaaße der französischen Toise oder des Mèter besitzt, und die Künstler und Handwerker sich nach denselben richten könnten, und zu richten vorgeben, habe ich doch unter allen mir vorgekommenen Barometerscalen noch nicht zwei völlig übereinstimmend gefunden, die nicht von demselben Meister und zu gleicher Zeit angefertigt worden waren, betrüge der Unterschied auch nur so viel als die verschiedene Temperatur austrägt, bei welcher die Theilung vorgenommen wurde.

Dessen ungeachtet mache ich den Versuch einer solchen, bis jetzt so allgemein gebräuchlichen Berechnungsmethode, und lege die in Lindenau's Tafeln als das Mittel aus sehr vielerlei und vieljährigen Beobachtungen angegebene Höhe von 338,2 Par. und 10° R. zum Grunde. Dies auf Meter und auf die Temperatur des Quecksilbers von 0° R. reducirt, giebt 761,15 MillM. Da alle meine Gebirgsbeobachtungen ebenfalls in Meter ausgedrückt, und auf 0° R. reducirt sind, so habe ich nur von Log. 761,15=881470 den Logarithmus der verschiedenen Barometerstände des Gebirges abzuziehen, um in diesen Unterschieden, mit 10000 multiplicirt, nach der bekannten Formel den Näherungsausdruck für die zu bestimmenden Höhen zu erhalten, welcher mir für diese Probe genügte, in so fern ich die dadurch erhaltnen Zahlen auch nicht mit den Resultaten der vollständigen Rechnung, sondern gleichfalls nur mit den 10000 fachen logarithmischen Unterschieden meines stationenmäßigen Nivellements vergleiche. Aus dieser Zusammenstellung ergiebt sichs nun, daß die große Mehrzahl der unmittelbar über dem Meere berechneten Höhen viel kleiner ausfällt, als die entsprechenden Höhen des letztern, welches ganz mit den Resultaten des frühern Vergleichs übereinstimmt, und also den dort gezogenen Schluß, von einem beständig zu hohen Barometerstand im Gebirge, und die Vermuthung von der Gegenwart bedeutender Höhlen in der Tiefe dieser Gebirgsmassen zu rechtfertigen scheint.

Zugleich aber ergiebt sich aus dieser Zusammenstellung, daß die Unterschiede der beiden Messungen wieder nicht regelmäßig sind, sondern von + 56,3 bis — 85,8 Meter gehen können, welches lediglich davon herrührt, daß der Barometerstand im Gebirge ein wirklich beobachteter, also von den Einflüssen der Witterung, Tages- und Jahreszeit abhängiger, und an einem und demselben Orte sehr veränderlicher ist, welchem ein als unveränderlich angenommener Barometerstand für die Höhe der Meeresfläche, folglich eine mit ihm gar nicht harmonirende Größe in der Formel gegenüber gestellt wird. Da nun diese Resultate aus mehr als 150 Messungen gezogen sind, glaube ich mit einiger Zuverlässigkeit den

Schluß machen zu können, daß auch die auf einem beständigen Barometerstand gegründeten Höhenmessungen einer großen Unsicherheit und sogar noch größern Fehlern unterliegen, als die auf gleichzeitigen Beobachtungen beruhenden, wenn die Entfernungen derselben auch sogar bis 15 und 30 geographische Meilen gehen, wie die Entfernung zwischen Toulouse und dem Gebirge.

Es ist eine allgemeine Annahme, daß man bei barometrischen Höhenberechnungen die Temperatur der Atmosphäre in Anschlag bringt, in sofern eine wärmere Luftsäule leichter ist, ihre Höhe also aus der Quecksilbersäule, welche ihr das Gleichgewicht hält, zu gering geschätzt, und deshalb eine der Temperatur entsprechende Zugabe nöthig wird. — Ich glaube, durch eine große Anzahl von Beobachtungen geleitet, und durch die theoretische Ansicht unterstützt, die Rechtmäßigkeit einer solchen Correctur wegen der Luftwärme in Zweifel ziehen zu können. Ich berechne zu dem Ende alle von mir gemessenen Höhen nach dem bloßen logarithmischen Unterschiede der auf 0° R. reducirten Barometerhöhen, mit 10,000 multiplicirt, und finde nach Summirung der Stationen des großen Nivellements die Oberfläche des Mittelmeers um 7,7 Meter höher als die des Oceans; die vollständige Rechnung sammt der Lufttemperatur hatte einen Fehler von 4,1 Meter, also entfernt sich das Resultat der einen Rechnung sowohl, als das der andern gar nicht weit von der Wahrheit.

Diese Uebereinstimmung war mir auffallend, und veranlaßte mich, aus meinen Beobachtungen noch andere Fälle aufzusuchen, in welchen ich das Ende und den Anfang einer Reihe von Beobachtungen entweder an zwei gleich hoch gelegenen Punkten, oder an einem und demselben Orte gewählt hatte. Wenn ich meinen Weg von Baigory nach dem Ahady und zurück betrachte, so giebt mir die vollständige Rechnung einen Unterschied des Anfanges und Endes von 10,5 Meter, die Rechnung nach der bloßen logarithmischen Differenz nur 3,1 Meter; die Messung von Jeddro über einen hohen Punkt am Mont Perdu und zurück giebt nach der ersten Weise eine Abweichung zwischen Anfang und Ende von 3,8 Meter, nach der zweiten Weise von 1,5 Meter; die Messung von Gavarnie auf den Gipfel des Mont Perdu und zurück, giebt nach der ersten Methode einen Fehler von 0,2 Meter, nach der zweiten von 0,7 Meter; die Messung von Grip nach dem Pic du Midi und zurück fehlt nach der ersten Berechnung um 14, nach der zweiten um 12,6 Meter; die Messung von Bagnères de Luchon nach der Baccanéra und zurück fehlt nach der erstern Art um 4 Meter, nach der zweiten um 11,1 Meter; die Messung von Bagnères über den Gipfel der Maladetta und zurück schließt sich bis auf 11,3 Meter nach der vollständigen, und bis auf 26,2 Meter nach der zweiten Berechnungsweise; die ganze Messung endlich von Bagnères aus durch das spanische Gebiet und zurück, von 8 Tagen Dauer, fehlt nach jener Methode um 20,4 Meter, nach dieser um 10,1 Meter.

Diese Beispiele zu dem ähnlichen Resultat des ganzen Nivellements der beiden Meere, zeigen offenbar, daß die Correctur für die Luftwärme auf die barometrische Messung größerer Strecken von keinem Einfluß ist, und hier ohne Gefahr beseitigt werden kann, da durch ihre Anwendung das Resultat an Genauigkeit nichts gewinnt, was derselben mit einigem Rechte zugeschrieben werden könnte. Untersuche ich überdies den Ursprung dieser für so wesentlich erachteten Correctur, so finden sich Gründe, welche, auf Beobachtung gestützt, von einer andern Seite her, die Richtigkeit ihrer Anwendung zweifelhaft zu machen scheinen.

Bei Bildung der barometrischen Höhenformel ist man von dem Grundsatz ausgegangen, daß eine wärmere Luftmasse leichter sey, folglich auf das Barometer einen schwächern Druck ausübe, als eine kältere, und daß mithin eine Correctur dafür angebracht werden müsse; dies ist das Glied $1 + \frac{2(t+t')}{1000}$ nach der Formel von La Place; Alles das hat seine volle Richtigkeit: es fragt sich aber ob unsere Atmosphäre auch jemals in dem hier angenommenen Fall sich befindet. Wenn von der Erdoberfläche aus sich eine höhere Temperatur der zunächst befindlichen Luftschicht mittheilt, so wird diese leichter als die über ihr befindliche, und beide durchdringen sich an tausend Punkten, indem die schwerere abwärts dringt, die leichtere aufwärts steigt. Ein solches Durchdringen der untern erwärmten Luftschichten mit den oberen, kühleren pflanzt sich allmählig in immer höhern Schichten fort, bis das Gleichgewicht der Temperaturen und der Schweren hergestellt ist. Befindet sich nun in der so bewegten Luftmasse ein Barometer, so kann es von dieser Bewegung keine Veränderung seines Quecksilberstandes erleiden, weil jene Bewegung eine innerliche ist, bei welcher jeder aufsteigende Theil durch einen mit gleicher Kraft absteigenden ersetzt wird, und weil kein Lufttheilchen schneller emporsteigt, als ein anderes an seine Stelle treten kann, welches der Fall seyn müßte, wenn durch dieses Aufsteigen eine Veränderung des Druckes auf das Barometer hervorgehen sollte; eben so wie ein über den untern Quecksilberspiegel am Barometer wegziehender Wind nur dann ein Sinken des Quecksilbers im Rohr bewirkt, wenn er so stark ist, daß er, wegen des Zusammenhanges der einzelnen Lufttheilchen nicht augenblicklich wieder ersetzt werden kann. Die Luft verliert unter solchen Umständen eben so wenig von ihrem Druck, als das Wasser etwas von seinem Druck gegen den Boden des Gefäßes dadurch verliert, daß durch Erwärmung von unten her seine innern Theile in ein gegenseitiges Strömen versetzt werden. Dies wird von der Luft auch durch künstliche, und selbst sehr beträchtliche Temperaturerhöhungen bewiesen. Ich heizte ein Zimmer bis zu einer gleichmäßigen Wärme von 30° R. und drüber, während es draußen —25° R. fror; im Zimmer und draußen stellte ich zwei Barometer auf, welche von ganz gleichem Bau waren, und deren Gang ich gegenseitig vor und nach dem Versuch genau verglich; sie standen auf demselben Fußboden, und wenn ich die Temperaturen ihrer Quecksilbersäulen durch Correctur gleichnamigt gemacht hatte, fand ich an beiden vollkommen gleiche Höhen, ungeachtet an den beiden Orten der Beobachtung die Lufttemperaturen um 55° R. verschieden waren; sie blieben sich auch gleich als ich das Fenster des Zimmers öffnete, und ein starker Luftzug entstand, bis sich die Luft ganz abgekühlt hatte. Ich glaube hieraus den Schluß ziehen zu dürfen, daß alle Temperaturverschiedenheiten, welche sich nicht auf den ganzen Luftkreis beziehen, von keinem Einfluß auf den Barometerstand sind.

Wollte man sich die ganze über einem Ort befindliche Luftmasse durchgängig erwärmt, und von dieser Seite her, in Ruhezustand vorstellen, was doch wohl eigentlich nie recht stattfinden kann, so läßt sich auch in diesem Fall eine Veränderung des Druckes dieser Luftmasse nicht wohl begreifen, weil zwar das spezifische Gewicht derselben herabgesetzt ist, aber nicht ihr Druck, da durch die allgemeine Erwärmung eine Raumsvermehrung entstand, welche einen Theil der Atmosphäre über sie selbst hinausgetrieben und ihre absolute Höhe vergrößert hat, wodurch am Druck grade so viel ersetzt werden muß, als durch den Verlust an spezifischem Gewicht von demselben verloren ging. Findet aber ein allmähliges Erwärmen der Luftmasse vom Boden aus Statt, ohne ein Herabsinken der höher liegenden Theile derselben, und eine Mengung mit den unteren, wie es die Kimmung der Atmosphäre zu beweisen scheint, so kann sich dies wohl nicht sehr hoch hinaufziehen, und würde eher eine Vermehrung des atmosphärischen Druckes als eine Vermindrung desselben bewirken, in so fern eine dermaaßen auf sich selbst beruhende und gleichsam eingeschlossene Luftmasse durch Erwärmung nur noch an Elasticität gewinnt; so, daß also aus mehrseitiger Betrachtung die Annahme wahrscheinlich wird, daß die Temperatur der Luft auf ihren Druck weder durch Strömungen noch durch Vermindering des spezifischen Gewichts irgend einen Einfluß haben könne, und der barometrischen Höhenformel also mit Unrecht ein Glied für die Correctur wegen der Luftwärme einverleibt wird.

Sollte mir aber der Einwurf gemacht werden, daß sich der stündliche Wechsel des Barometerstandes nicht leugnen läßt, und daß sich meine Messungsmethode zum Theil auf denselben gründet, dieser Wechsel aber nach den bisherigen Ansichten als von der Temperatur der Luft abhängig zu betrachten sey, welcher ich eben einen Einfluß auf den Barometerstand abspreche; so rechtfertige ich mich damit, daß die Erklärung eines Phänomens dadurch keinen Werth erhält, daß sie die einzige ist, welche wir nach unsern bisherigen Kenntnissen zu geben im Stande sind, und daß die Aufhebung einer falschen Erklärung kein Verlust, sondern ein reiner Gewinn für die Wissenschaft ist. Auch ließe sich vielleicht aus dem Einfluß der Sonne, nicht auf die Wärme, sondern auf die Schwere an den verschiedenen Punkten unsrer Erdoberfläche, je nachdem ihr diese zu- oder abgewandt sind, den Weg zu einer andern Ableitung des stündlichen Barometerwechsels finden.

So lang indessen diese Ansicht nur die meinige ist, und im Urtheil andrer Sachkundiger keine Bestätigung finden sollte, behalte ich bei vollständigen barometrischen Höhenrechnungen das Glied für die Correctur der Luftwärme bei, welches durch das Ansehen so großer Mathematiker von Deluc bis auf La Place und Gauß als richtig und nothwendig anerkannt worden ist, wenn auch die Resultate aller meiner Messungen durch Weglassung desselben an Genauigkeit eher gewinnen als verlieren.

Um die nachfolgende Tabelle übersichtlicher zu machen, will ich die Bezeichnung der von mir gemessenen Standpunkte von derselben absondern, und mich nur durch die Nummern in jener auf diese beziehen. Sie sind folgende:

1. Zwei Meter über dem Wasserspiegel des Oceans bei St. Jean de Luz zur Zeit einer mäßigen Ebbe.
2. Eine Viertelstunde vor St. Pé am Wege.
3. Eine halbe Stunde vor Espellette im Walde.
4. Der ebene Grund des Dorfes Zhasso.
5. Der ebene Grund des Dorfes Bidarai.
6. Der Grund des großen Platzes in St. Etiénne de Baigory.
7. Eben daselbst.
8. à la Fonderie, unter den Buchen am Ausgang des obern Dorfs.
9. aux Aldudes am Grunde der Kirche.
10. Zwei Meter über dem vorigen Standpunkt.
11. Gipfel des Ahady an den Quellen der Nive.
12. aux Aldudes zwei Meter über dem Grund der Kirche.
13. aux Aldudes, Grund der Kirche.
14. à la Fonderie, unter den Buchen am Ausgang des obern Dorfes.
15. St. Etiénne de Baigory wie No. 6.
16. Ebendaselbst.
17. St. Jean Pied de Port bei der Vereinigung der beiden Flüßchen unterhalb der Stadt, 2 Meter über ihrer Wasserfläche.
18. Heide bei dem Dörfchen St. Jean de Vieux.
19. Etwa $2\frac{1}{2}$ Stunde vom vorigen Standpunkt noch in der Ebene.
20. Der Wasserscheider Mendibelse zwischen St. Sauveur und Laragna.
21. Sennhütte des alten Marc.
22. Eben daselbst.
23. Am obern Theile der Dorfes Laragna.

24. Am Ufer des Soison oberhalb des Dörfchen Licq.
25. Zwei Meter über der Wasserfläche des Soison bei Tardits.
26. Eben daselbst.
27. Oberer Theil des Dorfes Allana.'
28. Bergrücken zwischen Arrète und Ordïon.
29. Ufer von Gave d'Aspes zwischen Ordïon und Accoux.
30. Accoux, nördlicher Eingang des Dorfs.
31. Eben daselbst.
32. Felsschlucht am Edshïa.
33. Scheidecke des Edshïa.
34. Eaux chaudes am s. g. chateau unter den Platanen.
35. Eben daselbst.
36. Gabas, 5 Meter über dem Grunde des Dorfes.
37. Eben daselbst.
38. Eaux chaudes wie No. 34.
39. Laruns, ½ Meter über dem Wasserspiegel des Gave d'Ossaou.
40. Scheidecke des Col de Blost.
41. Ferrières, acht Meter über dem Fluß Louzon.
42. Eben daselbst.
43. Scheidecke des Col d'Enfant.
44. Sennhütte in Val d'Estrem.
45. Nördliches Ende der Stadt Argellés.
46. Steinerne Brücke über den Gave de Pau oberhalb Pierrefitte.
47. Steinerne Brücke über dem Gave de Barrèges bei Luz.
48. Eben daselbst.

49. Barrèges Brücke am höchsten Ende des Städtchens gegen den Tourmalet.
50. Luz wie No. 46.
51. Halbweges von Luz nach Jeddro.
52. Jeddro, Grund der Kirche.
53. Eben daselbst.
54. Amphithéatre du Marboré, wo die Cascade du Marboré sich unter dem Schnee verliert.
55. Sennhütte am Mont Allant.
56. Eben daselbst.
57 Fuß des Schneeabhanges der Tuka rouja.
58. Oberfläche des Lac du Mont Perdu.
59. Nordseite des Mont Perdu 165 Meter unterhalb seines Gipfels.
60. Grund der Kapelle von Héas.
61. Eben daselbst.
62. Jeddro, Grund der Kirche.
63. Eben daselbst.
64. Héas, Grund der Kapelle.
65. Jeddro Grund der Kirche.
66. Gavarnie Grund der Kirche.
67. Oberer Rand der westlichen Wand des Amphitheaters.
68. Eingang zum Serradez.
69. Westliches Ende der Rolandsfelsen.
70. Rolandsbresche.
71. Millaris.
72. Tour de Golis.
73. Obere Stufe des Mont Perdu auf der Südseite.
74. Gipfel des Mont Perdu.
75. Gavarnie, Grund der Kirche.
76. Luz, steinerne Brücke über den Gave de Barrèges.

77. Barrèges, wie No. 48.
78. Hourquette de Tourmalet, am Weg über die Scheidecke.
79. Grip, oberer Eingang ins Dorf, neben dem Kreuz, drei Meter über dem Adour.
80. Eben daselbst.
81. Fuß des Pic du Midi de Bigorre.
82 Tramesaiga am Pic du Midi de Bigorre.
83. Grip, wie No. 78.
84. Eben daselbst.
85. Hourquette de St. Jean, Scheidecke am Wege.
86. Arreau, steinerne Brücke im Niveau des Wasserspiegels der Neste de Louron.
87. Borderés, Brücke ein Meter über dem Wasserspiegel der Neste de Louron.
88. Eben daselbst.
89. Loudinvielle, Brücke, 1 Meter über dem Wasserspiegel der Neste de Louron.
90. Port de Peyrsourde.
91. Dorf Caseau, freier Platz, unter den zwei prächtigen Rüstern.
92. Eben daselbst.
93. Bagnères de Luchon, Grund der Kirche.
94. Eben daselbst.
95. Am Baccanéra bei Bagnères de Luchon.
96. Gipfel des Baccanéra bei Bagnères de Luchon.
97. Eben daselbst. —
98. Quelle auf dem Baccanéra.
99. Bagnères de Luchon, Grund der Kirche.
100. Eben daselbst.
101. Val de la Pique, 2½ Stunde von Bagnères im Buchenwald.

102. Hospice de France, 1 Meter über dem Grund des Gebäudes.
103. Caillou de demi Port de Venasque.
104. Port de Venasque.
105. Gränze zwischen Plan d'Aigouaillettés und Plan d'Estanés.
106. Niveau des Lac de Turmaou.
107. Eben daselbst.
108. Anfang des Gletschers der Maladetta.
109. Maladetta, Gipfel, neben dem 3 Meter großen Felsen.
110. Oberer Rand des Gletschers der Maladetta, 7 — 8 Meter unterhalb des Standpunkts des deux hommes.
111. Gränze zwischen Plan d'Estanés und Plan d'Aigouaillettés.
112. Port de la Piccada.
113. Hospice de France, 1 Meter über dem Grund des Gebäudes.
114. Bagnères de Luchon, Grund der Kirche.
115. Eben daselbst.
116. Caseau, freier Platz, unter den zwei Rüstern.
117. Lac Seculajo 1 Meter über seinem Spiegel.
118. Lac de Spingo, 1 Meter über seinem Spiegel.
119. Lac glacé, 10 Meter über seiner Fläche.
120. Port d'Oo, 2 Meter unterhalb der Scheidecke.
121. Untrer Rand der Schneefläche auf der Südseite des Port d'Oo.
122. Obere Gränze der Tannen auf der Südseite des Port d'Oo.
123. Venasque, 2 Meter über dem Spiegel des Essera.
124. Eben daselbst.
125. Gipfel des Gallinerou bei Venasque.

126. Fuß des Gallinerou auf seiner Südseite.
127. Kastechon, großer Platz im Dorf, unter der Linde.
128. Eben daselbst.
129. Pierrefitte, am höchsten Punkt des Weges im Dorf.
130. Zambaléri an der Kapelle.
131. Las Paoulas an der Kirche.
132. Noals, höchster Punkt des Weges im Dorf.
133. Vidalier, 3 Meter tiefer als der Grund der Kirche.
134. Eben daselbst.
135. Barrouérrou Grund der untern Kirche, etwas über dem Wasserspiegel der Ribagorgana.
136. Eben daselbst.
137 Hermitage, im Hofraum.
138. Eben daselbst.
139. Estan de Tor, 1 Meter über seinem Wasserspiegel.
140. Tannengränze.
141. Estan Sovrator, 1 Meter über seinem Wasserspiegel.
142. Estan Trabessani, an seinem Wasserspiegel.
143. Estan Gouailligrestada, $\frac{1}{2}$ Meile über seinem Wasserspiegel.
144. Port de Gouailligrestada.
145. Estagnetta d'Arties $\frac{1}{2}$ Meter über dem Wasserspiegel.
146. Artiès, 3 Meter über dem Wasserspiegel des Balartiès.
147. Eben daselbst.
148. Viella, Grund der Kirche St. Michel.
149. Eben daselbst.

150. Pourtillon de Viella.
151. Bagnères de Luchon, Grund der Kirche.
152. Eben daselbst.
153. Ausgang von Val de Luchon an der Pique.
154. St. Béat, 1 Meter über dem Wasserspiegel der Garonne.
155. Eben daselbst.
156. Col de Menté.
157. Ger, Grund der Kirche.
158. Ebendaselbst.
159. Ecourette de Rabiróu, eine Scheidecke zwischen Ger und St. Lary.
160. St. Lary, Grund der Kirche.
161. Arzine, am westlichen Eingang beim Kreuz.
162. Eben daselbst.
163. Castillon am südlichsten, tiefsten Ende der Stadt gegen Orglout.
164. Ayet, Grund der Kirche.
165. Col de Corre, Scheidecke zwischen Ayet und Aïbin.
166. Aïbin, höchster Punkt des Weges im Dorf.
167. Oust, Grund der Kirche.
168. Eben daselbst.
169. Scheidecke zwischen Oust und Massat.
170. Massat, Grund der Kirche.
171. Col de Port, Scheidecke zwischen Massat und Saourat.
172. Saourat, Grund der Kirche.
173. Eben daselbst.
174. Tarascon, in der Höhe des Wasserspiegels der Arriège.
175. Ussat am Badehause.

176. Tarascon, in der Höhe des Wasserspiegels der Arriège.
177. Ussat am Badehause.
178. Cabannes, am höchsten Theile des Dorfs.
179. Eben daselbst.
180. Halbwegs von Cabannes nach Ax.
181. Ax, Grund der Kirche.
182. Eben daselbst.
183. Mérant, höchster Punkt des Dorfes.
184. Espitalette, höchster Punkt des Dorfes.
185. Col de Puymarent zwischen Ax und Val de Carol.
186. Portés, höchstes Dorf in den Pyrenäen.
187. Portés, in der Mitte des Dorfes.
188. La Tour, freier Platz im Dorf.
189. Eben daselbst.
190. Dourés, Grund der Kirche.
191. Targasone, Grund der Kirche.
192. Boulquera, im Niveau der Kirche.
193. Mont Louis, Grund der Festungswerke.
194. ½ Stunde unterhalb des Dorfes Alla Cassagna.
195. Fonpadrose an der Kirchenthür.
196. Eben daselbst.
197. Serdignau im Niveau der jenseitigen Kirche.
198. Prades, Grund der Kirche.
199. Marpouxanas, am östlichen Ende des Dorfes.
200. Boule Ternère, Grund der Kirche.
201. Eben daselbst.
202. St. Fellou de Vallé, höchster Theil des Dorfes.
203. Perpignan, Grund von der Église de St. Jean.
204. Canet, an der Kirche.
205. Ufer des Mittelmeers, zwei Meter über dem Wasserspiegel.

Die nachfolgende Tabelle enthält in der ersten Colonne die Bezeichnung der Standpunkte nach Nummern, in der zweiten das Jahr und den Tag, in der dritten die Stunde und Minute der Beobachtung; in der vierten die Witterung, in der fünften die Barometersäule in Millimetern nach geschehener Reduction auf die Temperatur des frierenden Wassers, in der sechsten die Temperatur nach achtzigtheiliger Scala, gültig für die Wärme der Luft, nachdem dieselbe auch zu der eben genannten Reduction gedient hatte; in der siebenten die Höhe der Standpunkte über dem Meere, zu folge der stationenmäßigen Summation der mit einem Barometer gemachten Messungen; in der achten endlich die Höhe der nämlichen Standpuncte nach den gleichzeitigen Beobachtungen in Toulouse berechnet, mit Hinzufügung von 153,05 Meter, als der Erhebung des Ortes derselben in Toulouse über der Meeresfläche.

No.	Sept. 1817	Stunde	Wetter	Barometer in MillM.	Therm.	Meter üb. d. Meere	
						nach 1 Barom.	Nach Toulouse
1	5	VI	trüb	764,91	14,0	2,00	— 10,5
2	„	VIII	„	764,44	16,4	7,10	— 7,4
3	„	X ½	„	757,17	18,1	88,48	74,2
4	„	XII ¾	„	755,72	18,5	104,81	70,6
5	„	IV ¼	„	750,36	18,2	165,74	119,0
6	„	VII	„	750,10	15,0	168,59	125,9
7	6	II N. M.	heiter	747,99	20,1		
8	„	IV ¼	„	737,93	17,5	284,43	242,7
9	„	VI ¼	„	729,64	12,5	379,94	340,3
10	7	II V. M.	„	730,00	13,0		
11	„	VI ¼	„	641,11	8,7	1460,67	1424,8
12	„	IX ¼	„	729,48	15,5	380,18	360,3
13	„	I	„	727,61	22,1		
14	„	III ¼	„	736,35	19,9	277,54	260,7
15	„	VI	„	746,70	16,9	158,05	148,6
16	8	VI V. M.	„	746,69	10,5		
17	„	VIII ¼	„	746,93	17,6	165,99	148,1
18	„	XI	„	741,81	19,8	224,81	204,5
19	„	II	„	724,48	18,6	427,55	403,5

No.	Sept. 1817	Stunde	Wetter	Barometer in Mill M.	Therm.	Meter üb. d. Meere nach 1 Barom.	Meter üb. d. Meere nach Toulouse
20	8	IV $\frac{1}{2}$	Nebel	666,29	13,9	1137,69	1115,6
21	„	VIII	heiter	695,47	16,0	776,05	760,9
22	9	VIII V. M.	„	696,30	14,0		
23	„	XI	trüb	708,61	17,0	627,94	620,6
24	„	II	„	735,48	19,3	310,08	299,6
25	„	IV	„	741,94	20,5	234,74	213,9
26	10	VI V. M.	„	742,66	12,8		
27	„	VIII	„	734,52	17,1	327,70	312,1
28	„	XI	„	710,76	19,5	608,62	593,0
29	„	II $\frac{1}{4}$	„	729,83	18,3	381,97	356,1
30	„	IV	„	722,52	17,5	467,76	439,8
31	11	VII V. M.	„	724,82	14,2		
32	„	IX $\frac{1}{4}$	„	686,66	14,5	923,31	900,8
33	„	XI $\frac{3}{4}$	„	615,60	9,1	1834,14	1808,7
34	„	II $\frac{8}{4}$	„	706,62	14,9	683,44	641,7
35	„	V	Regen	706,95	15,0		
36	„	VII	trüb	676,91	14,2	1049,53	1003,2
37	12	VI V. M.	„	675,82	11,1		
38	„	X $\frac{3}{4}$	„	705,99	15,0	683,69	646,5
39	„	I	„	719,41	17,8	523,57	479,8
40	„	IV $\frac{1}{4}$	Regen	622,95	8,5	1730,25	1683,6
41	„	VII	trüb	714,19	14,5	591,78	535,4
42	13	VI $\frac{1}{2}$ V. M.	heiter	712,64	10,6		
43	„	IX $\frac{1}{4}$	„	646,38	11,4	1414,46	1362,7
44	„	XI $\frac{3}{4}$	„	684,46	15,5	933,95	878,0
45	„	I $\frac{1}{2}$	„	721,99	15,9	482,07	415,9
46	„	III $\frac{1}{2}$	„	717,09	15,2	539,72	458,5
47	„	VI $\frac{1}{4}$	„	698,58	10,6	758,69	688,7
48	14	VII $\frac{1}{4}$ V. M.	trüb	696,82	14,9		
49	„	XI $\frac{1}{2}$	„	655,17	14,1	1278,01	1222,0
50	15	VIII $\frac{1}{2}$	heiter	700,77	16,9		
51	„	X $\frac{1}{2}$	„	684,93	16,5	952,81	895,8
52	„	XII	„	677,67	13,9	1042,98	988,2
53	„	I $\frac{3}{4}$	„	676,96	19,0		
54	„	IV $\frac{3}{4}$	„	629,01	10,0	1661,80	1612,9
55	„	VI $\frac{1}{2}$	„	618,92	11,9	1796,22	1755,5
56	16	V $\frac{1}{2}$	„	618,80	9,9		
57	„	VIII $\frac{1}{4}$	„	574,34	6,0	2408,86	2343,0
58	„	IX $\frac{1}{2}$	„	563,81	8,0	2560,22	2523,6
59	„	XII	„	528,94	4,1	3081,09	3038,8
60	„	VI $\frac{1}{2}$	„	637,18	13,5	1546,18	1481,2
61	17	V $\frac{3}{4}$	trüb	634,59	9,2		
62	„	VIII $\frac{1}{4}$	„	673,93	12,0	1046,78	964,3
63	18	IX $\frac{1}{4}$	„	669,03	10,6		
64	„	XI $\frac{3}{4}$	„	629,72	11,2	1550,12	1505,1
65	19	VIII $\frac{3}{4}$	heiter	677,50	11,2		
66	„	X $\frac{3}{4}$	„	648,44	12,7	1408,82	1363,7

No.	Sept. 1817	Stunde	Wetter	Milli-Meter	R. Therm.	Meter üb. d. Meere	
						nach 1 Barom.	nach Toulouse
67	19	I	heiter	611,73	11,1	1894,94	1854,9
68	„	II ¼	„	577,89	6,1	2363,59	2317,0
69	„	III ½	„	553,47	6,5	2716,17	2680,7
70	„	IV ½	„	546,99	5,0	2812,10	2771,8
71	„	VI	„	573,94	5,1	2421,32	2373,4
72	„	IX ½ N. M.	„	556,20	4,0	2676,01	2614,5
73	20	VIII	trüb	538,65	2,1	2934,36	2882,1
74	„	IX ½	„	511,69	1,4	3346,26	3310,3
75	„	VI N. M.	heiter	648,70	11,3	1408,97	1354,1
76	22	IX V. M.	„	693,16	17,7		
77	„	XI ½	trüb	651,73	13,6	1280,23	1214,6
78	„	I ¾	„	586,90	8,1	2150,88	2078,3
79	„	IV ¼	„	668,65	14,2	1065,92	1000,8
80	23	VII ½	„	671,85	10,9		
81	„	X	„	604,33	10,0	1944,61	1895,8
82	„	XI ¼	„	642,80	10,4	1432,99	1384,1
83	„	XII	„	672,84	13,5	1051,93	1024,3
84	24	XI V. M.	„	676,23	12,7		
85	„	II	„	636,52	9,0	1568,84	1508,5
86	„	IV	„	702,93	14,6	741,37	677,6
87	„	V ½	„	691,10	12,3	883,74	820,7
88	25	VI V. M.	trüb	689,30	8,6		
89	„	VIII	„	679,80	10,5	998,64	928,1
90	„	X ½	„	632,28	10,0	1599,40	1535,3
91	„	XI ¾	„	678,18	12,0	1016,70	952,1
92	„	II	„	677,56	12,4		
93	„	IV	„	705,82	14,2	674,12	611,4
94	27	VIII ½	heiter	708,29	11,9		
95	„	XI	„	636,73	16,6	1570,75	1512,2
96	„	I ½	„	589,18	15,7	2228,69	2167,5
97	„	IV ¼	„	589,42	13,2		
98	„	VI	„	628,13	11,2	1697,40	1608,1
99	„	IX	„	709,52	14,1	678,13	591,0
100	28	VIII V. M.	„	710,38	12,5		
101	„	X	„	680,05	16,0	1042,05	969,1
102	„	XI ¼	„	649,63	15,0	1429,01	1354,2
103	„	I	„	606,87	12,0	2000,46	1922,8
104	„	II ¼	„	573,38	10,6	2472,97	2394,1
105	„	IV	„	610,23	12,0	1954,62	1869,0
106	„	V ½	„	586,60	7,4	2281,30	2184,3
107	29	V V. M.	„	587,15	4,3		
108	„	VI ¼	„	558,77	4,2	2682,49	2586,8
109	„	IX ¼	„	517,45	5,9	3306,65*	3243,3

* Für die Höhe der äußersten Spitze des Gipfels muß noch die Höhe des letzten Felsens von 3 Meter hinzugefügt werden, so daß die Höhe der Malabetta 3309,65 Meter beträgt.

No.	Sept. 1817	Stunde	Wetter	Milli-Meter	Therm.	Meter üb. d. Meere nach 1 Barom.	Meter üb. d. Meere nach Toulouse
110	29	X ½	heiter	523,04	5,9	3219,15	3153,0
111	:	I ½	:	610,38	13,8	1941,02	1882,5
112	:	II ¾	:	571,69	10,6	2487,83	2422,4
113	:	V	:	649,43	13,9	1422,83	1344,0
114	:	VIII ½	:	708,86	14,9	685,44	
	Oct.						
115	5	II ½ V. M.	:	705,10	11,0		
116	:	IV	trüb	676,44	9,0	1017,79	
117	:	VI ½	heiter	635,64	8,4	1530,47	1452,7
118	:	VIII ½	:	607,41	6,2	1902,80	1832,2
119	:	X ¼	:	551,47	8,1	2694,03	2648,0
120	:	XI ½	Nebel	535,75	2,8	2929,46*	2869,6
121	:	XII ½	heiter	550,90	9,3	2702,04	2675,3
122	:	I	:	582,19	7,8	2247,06	2205,0
123	:	V ¼	:	663,15	11,4	1170,30	1105,8
124	6	VIII ¼	:	663,36	9,4		
125	:	II ¼	:	546,00	4,0	2762,38	2703,6
126	:	III ¼	:	599,43	9,5	1998,76	1959,4
127	:	VII	trüb	680,26	12,5	947,15	916,5
128	7	VIII ½	:	678,92	11,8		
129	:	XII	:	636,88	12,1	1480,64	1435,9
130	:	XII ¼	:	635,84	10,9	1494,22	1469,4
131	:	II	:	636,91	12,2	1480,24	1433,4
132	:	V	:	668,69	13,9	1072,25	1031,0
133	:	VIII	:	674,13	12,9	1004,31	942,1
134	8	VIII ¼	:	673,57	11,4		
135	:	I	:	663,97	13,4	1124,40	1058,9
136	:	III ¼	Regen	663,54	12,8		
137	:	VIII	trüb	635,18	12,1	1489,52	1454,8
138	9	X ¼	:	637,20	11,1		
139	:	XI ½	:	617,70	11,1	1748,05	1716,5
140	:	I	:	585,32	11,9	2196,54	2167,1
141	:	I ¼	:	587,68	12,4	2162,93	2137,4
142	:	I ½	:	579,43	10,1	2280,64	2248,6
143	:	II ¼	:	567,57	8,1	2451,33	2406,5
144	:	II ¾	:	563,85	4,9	2504,93	2445,7
145	:	III ½	Nebel	580,98	4,5	2262,34	2196,7
146	:	VI ¾	Regen	664,22	8,4	1168,48	1111,1
147	12	VIII ½	heiter	664,46	4,9		
148	:	XI	:	676,26	9,2	1024,25	982,2
149	:	II	:	675,22	9,6		

* Auch hier muß für die Höhe des Port d'Oo selbst zwei Meter hinzugefügt werden, weil der barometrische Standpunkt zwei Meter unter der Scheidecke genommen ward.

No.	October 1817	Stunde	Wetter	Milli-Meter	Therm.	Meter üb. d. Meere nach 1 Barom.	Meter üb. d. Meere nach Toulouse
150	12	VI	Nebel	651,16	4,1	1321,07	1274,3
151	„	VIII ¾	trüb	706,77	7,1	653,76	614,7
152	17	XII	„	700,15	8,1		
153	„	II	„	704,85	8,2	619,02	570,5
154	„	IV ¾	„	712,40	9,0	531,39	491,0
155	18	VII V. M.	„	713,42	6,2		
156	„	IX ½	„	642,63	2,2	1377,48	1344,3
157	„	XI	Regen	681,83	6,0	898,20	862,8
158	„	XI ¾	trüb	681,62	5,4		
159	„	II ¼	Regen	657,52	5,0	1190,75	1157,6
160	„	IV	trüb	698,45	9,2	696,36	666,0
161	„	VI ½	„	711,77	6,5	541,06	515,5
162	19	VI ½ V. M.	heiter	715,43	4,9		
163	„	VIII ½	„	715,00	7,8	545,91	532,7
164	„	X ¼	„	696,72	7,6	758,50	748,8
165	„	XII ¼	Nebel	644,09	3,1	1397,47	1381,2
166	„	I ¾	trüb	691,46	7,5	820,34	810,5
167	„	IV ¾	„	718,55	8,5	504,44	497,1
168	20	VII V. M.	heiter	718,64	1,8		
169	„	IX ½	„	681,92	5,1	927,93	916,5
170	„	XI ½	„	704,74	8,9	658,53	652,7
171	„	III ½	trüb	654,23	2,8	1264,51	1235,9
172	„	VI	„	701,90	7,9	692,38	664,6
173	21	VII ¼	„	701,40	4,9		
174	„	IX ½	„	719,30	7,5	486,81	462,0
175	22	IX ¾	heiter	715,85	7,2		
176	„	X ½	trüb	716,64	8,7	495,05	
177	„	XI ¾	„	715,13	9,2	504,21	481,7
178	„	I ½	„	709,69	9,9	567,49	536,4
179	„	II ½	„	709,03	10,5		
180	„	IV ¼	„	702,84	6,4	639,79	603,3
181	„	VI	„	693,61	6,8	747,78	714,5
182	24	VIII	heiter	695,24	3,9		
183	„	X	„	667,20	4,1	1080,76	1057,7
184	„	XII ½	„	636,63	2,0	1458,80	1431,3
185	„	II	„	599,66	0,5	1937,72	1911,5
186	„	III	„	623,12	7,0	1627,44	1619,5
187	„	III ¾	„	631,25	6,6	1521,38	1507,2
188	„	VI	trüb	652,11	5,6	1256,31	1243,3
189	25	VII	heiter	653,23	-0,2		
190	„	IX	„	637,53	4,2	1451,67	1433,5
191	„	XI ¾	„	626,24	4,5	1596,49	1579,3
192	„	II	„	624,37	4,0	1620,71	1596,8
193	„	III	„	625,37	10,5	1587,62	15[illegible]3,3
194	„	IV ¼	„	654,02	6,2	1238,90	1215,3
195	„	V ¼	„	670,41	6,1	1037,07	1012,5
196	26	VII	trüb	668,50	5,8		

No.	October 1817	Stunde	Wetter	Milli-Meter	Therm.	Meter üb. d. Meere nach 1 Barom.	Meter üb. d. Meere nach Toulouse
197	26	XI	heiter	710,58	11,9	533,81	533,3
198	=	I ½	=	727,46	7,0	339,75	331,5
199	=	III ¾	=	734,06	12,0	264,95	257,9
200	=	VI	trüb	741,69	11,9	178,73	101,0
201	27	VI ¾	heiter	742,90	8,1		
202	=	IX ½	=	751,40	10,1	84,85	119,0
203	=	XII ½	=	457,21	11,4	20,86	43,7
204	=	II ½	=	758,21	13,0	9,90	26,7
205	=	IV	=	759,30	11,4	- 2,10	13,2

Mein Rückweg aus diesen Gegenden führte mich über Marseille nach Genf; und wiewohl Nachrichten aus dieser Gegend nicht eigentlich in die Beschreibung einer Pyrenäenreise gehören, so ist doch die große Verwandschaft des hier zu erstattenden Berichts mit dem so eben behandelten Gegenstand ein hinlänglicher Grund, denselben hier einen Platz finden zu lassen.

Herr Pictet hat aus vieljährigen in Genf angestellten Barometerbeobachtungen und dem daraus gezogenen Mittel die Erhebung des Genfersees über dem Mittelmeer auf 374,7 Meter berechnet. Diese Angabe für richtig angenommen, wollte ich an derselben die Genauigkeit einer Nivellirmethode auf eine abermalige Probe stellen, machte am 19. November zu Mittag die erste Beobachtung an der Rhede von Marseille, 0,3 Meter über dem Wasserspiegel des Mittelmeers, und erneuerte dieselbe auf den Wege gegen Genf um 3 Uhr, und um 6 Uhr in Aix wo ich übernachtete. Des andern Morgens ungefähr um 7 Uhr beobachtete ich wieder an dem nämlichen Standpunct in Aix, dann aber weitergehend ohngefähr alle drei Stunden bis 6 oder halb 7 Uhr Abends, und so fort jeden Tag, bis ich am

29. Novbr. wieder zu Mittag, wie ich in Marseille begonnen, meine letzte Beobachtung am Genfersee $2\frac{1}{2}$ Meter über dessen Wasserspiegel anstellte, so daß ich also zehn volle Tage beobachtet, und darin eine Hauptregel meiner Methode befolgt hätte, wenn ich nicht in Grenoble wegen meines Passes veranlaßt worden wäre, einen Vormittag zu verweilen, und also der Messung einen halben Tag zu entziehen, den ich doch nicht gern in einen ganzen verwandeln mochte. Diesen Vormittag, welcher dem Nivellement bloß der Zeit, nicht dem Raume nach fehlt, zu ersetzen, beobachtete ich den Vormittag nach meiner Ankunft in Genf, an meinem dortigen Standpunkt um 7, 9 und 1 Uhr, grad als ob ich mich noch auf der Reise befände, und schließe diese Beobachtungen als zwei gemessene Stationen an das Nivellement, wodurch der fehlende halbe Tag ergänzt wird.

So hatte ich 41 barometrische Beobachtungen, oder 40 barometrische Stationen, von denen 38 auf die Entfernung von Marseille nach Genf, zwei aber auf den nachgeholten Vormittag fallen. Alle diese Beobachtungen stelle ich auch paarweis zusammen, und berechne sie nach der vollständigen barometrischen Formel, wie oben in den Pyrenäen, und erhalte den letzten Standpunct über dem ersten 357,27 Meter, und den Wasserspiegel des Genfersees über dem Spiegel des Mittelmeers 355,07 Meter, also 19,6 Meter zu klein. Bediene ich mich aber der bloßen logarithmischen Unterschiede mit 10,000 multiplicirt, so beträgt der reine Höhenunterschied beider Wasserspiegel 372,15 Meter, welches bis auf $2\frac{1}{2}$ Meter mit der wahren Erhebung des Genfersees übereinstimmt — eine abermalige Erfahrung gegen die Rechtmäßigkeit der Einführung einer Correctur für die Luftwärme; denn das Resultat der ersten Berechnungsmethode ist nur aus dem Grunde um beinahe 20 Meter zu klein ausgefallen, weil ich wegen der Jahreszeit lauter geringe Temperaturen hatte, und das Glied für die Luftwärme und mit ihm also die erhaltenen Höhen überall zu klein ausfallen mußten. Zugleich aber ergiebt sich aus der Art und Weise, wie sich die in Grenoble versäumte Zeit, in Genf nachholen ließ, daß die Grundsätze meiner Verfahrungsweise mehr als den Schein der Wahrheit für sich haben, da sie sich nicht verletzen lassen, ohne dem Resultate seine Genauigkeit zu nehmen, und der Fehler, welcher sich aus ihrer Verabsäumung immer ergiebt, nur durch ein Verfahren wieder gut gemacht werden kann, das sich ganz auf die nämlichen Grundsätze stützt.

Ich unterlasse es, die einzelnen Beobachtungen dieses Nivellements aus meinem Tagebuche her zu schreiben, theile aber doch diejenigen Höhen mit, welche Ortschaften oder Flüsse in sich begreifen, weil dies ein für die Topographie brauchbarer Beitrag ist. Diese Angaben in Meter über der Meeresfläche, nach den Resultaten der vollständigen Rechnung sind folgende:

Aix, südliches Stadtthor . . . . . . 166,7 Meter.
Venel, am linken Ufer der Durance . 359,1 =
Peyrolle, $\frac{1}{2}$ Meter über der Durance . 224,8 =
Manosque, 5 Meter über dem südlichen
  Stadtthor . . . . 392,1 =
Vos, Höhe des Flüßchens Largue . . 344,0 =
Pipl, Dorf . . . . 534,4 =
Lassosse, Dorf . . . . 622,9 =

Gap	750,2	Meter
Quet	925,2	"
La Mure, Kirche	882,4	"
Lac de la Fraix, 8 Meter über dem Spiegel	960,6	"
Vizille, Brücke über der Remanche .	323,4	"
Grenoble, Place St. André	243,6	"
Voiron	304,9	"
Aux Abrés	391,6	"
Wasserspiegel der Rhone bei Cordon an der Gränze von Savoyen	196,4	"
Belley, Place des Verreaux	257,9	"
Seissel drei Meter über dem Wasserspiegel der Rhone	236,7	"
Perte du Rhône, wo sie wieder hervortritt, 4 Meter über ihrem Wasserspiegel	286,9	"
Fort Ecluse	409,9	"

Inhalt der Pyrenäenreise.

Ocean
BAYONNE
Adour
Peyrhorade
Bidache
Bastide
St. Jean de Luz
BASSES
St. Sebastian
Fontarabie
Berra
St. Palais
Orlabat
Tolosa
St. Pé
Espelette
Coyzueta
Wasserscheide des
Oceans und Mittelmeers
St. Jean Pied de Port
Mendive
Erratson
St. Estevan
Roncesvalles
Lans
Araquil
NAVARRA
PAMPLONA
Pt. de la Reyna
Tafalla
Olite
Peralta
Sanguesa
Lobera
Oliva
Caparosso
MILAGRO
Ebro
Praefecturstaedte.
Unterpraefecturstaedte.
Staedte und Dörfer.
Reichsgränzen.
Provinzialgränzen.
17½ spanische Meilen oder ein Meridiangrad.
15 geographische Meilen oder ein Meridiangrad.
25 französische Stunden oder ein Meridiangrad.
16 Länge von Ferro.

17
18
Garlin
Marciac
ORTHES
Luy
Lembege
Vic de Bigorre
Theze
Mièlan
Gabas
Adour
PYRÉNÉES
PY
Lescar
Morlas
Rabastens
PAU
OLBRON
Pontac
Hautes Pyrénées
TARBES
Tournay
Lannemezan
BAGNÈRES de BIGORRE
Lourde
ARGELLES
Campan
Sarrancolin
Arreau
Barèges
Luz
Gavarnie
Aragon
Piedrafitta
Pubal
JACCA
Torla
Bielsa
Plan
Fiscal
Puertolas
Ainsa
Saza
Campo
Esera
Terrazza
Balbastre
Saragossa
Cinca
ARAGON

19
DIE
RENÆEN
TOULOUSE
MURET
Montgiscard
VILLE franche
Auterive
Lezat
Saverdun
Rieux
Martres
Cazères
aute Garonne
St Martory
St GAUDENS
Garonne
Bordes
PAMIERS
La Bastide de Seron
St Bertrand
St Lizier
FOIX
ARRIEGE
St GIRONS
Aspet
St Béat
Massat
Tarascon
Vicdessos
Cabannes
Aulus
VIELLA
VALENCA
Arreu
Andorra
St Colomba
Realp
VIDALIER
Urgel
Segre
Gerri
Orgañ
Pobla
19

20

Mammet Pic de la Mine Palès de Sagousta.

Val de la Pique bey Bagnères de Luchon

20

Nordseite des pyrenaeischen

des Mont=Perdu u. Marbo

gebirges auf dem Gipfel des Bucca

Gebirges, den 27ten September 181

…éra gezeichnet, vom östlichen Ende der …

Südseite der Maladetta vom …

neelinie bis zum Anfang

l des Gallinéra bey Venasque d. 6. Oct. 1817.

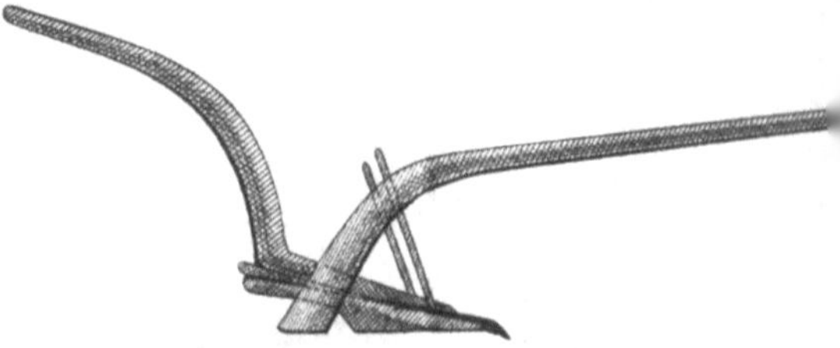

Pyrenäen Pflug.

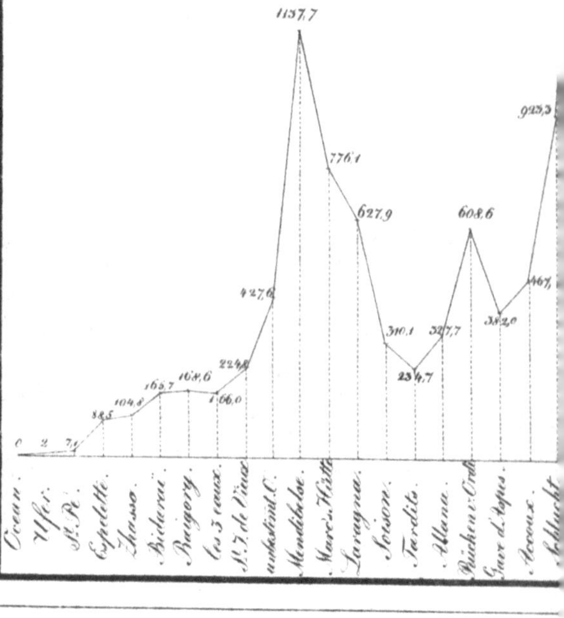

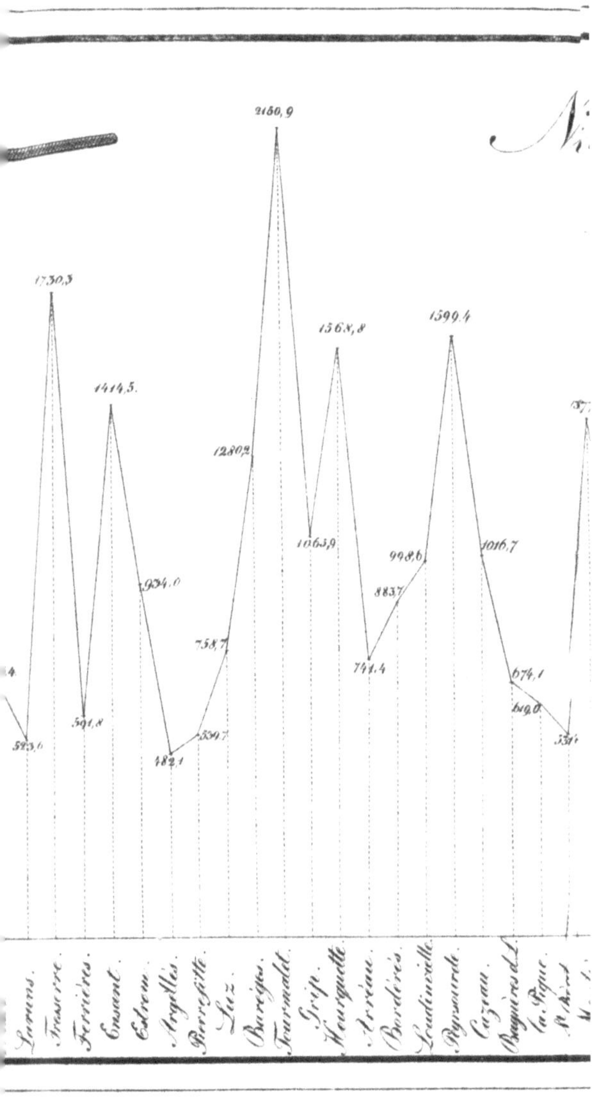

2150,9
1730,3
1414,5
1568,8
1599,4
1280,2
1065,9
998,6
1016,7
934,0
883,7
758,7
741,4
674,1
619,0
591,8
543,6
539,7
482,1
Laruns.
Ferrières.
Argelès.
Pierrefitte.
Luz.
Barèges.
Tourmalet.
Gripp.
Hourquette.
Arreau.
Bordères.
Loudinvielle.
Peyresourde.
la Pique.

vellements-Durchschn
für die beiden Meere.

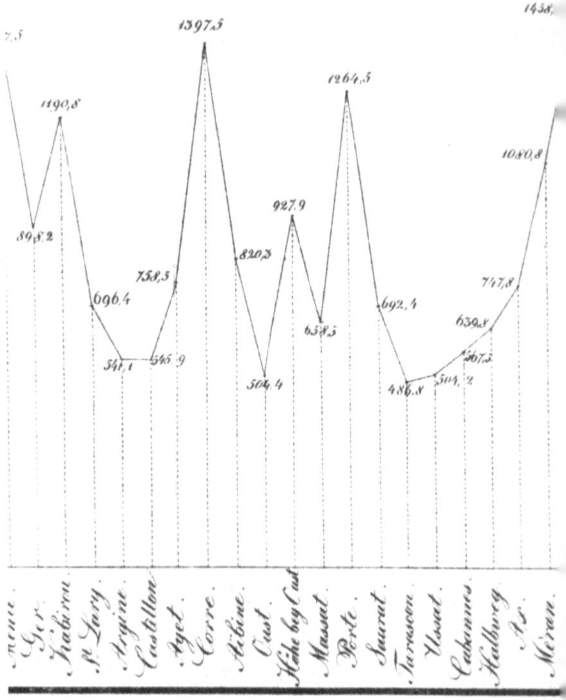

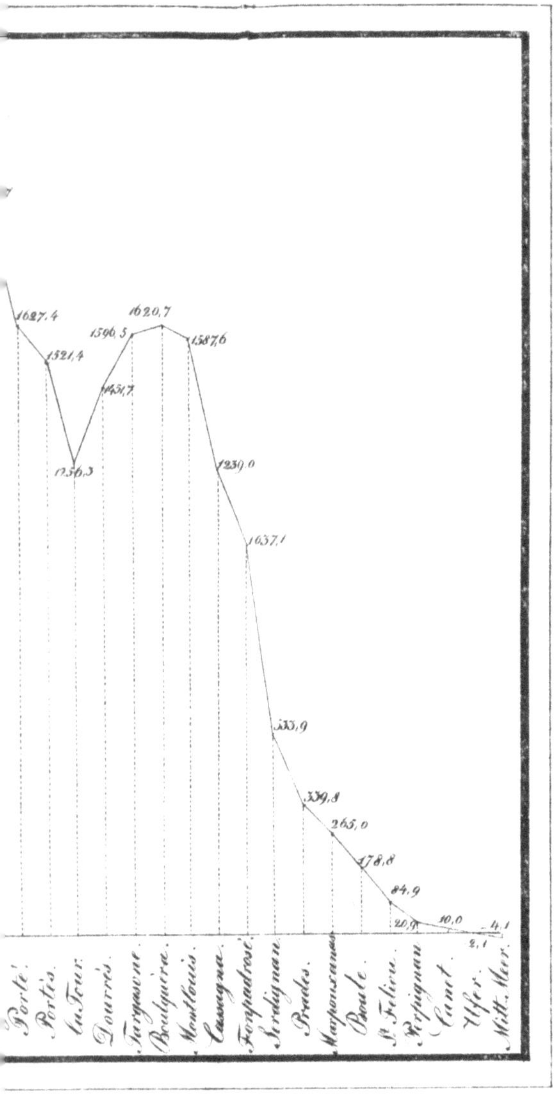
1627,4
1521,4
1451,7
1596,5
1620,7
1587,6
1239,0
265,0
178,8
84,9
20,9
10,0
2,1
4,1
Porté
Portès
la Tour
Dourrès
Targasone
Bolquera
Montlouis
Cassagna
Prades
Boule
St Feliou
Perpignan
Canet
Ufer
Mitt. Meer